ROBERT T. ROOD
JAMES S. TREFIL

SIND WIR ALLEIN IM UNIVERSUM?

Die Möglichkeit außerirdischer Zivilisationen

Birkhäuser Verlag
Basel · Boston · Stuttgart

Die Originalausgabe erschien 1981 unter dem Titel: «Are we alone? The possibility of extraterrestrial civilisations» bei Charles Scribner's Sons, New York

Die erste Auflage der deutschen Übersetzung erschien 1982 unter demselben Titel beim Birkhäuser Verlag, Basel
Aus dem Amerikanischen von Tony Westermayr

Die Umschlagsillustrationen stammen aus Timothy Ferris, Galaxien und Henbest/Marten, Die neue Astrnomie (beide Birkhäuser, 1984)

2., überarbeitete Auflage 1987

CIP-Kurztitelaufnahme der Deutschen Bibliothek

Rood, Robert T.:
Sind wir allein im Universum? : Die Möglichkeit ausserird. Zivilisation / Robert T. Rood; James S. Trefil. (Aus d. Amerikan. von Tony Westermayr). – 2., überarb. Aufl. – Basel; Boston ; Stuttgart : Birkhäuser, 1987.
(Birkhäuser-Broschur)
ISBN 3-7643-1865-1
NE: Trefil, James S. ;

Umschlaggestaltung: Bruckmann & Partner, Basel
Printed in Germany
ISBN 3-7643-1865-1

Für unsere Ehefrauen,
für Marti Snell und Jeanne Waples,
und für Emilie

Inhaltsverzeichnis

Vorwort

Wie so viele lohnende und erfreuliche Unternehmungen fing auch dieses bei einem Glas Bier an. Schauplatz war der «Albert Einstein-Gedächtnis-Diskussionskreis». Er findet jeden Mittwoch abend statt und zählt Wissenschaftler verschiedener Fachbereiche an der Universität Virginia zu seinen Mitgliedern. Einer von uns – das war R.T.R. – berichtete von einem neuen Seminar über extraterrestrische Intelligenz (ETI), das er im Fachbereich Astronomie einführen wolle. Die Reaktion des anderen – «Schreib doch ein Buch darüber» – führte über einige weitere Gläser Bier zu einem für beide Teile befriedigenderen «Schreiben wir doch gemeinsam ein Buch».

Der Grund, weshalb wir dieses Buch für nötig halten, ist ganz einfach. Wir sehen eine riesengroße Lücke in der Behandlung des Problems durch Öffentlichkeit und Wissenschaft. In den beiden vergangenen Jahrzehnten sind Autoren, die über Wissenschaft schreiben und sie dem Laien näherbringen wollen, vor allem durch solche Wissenschaftler beeinflußt worden, die unsere Chancen, in der Galaxis nichtmenschliches Leben zu finden, sehr optimistisch beurteilen. Da das Thema enorm viele unbekannte Fakten umfaßt, ziehen die meisten Wissenschaftler es vor, auf dem sicheren Boden des eigenen Fachgebiets zu bleiben und sich auf eine öffentliche Diskussion zu diesem Thema gar nicht erst einzulassen. Bei privaten Zusammenkünften dagegen, wo auch Wissenschaftler offen zu reden wagen, ohne befürchten zu müssen, gleich zitiert zu werden, fällt uns seit langem eine gewaltige Skepsis gegenüber den Zahlen auf, die in der ETI-Diskussion herumschwirren.

Wir verfolgen mit diesem Buch eine doppelte Absicht: Zum einen wollen wir jene Aspekte wissenschaftlicher Forschung besprechen, die mit ETI zusammenhängen, wollen herausarbeiten, was wirklich feststeht, wo es zweifelhaft wird, und auf welchen Gebieten weitere Forschung nützlich sein könnte. Zum anderen möchten wir unsere eigenen, oft sehr skeptischen Meinungen zum Thema zu Gehör bringen. Wir waren uns von Anfang an darüber einig, daß jeder seine Schlußfolgerungen unabhängig für sich niederschreibt

(Kapitel 16 und 17), die anschließend auch nach Kenntnis der anderen Meinung nicht mehr abgeändert werden sollten. Wir stellten Einigkeit immerhin darin fest, daß es bestenfalls nur ganz wenige intelligente Rassen in der Galaxis geben kann. Es ist ein Maßstab dafür, wie sehr die öffentliche Meinung sich in den letzten Jahrzehnten gewandelt hat, daß diese Ansicht außerhalb wissenschaftlicher Kreise heute eher als ketzerisch gilt.

Wir schließen dieses Vorwort mit einigen technischen Erläuterungen ab. Statt «extraterrestrische Intelligenz» jedesmal auszuschreiben, sobald der Begriff erscheint, verwenden wir die übliche Abkürzung ETI. Ebenso steht SETI für die «Suche nach ETI».

Für die Schreibung sehr großer oder sehr kleiner Zahlen verwenden wir Potenzen. Bei dieser Schreibweise wird etwa die Zahl 0,00002 mit 2×10^{-5} wiedergegeben, die Zahl 4000000 mit 4×10^{6}. Dadurch läßt sich verhindern, daß es im Text von Nullen nur so wimmelt. Die Regeln der Arithmetik bei dieser Schreibweise: Um zwei Zahlen miteinander zu multiplizieren, multipliziert man die beiden Glieder vor den Potenzen miteinander und addiert die Potenzen; um zwei Zahlen zu dividieren, teilt man die Zahlen vor den Potenzen und zieht die Potenz des Nenners von der des Zählers ab. Ein Beispiel: $(2 \times 10^{5}) \times (4 \times 10^{6}) = 8 \times 10^{11}$. Dagegen: $(4 \times 10^{6}) : (2 \times 10^{5}) = 2 \times 10^{1} = 20$. Ferner haben wir unnötige und ausufernde Genauigkeit beim Umgang mit Zahlen vermieden und größeren Wert auf Korrektheit bei den Größenordnungen gelegt.

Abschließend möchten wir uns bei einer Reihe von Personen bedanken, die uns geholfen haben, dieses Buch zusammenzustellen. Wir danken Nancy Lane und Ann Symmers für die Abfassung des Manuskripts mit der Schreibmaschine, Judy Probst für die Zahlen, Cookie Petross und Tom Bania dafür, daß sie das Manuskript gelesen und nützliche Anmerkungen beigesteuert haben. Peter van de Kamp und Sara Lee Lippincott teilten Forschungsergebnisse mit, bevor sie veröffentlicht waren.

Robert T. Rood und James S. Trefil
Charlottesville, Virginia
Juni 1980

1
Wir sind nicht allein im Universum: Die herrschende Lehre

Es gibt mehr Ding' im Himmel und auf Erden
als Eure Schulweisheit sich träumt.
William Shakespeare
«Hamlet», 1. Akt, Szene V

Der Gedanke, daß wir Menschen nicht als einzige intelligente Wesen das Universum bewohnen, ist nicht neu. John Milton hielt es für möglich, daß die Sterne bewohnt seien. Science Fiction-Autoren von Jules Verne bis Isaac Asimov haben sich allerlei unwahrscheinliche Außerirdische einfallen lassen, um ihren Erzählungen Würze zu verleihen. Und wer könnte jemals Michael Rennie und seinen friedenstiftenden Roboter Gort in dem Film «Der Tag, an dem die Erde stillstand» vergessen?

Nein, die Existenz nicht-menschlicher Außerirdischer ist heutzutage kaum noch eine umwälzende Idee. Als revolutionär dagegen könnte man ansehen, daß im Lauf der vergangenen zwanzig Jahre Wissenschaftler dazu gelangt sind, solche Gedanken zu akzeptieren. Zunächst geschah das zwar zögernd, aber inzwischen ist das beinahe zu einem Glaubensartikel geworden. In der Tat belaufen sich, gestützt auf Behauptungen, mit denen wir uns später befassen werden, Schätzungen der Zahl verschiedener Zivilisationen allein in unserer Milchstraße auf über eine Million. Wie ein Tropfen Tümpelwasser sollte unser scheinbar kaltes und lebloses Universum bei näherer Betrachtung von Leben geradezu wimmeln.

Man kann einen kurzen Zeitraum – er liegt zwischen 1952 und 1962 – ausmachen, in dem die wissenschaftliche Haltung gegenüber extraterrestrischer Intelligenz (ETI) sich gewandelt hat, nämlich von leicht belustigter Vernachlässigung zu aufgeschlossener Neugier. Wie in der Wissenschaft so oft, geschah das, weil jemand darauf hinwies, daß die technologische Entwicklung ein Ziel in Reichweite gerückt hatte, das vorher als unerreichbar gelten mußte.

Cocconi und Morrison: Die Revolution nimmt ihren Anfang

Soweit man den Wandel eines wissenschaftlichen Standpunkts zeitlich überhaupt genau bestimmen kann, läßt sich ein Aufsatz mit dem Titel «Suche nach interstellarer Kommunikation» am 19. September 1959 in der britischen Zeitschrift «Nature» als Wendepunkt unserer Einstellung zu ETI betrachten. Die Verfasser waren Philip Morrison, heute am Massachusetts Institute of Technologie (MIT) und Giuseppe Cocconi vom Centre Européen de la Recherche Nucléaire (CERN) in Genf. Morrison ist amerikanischen Lesern bekannt – er schreibt Buchkritiken für den «Scientific American», eine populär-wissenschaftliche Zeitschrift – und hat viele Beiträge zur Atomtheorie geleistet, die bis vor das Manhattan-Projekt, den Bau der ersten Atombombe, an dem er mitwirkte, zurückreichen. Cocconi gehört zu den herausragenden Experimentalphysikern Europas. In ihrem Aufsatz tragen die beiden folgende These vor: *Wenn* es in der Milchstraße fortgeschrittene technologische Zivilisationen gibt, die sich mit uns oder anderen aufstrebenden Gesellschaften in Verbindung setzen wollen, so werden sie das vermutlich mit Radiosignalen auf der Wellenlänge des am meisten verbreiteten Signals im All, dem der natürlichen Strahlung von atomarem Wasserstoff tun – der 21 cm-Linie des Wasserstoffspektrums. Da 1959 bereits vorhandene oder im Bau befindliche Radioteleskope durchaus in der Lage waren, Signale der Art aufzufangen, von denen Cocconi und Morrison sprachen, gab ihr Aufsatz der wissenschaftlichen Gemeinschaft bekannt, es sei praktisch möglich geworden, nach ETI wirklich zu suchen, statt lediglich Spekulationen darüber anzustellen.

Projekt Ozma

Zur selben Zeit, als Cocconi und Morrison ihren Aufsatz schrieben, ging der Astronom Frank Drake vom National Radio Astronomy Observatory (NRAO) bei Green Bank, West Virginia, ähnlichen Gedankengängen nach. Das erste Riesen-Radioteleskop war in den Bergen von West Virginia vor kurzem fertiggestellt worden. Drake erkannte, daß es vergleichsweise einfach sein mußte, das neue Instrument für die Suche nach Radiosignalen von nahen Sternen einzusetzen. Das Aufsehen, das Cocconis und Morrisons Aufsatz in der Zeitschrift «Nature» erregte, verlieh diesem Vorhaben Schwung. Im Frühling 1960 unternahm der Mensch mit einem Projekt, das nach dem Märchenland Oz benannt war, zum erstenmal bewußt den Versuch, nach der Existenz anderer Lebensformen zu suchen. Drake und seine Mitarbeiter in Green Bank benützten eines der ersten Vorführmodelle eines neuen elektronischen Verstärkers und richteten das Teleskop auf den nahen Stern Tau Ceti vom Typ unserer Sonne.

Das Teleskop fing keine Signale auf, die als Nachweis für ETI hätten gelten können, weder am ersten noch an irgendeinem anderen Tag der drei Monate, die man für die Suche angesetzt hatte. Ein amüsantes Schlaglicht wurde auf dieses historisch bedeutsame Experiment geworfen, als man die Suche auf den Stern Epsilon Eridani ausdehnte, einen weiteren sonnenähnlichen Stern in unserer Nachbarschaft. Gleich, als die Anlage eingeschaltet wurde, hörte man deutlich ein Signal! Es dauerte zwar einige Wochen, bis es als das Signal eines vorbeifliegenden Flugzeugs erkannt war, aber an jenem Tag muß im Kontrollraum große Aufregung geherrscht haben.

Seit 1960 sind weitere Suchaktionen nach ETI-Signalen unternommen worden. Sie alle sind, wie das Projekt Ozma, negativ ausgegangen. Bis heute hat man bei keiner einzigen astronomischen Messung Hinweise auf ETI finden können.

Die Green Bank-Tagung und die danach benannte Gleichung

Das Aufsehen, das die neu mitgeteilten Gedanken zu ETI hervorriefen, führte am 1. und 2. November 1961 zu einer Tagung im Observatorium von Green Bank. Sie bekam den Namen «Green Bank-Tagung über extraterrestrisches intelligentes Leben» und war von recht bescheidenem Ausmaß. Es gab nur elf Teilnehmer. Die Auswirkungen gingen aber weit über den bescheidenen Rahmen hinaus. Die Tagung schuf nämlich das Fundament für praktisch jede künftige Beschäftigung mit ETI. Das wichtigste und vielerorts zitierte Ergebnis der Tagung war eine Schätzung zur Zahl kommunikationsbereiter Zivilisationen in der Galaxis. Die optimistische Schätzung gelangte zu einer Zahl, die in die Millionen ging.

Diese Schätzung folgt aus einer recht einfachen Gleichung, die Drake-Gleichung, Sagan-Drake-Gleichung oder Green Bank-Gleichung genannt wird. Wir verwenden die letzte Bezeichnung. Die Gleichung gestattet uns angeblich, die Zahl fortgeschrittener, kommunikationsbereiter Zivilisationen in der Milchstraße, gestützt auf verschiedene Wahrscheinlichkeitsgrößen, zu berechnen. Bei uns heißt diese Zahl N. Die Gleichung lautet:

$$N = R f_p n_e f_l f_i f_c L$$

Dabei sind: R die Geschwindigkeit, mit der in unserer Galaxis pro Jahr Sterne entstehen, f_p der Teil der Sterne, der nach der Entstehung eine für Leben geeignete Umwelt aufweisen wird, n_e die Zahl von Planeten in jedem Sternsystem mit Planeten, die eine für Leben geeignete Umwelt besitzen werden, f_l die Wahrscheinlichkeit, daß auf einem solchen Planeten Leben entsteht, f_i die Wahrscheinlichkeit, daß dieses Leben sich bis zu einer intelligenten Stufe entwikkelt, f_c die Wahrscheinlichkeit, daß dieses intelligente Leben zur Kommunikation über interstellare Entfernungen hinweg fähig wird, und L die Zeit in Jahren, die eine solche Kultur tatsächlich aufwenden wird, um eine Verständigung zu suchen.

Eine solche Gleichung hinzuschreiben, ist leicht, dagegen Schätzungen für einige der genannten Wahrscheinlichkeiten zu liefern, sehr schwer. Der Haken dabei ist folgender: Wir wissen leider nicht sehr viel über einige der Prozesse, deren Wahrscheinlichkeit wir beurteilen müssen. Man behilft sich deshalb mit einer allgemeinen philosophischen Vermutung, zumeist «Postulat der Durchschnittlichkeit» genannt. Wir wollen diese Annahme so ausdrücken:

Am Sonnensystem oder am Planeten Erde ist nichts Besonderes

Mit anderen Worten: Wir müssen davon ausgehen, daß der Rest des Universums im großen und ganzen unserer eigenen Nachbarschaft entspricht. Da wir über die Erde und ihre nähere Umgebung ziemlich viel wissen, können wir uns daran machen, Zahlen in die Green Bank-Gleichung einzusetzen.

Ein Großteil des Buches wird praktisch auf eine Analyse der Green Bank-Gleichung hinauslaufen. Zuerst soll jedoch einmal die herrschende Meinung zu Wort kommen, was die Ansicht zur Häufigkeit von ETI angeht. Die beiden ersten Glieder der Gleichung betreffen die Entstehung von Sternen und Planeten, Vorgänge, über die wir einiges wissen. Wir erhalten eine grobe Schätzung für R, wenn wir die runde Zahl von Sternen in der Milchstraße (10^{10} Sterne) durch das runde Alter der Milchstraße dividieren (10^{10} Jahre). Demnach:

$$R = \frac{10^{10} \text{ Sterne}}{10^{10} \text{ Jahre}} = 1 \text{ Stern im Jahr}$$

Das mag als niedrig erscheinen, weil die Sterne in der galaktischen Urgeschichte vermutlich rascher entstanden sind. Die übliche Schätzung für R schwankt zwischen einem und zehn Sternen im Jahr.

Der Prozeß der Planetenentstehung ist eng verbunden mit jenem, bei dem eine Gaswolke sich verdichtet und zu einem Stern wird. Man versteht davon noch wenig. Das liegt zum Teil daran, daß unser Sonnensystem das einzige planetarische ist, mit dem wir uns befassen können. Die Schätzungen für f_p schwanken nach der herrschenden Lehre zwischen 0,4 das heißt also, etwas weniger als die Hälfte der Sterne besitzt Planeten, und 1, wonach jeder Stern über ein Planetensystem verfügt.

Je weiter wir voranschreiten, desto subjektiver geschieht die Zuordnung von Zahlen für die verschiedenen Glieder der Green Bank-Gleichung. Die Vermutung der Durchschnittlichkeit wird in ihrer Bedeutung immer größer. Wir wissen etwa, daß bei unserem Sonnensystem n_e mindestens 1 beträgt. Zum Zeitpunkt der Green Bank-Tagung galt noch als sehr wahrscheinlich, daß Leben auf dem Mars existieren könnte, was n_e den Wert 2 verleihen würde. Allgemein gelten Werte für n_e zwischen 1 und 5 als «vernünftig».

Unterstellen wir weiterhin die Annahme der Durchschnittlichkeit, so kommen wir zu dem Schluß, daß f_1, also die Wahrscheinlichkeit, daß sich auf einem Planeten tatsächlich Leben entwickelt, mit 1 bewertet wird. Anders ausgedrückt: Man geht davon aus, daß jeder Planet, der fähig ist, Leben zu entwickeln, das auch tun wird. Wendet man die erwähnte Annahme auf f_i an, also auf die Wahrscheinlichkeit, daß sich Intelligenz entwickeln wird, gelangt man erneut zum Wert 1.

Aus der Menschheitsgeschichte gewinnen wir ein paar magere Hinweise für f_c, die Wahrscheinlichkeit, daß intelligentes Leben die Fähigkeit und den Wunsch entwickeln wird, Kommunikation zu erreichen. Denkt man an die alten Ägypter, Griechen, Römer, Chinesen und so weiter, dann hat es in der Geschichte, grob gesprochen, fünf bis zehn große Zivilisationen gegeben – das hängt von der bevorzugten Zählweise ab. Nur eine Kultur, nämlich die abendländische, hat die genannte Fähigkeit erworben. Der Wert für f_c wird deshalb in der Regel zwischen 0,1 und 0,2 angesetzt.

Als letzte Zahl muß L geschätzt werden, die Zeit, während der eine Zivilisation sich im kommunikationsfähigen

Zustand befindet. Erneut sagt uns die Annahme der Durchschnittlichkeit, daß diese Zahl sich auf mindestens hundert Jahre belaufen muß, nämlich die Zeit, die seit der Ausstrahlung unserer ersten Radiosignale vergangen ist. Unterstellt man, daß die Zivilisation weiterbesteht und das Interesse lange genug beibehalten wird, könnte sich das fortsetzen bis zu den natürlichen Grenzen der Lebensspanne von Zivilisationen. Die allgemein anerkannte Grenze liegt bei 10^8 bis 10^9 Jahren. Das ist die Zeit, in der ein Stern vergleichsweise stabil bleibt, Leben also fördern kann. Alle genannten Vermutungen führen letzten Endes dazu, daß wir die Zahl der Zivilisationen zu schätzen vermögen, die *in diesem Augenblick* versuchen, mit uns Verbindung aufzunehmen.

Zur Verdeutlichung wollen wir für den Umgang mit der Green Bank-Gleichung drei verschiedene Möglichkeiten zeigen. Eine davon ist die «optimistische Betrachtungsweise». Bei ihr gehen wir davon aus, daß alle Zahlen so ausfallen, daß sie für die größte Wahrscheinlichkeit sprechen, Leben zu finden. Im Gegensatz dazu steht eine «pessimistische Betrachtungsweise». Hier werden alle Zahlen so niedrig wie möglich angesetzt. Schließlich zitieren wir noch eine «zurückhaltende Betrachtungsweise». Sie entspricht der herrschenden Lehre und gibt die Vermutungen für die verschiedenen Zahlen nach dem heutigen Erkenntnisstand an.

Die drei Schätzungen für N in der Green Bank-Gleichung sehen dann so aus:

Möglichkeit	R	f_p	n_e	f_l	f_i	f_c	L	N
optimistisch	10	1,0	1	1	1	0,2	10^8	2×10^8
zurückhaltend	10	0,5	1	1	1	0,2	10^6	10^6
pessimistisch	1	0,4	1	1	1	0,1	10^2	4

Aus diesem Beispiel ersehen wir: Sogar im Rahmen der herrschenden Lehre kann man zu Schätzungen für die Zahl kommunikationsbereiter Zivilisationen gelangen, die zwischen 200 Millionen und unter 10 schwanken. Entscheidend ist hier, daß N sehr klein sein kann. Angesichts der Ungewißheit bei sämtlichen oben erwähnten Wahrscheinlichkeitsgrößen ist deshalb die Antwort N = 4 mit der Antwort N = 1 völlig vereinbar. Da wir schon eine Zivilisation kennen, die den Erfordernissen der Gleichung entspricht, nämlich unsere eigene, würde das Ergebnis N = 1 darauf hindeuten, daß es in der Galaxis kein weiteres kommunikationsbereites Leben gibt. Sogar nach der herrschenden Lehre *könnten wir im Universum also allein sein.*

Die Diskussion um ETI ist von den Optimisten beherrscht worden. Ein Wert von 10^8 für N würde eine durchschnittliche Entfernung zwischen kommunikationsbereiten Zivilisationen von rund 10 Lichtjahren unterstellen. Das wiederum würde bedeuten, daß Projekt Ozma eine vernünftige Erfolgsaussicht besaß. Nachfolgend als Hinweis eine Tabelle von Entfernungen zwischen Zivilisationen bei verschiedenen N-Werten.

N	E (in Lichtjahren)
10^8	10
10^7	100
10^5	1000
10^3	10 000
1	∞

Ein Blick auf die Tabelle zeigt: Selbst bei ziemlich optimistischen Werten für N ist die Galaxis so groß, daß Zivilisationen durch riesige Entfernungen voneinander getrennt sind. Das ist der eine Grund, weshalb die Wissenschaftler von Green Bank der Meinung waren, es sei zwar Kommunikation zwischen ETI plausibel, nicht aber ein Besuch.

Nach Green Bank

Die Zeit von 1959 bis 1961 war aus den angeführten Gründen außergewöhnlich. Das Thema ETI wurde erstmals auf wissenschaftlich achtbare Weise vorgebracht, man stellte die Grundgleichung auf und legte die Grundzüge fest, nach denen SETI stattfinden mußte. Seit dieser Zeit sind hierzu große Anstrengungen unternommen worden, die jedoch am sichtbarsten auf Gerät und Kommunikationstechnologie konzentriert waren, weniger auf Grundlagenforschung. Man legte eine Reihe konkreter Vorschläge für den Bau von Anlagen zur SETI vor und versuchte den amerikanischen Kongreß zur Bewilligung von Zuschüssen zu bewegen, bis jetzt allerdings ohne Erfolg. Seit 1961 wurden in der Tat zahlenmäßige Schätzungen von der obigen Art dazu benützt, die Behauptung zu rechtfertigen, ein SETI-Programm besitze vernünftige Erfolgsaussichten.

In den zwei Jahrzehnten seit 1961 wurden aber viele neue Erkenntnisse gewonnen, was planetarische Prozesse, die Entstehung des Lebens und andere Faktoren betrifft, die für die Schätzung der Zahl fortgeschrittener Zivilisationen von Bedeutung sind. Manche Autoren hoben die Bedeutung ihrer Aussagen für die Frage nach ETI hervor, allerdings wurden viele dieser Arbeiten dort veröffentlicht, wo sie für die Öffentlichkeit schwerer zugänglich sind. Die wesentliche Auswirkung unserer neuen Erkenntnisse ist die, daß die Schätzungen zur Zahl fortgeschrittener Zivilisationen erheblich kleiner werden. Bei den endgültigen Zahlen bleiben freilich Ungewißheiten. Wir gehen praktisch von Folgendem aus: Unser heutiges Verständnis der Prozesse, mit denen sich die Green Bank-Gleichung befaßt, läßt sogar den der herrschenden Lehre entsprechenden «zurückhaltenden» Wert von N als übermäßig optimistisch erscheinen und bestärkt die Ansicht, daß wir allein sein könnten.

2
Die Sterne

«Läuft Tolles schon in der Mitternachtssonn'.»
Robert Service
«The Cremation of Sam McGee»

Der Anblick des mondlosen Nachthimmels fern von den Lichtern einer Stadt bei klarer Nacht ist in der Tat ehrfurchterregend. Je genauer wir hinsehen, desto mehr Sterne erkennen wir. Die Natur dieser kleinen, funkelnden Lichtpunkte begann man im 17. Jahrhundert zu erkennen. Daß der italienische Mönch und Philosoph Giordano Bruno im Jahr 1600 den Scheiterhaufen besteigen mußte, wurde ausgelöst durch seine starrköpfige Behauptung, die Sterne seien nichts anderes als sehr weit entfernte Sonnen. Christiaan Huygens und Isaac Newton gelangten zu brauchbaren Schätzungen für die Entfernung naher Sterne, weil sie davon ausgingen, daß sie der Sonne ähnlich seien. Obwohl die Bestätigung, daß die Sterne wirklich «Sonnen» sind, auf die erste direkte Messung einer Sterndistanz in der Mitte des 20. Jahrhunderts warten mußte, war das ein Gedanke, den sich die von Newton ausgelöste wissenschaftliche Revolution willig zu eigen machte – eine Revolution, die behauptete, die Ereignisse am Himmel unterlägen denselben Naturgesetzen wie das Geschehen auf der Erde.

Aus der Erkenntnis der Natur der Sterne ergibt sich naturgemäß der Gedanke, daß Planeten um diese Sterne kreisen und auf diesen Planeten vielleicht Geschöpfe hausen, die uns ähnlich sind. Außerirdische von Rigel und anderen bekannten Sternen bevölkern unsere Zukunftsromane. Nun sind die Sterne der Sonne zwar darin ähnlich, daß sie große Quellen sichtbarer Lichtenergie sind (in der Regel die Folge thermonuklearer Verschmelzungsvorgänge), aber die übergroße Mehrheit dürfte kaum intelligentes Leben hervorgebracht haben. Es wird wohl keine Rigelianer geben. Unter den mehreren tausend Sternen, die das bloße Auge wahrnimmt, gibt es tatsächlich nur eine Handvoll brauchbarer Kandidaten, die intelligentes Leben besitzen könnten. Der hellste davon ist Tau Ceti. Am frühen Winterhimmelabend beherrscht Orion den Südosten – von der nördlich gemäßigten Zone aus gesehen. Der südwestliche Himmel scheint fast leer zu sein, aber da gibt es das Sternbild Cetus, der Wal, groß und ein bißchen leuchtschwach. Tau Ceti ist der neunzehnthellste Stern in Cetus. In den folgenden drei Kapiteln sprechen wir von den Gründen, die Wissenschaftler veranlaßt haben, Tau Ceti für einen besseren Kandidaten im Rahmen der ETI zu halten als die helleren, bekannteren Sterne, die wir jede Nacht sehen können.

Die Sonne

Im Verlauf des Buches werden wir versuchen, Vergleiche zwischen vertrauten Dingen und dem, was für die meisten Leser neuartige Vorstellungen sein werden, zu ziehen. Bei der Sonne unterscheidet sich aber beinahe jede physikalische Eigenschaft in solchem Maß von der menschlichen Erfahrung, daß eine Beschreibung schwerfällt.

Hier einige wichtige Aussagen über die Sonne. Sie ist groß. Ihr Radius – also der Halbmesser – beträgt rund 700 000 Kilometer (7×10^5 km) oder rund das Hundertfache des Erdradius. Man würde ungefähr 200 Tage brauchen, um mit einer Boeing 747 die Sonne in Oberflächennähe zu umfliegen. Die Sonne ist massiv. Die Masse beträgt 2×10^{27} Tonnen, das sind mehr als 300 000 Erdmassen. Die Sonne strahlt Energie in einer Größenordnung von 4×10^{26} Watt ab, vorwiegend in Form sichtbaren Lichts. Die je Zeiteinheit ausgestrahlte Energie nennt man ihre Leuchtkraft. Die Leuchtkraft der Sonne ist etwa 10^{13}mal größer als das Ausmaß, in dem die Menschheit derzeit Energie verbraucht.

Die Untersuchung der Sonnenoberfläche ergibt eine Reihe anderer Tatsachen. Als erstes sollte man sich darüber im klaren sein, daß die Sonne nicht in demselben Sinn eine Oberfläche besitzt wie Erde oder Mond. Die Sonne ist durchgehend gasförmig. Befaßt man sich mit diesem halb undurchsichtigen Gas, so ähnelt das dem Blick in einen verschlammten See. Wir können nur in eine Tiefe von wenigen hundert Kilometern hineinsehen. Da diese Distanz sehr viel kleiner ist als der Radius der Sonne, entsteht der Eindruck eines scharfen Randes. Diese scheinbare Oberfläche nennt man Photosphäre. Das Gas der Photosphäre ist heiß und erreicht etwa 6000° Kelvin. Das entspricht rund 5500° Celsius, etwa der Gastemperatur in Leuchtstoff- und Neonlampen. Die Oberfläche der Sonne wird verunstaltet durch Erscheinungen wie Sonnenflecken und Sonnenfakkeln. Dabei handelt es sich aber nur um solares «Wetter», das für die Sonne als Ganzes vermutlich nicht besonders bedeutsam ist. Ferner zeigt sich, daß die Sonne fast völlig kugelrund ist. Die Abweichungen von der Kugelform betragen unter 0,001 Prozent.

Die wichtigsten Erkenntnisse über die Sonne verdanken wir der Untersuchung normalen Sonnenlichts. Läßt man einen Sonnenstrahl durch einen Schlitz und danach durch ein Glasprisma fallen, so spalten sich die Farben in das bekannte Regenbogenspektrum auf. Sobald wir das Spektrum aber genauer betrachten, fällt auf, daß schwarze Linien auftreten. Die untere Hälfte von Abbildung 2.1 zeigt ein Sonnenspektrum mit einigen dieser schwarzen Linien. Sie werden hervorgerufen von der Lichtabsorption durch verschiedene Atome in der äußeren Photosphäre. Die Wellenlängen der verschiedenen Linien sind die Kennzeichen der verschiedenen Atome. Eine komplizierte Analyse der Linien läßt die Zusammensetzung der Sonne erkennen. Sie besteht zum größten Teil aus Wasserstoff (H) und Helium (He). Die am häufigsten vorkommenden Elemente der Sonne zeigt die nebenstehende Tabelle.

Die Sonne ist also schon wegen ihrer Größe für den Menschen etwas Fremdartiges. Einiges, was man über die Sonne weiß, läßt sich dem menschlichen Maß aber näherbringen.

Teilt man die Masse der Sonne durch ihr Volumen, so stellt man fest, daß die durchschnittliche Dichte nur das 1,4fache von Wasser in seiner flüssigen Form beträgt. Teilt man die Leuchtkraft der Sonne durch ihre Masse, dann

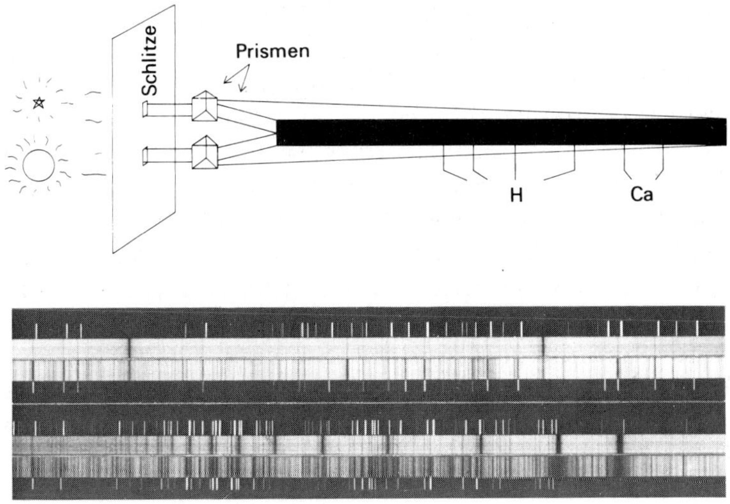

2.1

Hauptbestandteile der Sonne nach ihrer Masse

Element	Symbol	Prozentsatz
Wasserstoff	H	75
Helium	He	23
Kohlenstoff	C	0,34
Stickstoff	N	0,12
Sauerstoff	O	0,83
Neon	Ne	0,15
Magnesium	Mg	0,062
Aluminium	Al	0,056
Silicium	Si	0,068
Schwefel	S	0,037
Argon	Ar	0,010
Kalzium	Ca	0,007
Chrom	Cr	0,001
Eisen	Fe	0,10
Nickel	Ni	0,006

ergibt sich, daß jede Tonne Sonnenmaterie Energie im Wert von 0,2 Watt abgibt. Die Sonnenmasse, die in einen Lieferwagen paßt, würde nicht einmal ein Watt Energie erzeugen. Vergleicht man das mit der Leistung von 7 Watt einer Christbaumkerze, sieht man sofort, daß die Sonne gar keine so leistungsfähige Energieproduzentin ist. Ein Mensch bringt in Form von Körperwärme tatsächlich zehnmal soviel Energie hervor wie eine ebenso große Masse Sonnenmaterie. Daß von der Sonne soviel Energie ausgeht, liegt allein an ihrer ungeheuren Größe.

Wendet man die terrestrischen Naturgesetze auf das Solarmaterial an, unter Verwendung dessen, was von außen zu beobachten ist, lassen sich viele Dinge über das Innere der Sonne und ihre Entwicklung aussagen. Erstaunlicherweise verstehen wir das Innere unter Umständen besser als die Oberfläche, weil Erscheinungen wie Magnetfelder und langsame Sonnenrotation, die Sonnenflecken, Sonnenfackeln und dergleichen hervorrufen, im Inneren eine viel geringere Auswirkung haben müßten.

Das physikalisch Wesentliche am Aufbau der Sonne ist ein Kräftegleichgewicht. Zwei beliebige Teilchen werden durch die Gravitation wechselseitig angezogen, so daß die gegenseitigen Gravitationskräfte der gesamten Masse, aus der die Sonne besteht, nach innen wirken und ein Zusammenstürzen der Sonne bewirken wollen. Die Gravitation ist aber nicht die einzige Kraft, die in der Sonne wirkt. Jedes Gas übt bei einer Temperatur über dem absoluten Nullpunkt Druck aus. Die heißen Gase der Sonne tun das ebenfalls. Die Sonne möchte sich deshalb ausdehnen. Diese beiden Kräfte – die nach innen wirkende Gravitation und der nach außen gerichtete Druck – gleichen sich aus. Deshalb bleibt die Sonne stabil. Sie ist praktisch ein selbstregelndes System.

Nehmen wir an, die Naturgesetze ließen sich ganz nach unseren Wünschen und Launen verändern. Wir wollten erreichen, daß die Sonne sich zusammenzieht. Wir verstärken deshalb die Gravitationskraft. Die erhöhte Gravitation würde die Sonne zusammenpressen und das Gas aufheizen, ein ähnlicher Vorgang wie beim Aufpumpen eines Fahrradreifens auf der Erde. Der Gasdruck nimmt im Verhältnis zu seiner Temperatur zu. Dieser vermehrte Druck würde der erhöhten Gravitation entgegenwirken, die tatsächliche Veränderung in der Sonne bliebe gering.

Aus dem Wissen über Gravitation, Gase und das Gleichgewicht der Kräfte in der Sonne läßt sich schließen, daß die

Temperaturen rapide ansteigen, wenn man von der 6000° Kelvin heißen Photosphäre nach innen vorstößt. Im Inneren übersteigt sie zumeist eine Million Grad Kelvin, im Zentrum selbst beträgt sie rund 15×10^{6}° Kelvin. Das sind Temperaturen, die auf der Erde nur in Atombomben vorkommen. Gleichzeitig nimmt die Dichte zu, vom ungefähr 10^{-7}fachen des Wassers in der Photosphäre – was einem echten Vakuum schon sehr nahekommt – bis zum ungefähr Hundertfachen des Wassers im Zentrum – das ist rund die vierfache Dichte des dichtesten Metalls Osmium. Unter solchen Bedingungen werden den Atomen die Elektronen vom Kern weggerissen, das Gas ionisiert, wie man das nennt.

Bis zu diesem Jahrhundert war das Rätselhafteste an der Sonne ihre Lebensdauer. Bei allem, was Energie abstrahlt, muß die Quelle einmal versiegen. Die Sonne ist da keine Ausnahme. Wir wissen heute durch radioaktive Altersbestimmung, daß die ältesten Meteoriten rund 4,6 Milliarden Jahre alt sind. Die Sonne muß also mindestens ebenso alt sein. Aus Fossilien auf der Erde können wir schließen, daß die Sonne seit mindestens 3,5 bis 4 Milliarden Jahren in annähernd dem heutigen Zustand sein muß.

Das ist eine Zeitspanne, die über menschliches Begriffsvermögen weit hinausgeht. Eine Jahrmillion ist auf der Zeitskala des Universums aber nur ein Augenblick. Wollte man das Bestehen des Sonnensystems auf einen einzigen Tag zusammendrängen, so träte der Homo sapiens erst in der letzten Minute auf; sogar Erscheinungen von scheinbarer Dauerhaftigkeit wie der Grand Canyon oder die Alpen würden erst seit wenigen Minuten bestehen. Damit die Sonne so lange Zeit leuchten kann, ist eine gigantische Energiequelle erforderlich. Wäre die Sonne aus einem hochwertigen chemischen Brennstoff wie Benzin, könnte sie bei ihrem jetzigen Energieausstoß nur rund 10000 Jahre brennen. Das Sonnenfeuer kann also offenkundig nicht von einer chemischen Reaktion in Gang gehalten werden.

Da die Sonne ein großes Aggregat heißer Materie ist, könnte sie mit gespeicherter Energie allein lange Zeit leuchten, wie ein Stück Metall weiterglüht und Hitze abstrahlt, wenn man es aus dem Feuer genommen hat. Wäre das die

Energiequelle der Sonne – daran glaubte man noch im 19. Jahrhundert – würde die Sonne rund 10 Millionen Jahre bestehen. Während dieser Zeit würde sie sich langsam zusammenziehen, um Gravitation und Gasdruck im Gleichgewicht zu halten. Aber selbst diese Quelle ist zu kurzlebig, um die lange Lebenszeit zu erklären, die wir messen.

Wie sich zeigt, hängt die eigentliche Quelle solarer Energie mit den am häufigsten vorkommenden Elementen in der Sonne zusammen. Die Kerne von vier Wasserstoffatomen, jeder ein einzelnes Proton, vermögen miteinander zu verschmelzen und einen aus zwei Protonen und zwei Neutronen bestehenden Heliumkern zu bilden, zu dem noch zwei Positronen kommen. Diese Teilchen besitzen eine Masse, die etwa um ein Prozent kleiner ist als die der vier ursprünglichen Kerne. Die überschüssige Masse wird nach Einsteins berühmter Formel $E = mc^2$ in Energie verwandelt. Die Umwandlung von 1 Gramm Wasserstoff in 0,99 Gramm Helium setzt etwa 2×10^5 Kilowattstunden frei, das entspricht rund 40 Tonnen vom Sprengstoff TNT. Die Sonne wandelt pro Sekunde rund 6×10^8 Tonnen Wasserstoff in Helium um. Bei ihrem derzeitigen Verbrauch könnte sie etwa 10 Milliarden Jahre bestehen. Die Fusion von Wasserstoffkernen ist also ganz gewiß eine ausreichende solare Brennstoffquelle.

Die Umwandlung von Wasserstoff in Helium kann durch mehrere Ketten von Kernreaktionen erfolgen. Alle laufen bei höheren Temperaturen rascher ab. So geht die Kernverschmelzung, durch welche die Sonne in Gang gehalten wird, im Zentrum viel schneller vor sich. In den äußeren 70 Prozent der Sonne, der Masse nach, finden praktisch gar keine Kernreaktionen statt. Die Energie wird durch einen Prozeß zur Oberfläche befördert, den man Konvektion nennt. Die Licht«teilchen» oder Photonen legen einen kurzen Weg zurück (weniger als 1 cm), werden von der ionisierten Materie absorbiert und in anderer Richtung wieder ausgestoßen. In einer Zeit von rund einer Million Jahre wandern sie zur Sonnenoberfläche. Von der Photosphäre aus bewegen sich die Photonen mit Lichtgeschwindigkeit zur Erde. Für diese Strecke brauchen sie acht Minuten. Das mechanische Gleichgewicht zwischen Gasdruck und Gravitation, Energieproduktion und Energietransport bestimmt, wie die Sonne sich im Lauf der Zeit verändert. Die Entstehung der Sterne behandeln wir ausführlicher im nächsten Kapitel. Hier nur soviel: Sterne entstehen in großen interstellaren Wolken aus Gas und Staub. Sobald eine Wolke die für eine bestimmte Temperatur erforderliche Dichte erreicht, führt die Gravitation dazu, daß sich die Wolke zusammenzieht. Der Prozeß der Sternbildung wird in Gang gesetzt. Das weitere Dasein eines Sterns ist ein Kampf zwischen der Gravitation, die den Stern zusammenstürzen lassen will, und verschiedenen atomaren und Kernprozessen, die sich gegen das Unausweichliche zu stemmen versuchen.

Als die Sonne sich aus einer interstellaren Wolke zusammenzuziehen begann, war es für Kernreaktionen noch zu kühl. Die Gravitation war ein wenig stärker als die Druckkräfte. Die Wolke verdichtete sich über einige Jahrmillionen hinweg weiter und heizte sich auf, bis sie endlich heiß genug war, um das Nuklearfeuer auszulösen. Zu diesem Zeitpunkt war die Sonne in ihrer Zusammensetzung homogen. Beim Beginn des Wasserstoff-Brennens vor 4,6 Milliarden Jahren besaß die Sonne nur rund 75 Prozent ihrer heutigen Leuchtkraft.

Das Wasserstoff-Brennen läuft in der Nähe des Sonnenzentrums ab und verwandelt Wasserstoff in Helium. Dabei werden aus acht Teilchen (die vier Elektronen und vier Kerne von vier ionisierten Wasserstoffatomen) drei Teilchen (die beiden Elektronen und der Kern eines ionisierten Heliumatoms). Da jedes Teilchen mit gleicher Kraft zum Druck beiträgt, würde das zu einem Druckabfall führen und das Gleichgewicht mit der Gravitation stören. Da das nicht sein darf, muß die Sonne, während sie ihren Wasserstoff verbrennt, sich im Zentrum zusammenziehen. Dadurch steigert sie Temperatur und Dichte, um das Gleichgewicht aufrechtzuerhalten. Weil aber die Kernreaktionsgeschwindigkeit von der Temperatur abhängt, nimmt die Leuchtkraft zu. Die der Sonne hat sich in den vergangenen 4,6 Milliarden Jahren um rund 25 Prozent erhöht und zu einem höchst erstaunlichen Feuer geführt – der Brennstoff wird weniger und das Feuer heller!

Die beim Verbrennen des Wasserstoffs in der Sonne entstehende Helium«asche» bleibt, wo sie erzeugt wurde – im Zentrum. Das an der Sonnenoberfläche sichtbare Material ist in der Hauptsache jenes, aus dem die Sonne sich gebildet hat.

Wie sieht die Zukunft der Sonne aus? Im Zentrum hat sie jetzt rund die Hälfte ihres Wasserstoffs verbraucht. Sie wird den Wasserstoff weiterhin auf ganz ähnliche Weise verbrennen und langsam immer heller werden, bis der Brennstoff verbraucht ist. Wie die Leuchtkraft nimmt auch die Geschwindigkeit zu, mit welcher der Brennstoff verbraucht wird, so daß die Entwicklung sich immer mehr beschleunigt.

In rund 5 Milliarden Jahren wird der Wasserstoff im Sonnenzentrum verbraucht sein. Die Kernverbrennung wird in einer Hülle weitergehen, die dann den inaktiven, «stillen» Heliumkern umschließt. Da eine Energiequelle fehlt, um ihn heiß zu halten, erliegt der Kern der Gravitation und zieht sich zusammen, bis eine neue Druckquelle ihn aufhält. Die neue Druckquelle ist nicht aus der Erfahrung bekannt. Sie hängt jedoch mit den Gesetzen der Quantenmechanik zusammen. Der Heliumkern stürzt ein und preßt die Elektronen immer fester zusammen. Die Gesetze der Quantenmechanik schreiben sehr enge Grenzen für die Zahl von Elektronen vor, die in ein bestimmtes Volumen gepreßt werden können. Sobald die Kernschrumpfung diesen Punkt erreicht hat, beginnen die Elektronen selbst Druck auszuüben. Wir nennen diese Art von Wirkung die Erzeugung eines Entartungsdrucks im Kern. Man muß dabei beachten, daß der Entartungsdruck nichts mit dem Vorgang zu tun hat, der beispielsweise eintritt, wenn ein Behälter sich mit Murmeln füllt – die Elektronen werden nicht so lange «zusammengepreßt», bis sie sich berühren. Ein besserer Vergleich wäre ein Parkplatz mit einer bestimmten Zahl verfügbarer Plätze. Er ist schon «voll», lange bevor jeder Quadratzentimeter Boden besetzt wäre.

Wegen dem Entartungsdruck zieht der Heliumkern sich nicht weiter zusammen, sobald er die mehrfache Erdgröße erreicht hat. Die Dichte im Zentrum steigt auf eine Tonne pro Kubikzentimeter.

Der Kern stürzt in sich zusammen, die Wasserstoff verbrennende Hülle wird hineingerissen und erhitzt, die Kernverbrennung läuft immer schneller ab. Der verstärkte Energiestrom, der daraus entsteht und zu den Außenschichten der Sonne fließt, führt dazu, daß die Sonne sich ausdehnt und abkühlt. Innerhalb von wenigen hundert Millionen Jahren steigt die Leuchtkraft der Sonne um das Mehrtausendfache, der Radius wird rund hundertmal so groß sein wie heute, die Sonne verschlingt die Venus, die Erde wird verkohlen. Die Temperatur der Photosphäre sinkt, die Sonne leuchtet rot – sie ist ein Roter Riese geworden.

In dieser Phase nimmt der Heliumkern zwar an Masse, nicht aber an Radius zu. Sobald er rund die Hälfte der Solarmasse umfaßt, wird die Temperatur so hoch sein, daß Helium zu Kohlenstoff (C) und Sauerstoff (O) verschmilzt. Während das Helium verbrennt, nimmt die Sonne an Leuchtkraft und Ausdehnung ein wenig ab. Das Helium im Zentrum erschöpft sich endlich, die Sonne beginnt eine zweite Phase als Roter Riese. Dabei ist ein entarteter Kern aus C und O von einer Hülle verbrennenden Heliums umgeben, diese wieder von verbrennendem Wasserstoff. Das zeigt Abbildung 2.2. Diese Darstellung ist übrigens nicht maßstabsgerecht. Wenn sie es wäre und der Bereich innerhalb der Wasserstoff verbrennenden Hülle Punktgröße hätte, läge die Oberfläche weit außerhalb des Buches.

Schon heute gibt die Sonne von ihrem Material etwas an den interstellaren Raum ab. Sie schleudert Teilchen von der Oberfläche hinaus. Das ist der sogenannte Sonnenwind. Der Verlust beträgt derzeit im Jahr nur 10^{-14} der Sonnenmasse, aber im Verlauf der zweiten Phase als Roter Riese dürfte der Sonnenwind an Stärke so zunehmen, daß die Sonne durch ihn etwa zwanzig Prozent ihrer Masse verliert. Der Solarwind frißt sich nach innen, die Wasserstoff und Helium verbrennenden Hüllen fressen sich nach außen. Je näher die Heliumhülle der Oberfläche kommt, desto instabiler wird sie und flammt mit immer größerer Heftigkeit auf. Diese Blitze erreichen schließlich eine solche Stärke, daß sie den äußeren

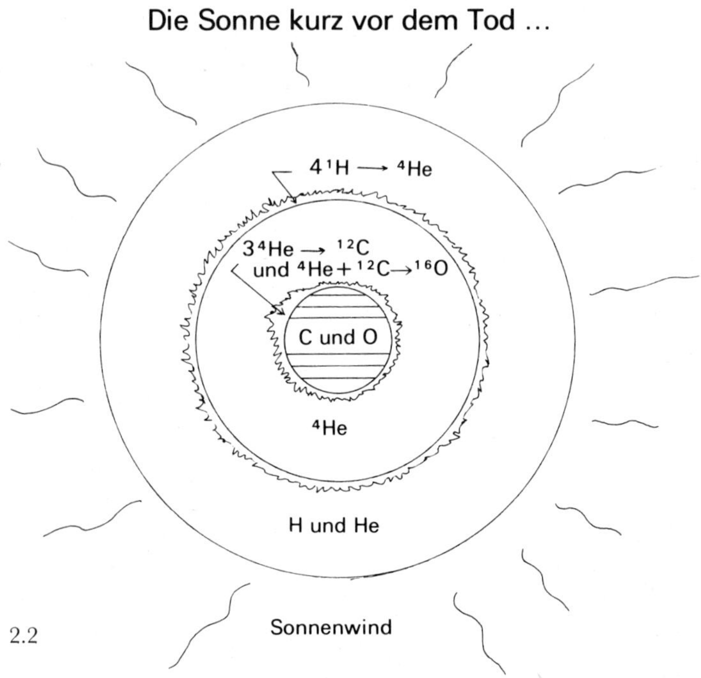

2.2

Teil der Sonne absprengen. Er dehnt sich dann als kugelförmige Hülle von etwa 0,1 Sonnenmasse in den Weltraum aus, und das mit einer Geschwindigkeit von 10 bis 20 km in der Sekunde – vergleichbar mit der Umlaufgeschwindigkeit der Erde um die Sonne.

In einem Alter von rund 10 Milliarden Jahren wird die Sonne ihr Dasein als Energieproduzentin beendet haben. Sie wird nicht mehr fähig sein, Kohlen- und Sauerstoff zu verschmelzen. Nachdem der restliche Wasserstoff- und Helium-Brennstoff in den Weltraum hinausgeschleudert worden ist, kühlt sich der ursprünglich sehr heiße Kern für immer ab. Der Entartungsdruck der Elektronen im Kern hat einen endgültigen Ausgleich mit der Gravitation gefunden. Die Dichte im Zentrum beträgt dann rund tausend Tonnen pro Kubikzentimeter. Einen solchen Stern bezeichnet man als «Weißen Zwerg». Der letzte Masseaustritt erzeugt einen Ringnebel, Folge einer – jedenfalls in diesen Maßstäben – kleinen Explosion, ganz ähnlich der auf Abbildung 2.3 gezeigten.

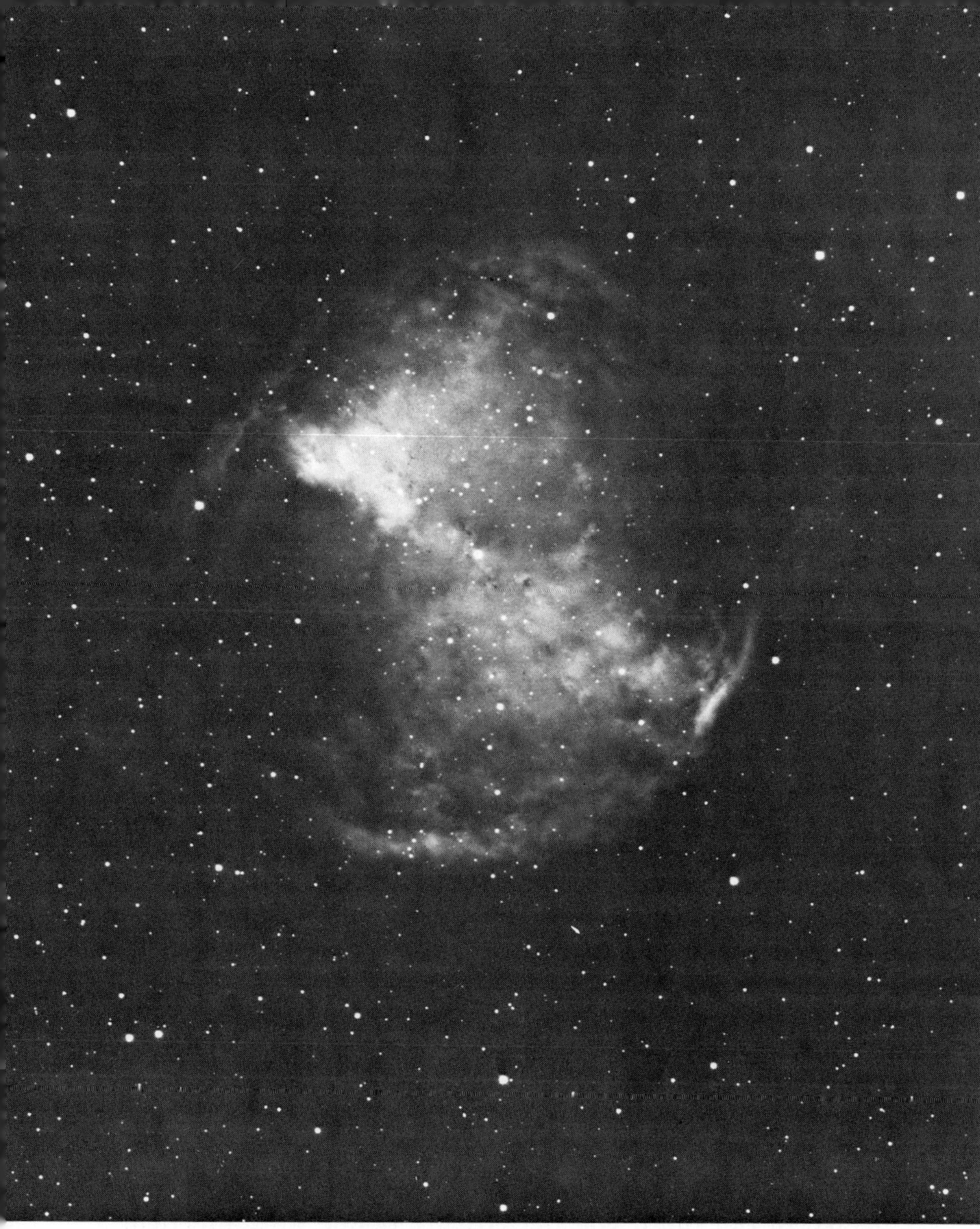

2.3
Einige tausend Jahre nach ihrem Tod wird die Sonne aussehen wie dieser planetarische Nebel. Der heiße weiße Zwergstern in der Mitte besteht aus Kohlenstoff und Sauerstoff. Die nahezu kugelförmige Hülle aus glühendem Gas besitzt eine Masse von rund 0,1 der Sonnenmasse und dehnt sich mit einer Geschwindigkeit von 20 km/sec aus. (Aufnahme: Lick-Observatorium)

Andere Sterne

Wenn wir den Himmel betrachten, stellen wir fest, daß die Sterne eine sehr unterschiedliche Helligkeit aufzuweisen scheinen. In der Fachsprache würden wir sagen: Der Energiestrom – Energie pro Sekunde an der Auftrefffläche – der von jedem Stern zur Erde gelangt, ist unterschiedlich stark. Das gilt, ob wir nun von Energie in Form sichtbaren Lichts oder als Radiowellen sprechen. Der Energiestrom verringert sich um den Faktor 100 vom hellsten bis zum schwächsten, mit dem bloßen Auge gerade noch erkennbaren Stern. Schwächere Sterne sind wegen der mangelnden Empfindlichkeit des Auges nicht mehr sichtbar.

Der größte Unterschied in der Helligkeit der Sterne kann davon abhängig sein, daß Sterne verschieden weit entfernt oder unterschiedlich leuchtstark sind, oder auch von beidem. Der von einem Stern ausgehende Energiestrom verringert sich proportional zum Quadrat der Entfernung des Sterns – siehe hierzu Kapitel 9. Wenn Capella, einer der hellsten Sterne, die man mit bloßem Auge sehen kann, um den Faktor 10 weggerückt werden würde, wäre er hundertmal weniger hell und für das bloße Auge gerade noch erkennbar. Ebenso können Sterne verschiedener Leuchtkraft unterschiedlich hell erscheinen. Eine 100 Watt-Glühbirne wirkt auf siebzig Meter Entfernung wie eine 25 Watt-Birne auf dreißig Meter. Da die Sterne über unterschiedliche Leuchtkraft verfügen und verschieden weit entfernt sind, kommt es in der Astronomie dazu, daß sich die Beobachtung mit Vorliebe ganz bestimmten Zielen zuwendet.

Für den Energiestrom gibt es stets irgendeine erkennbare Grenze. Das könnte etwa die Mindestlichtstärke sein, die erforderlich ist, um die Stäbchen in der menschlichen Netzhaut zu reizen, oder die technische Leistungsgrenze eines Teleskops. Ein Stern von der Art der Sonne wäre mit dem bloßen Auge auf eine Entfernung bis zu etwa 30 Lichtjahren wahrzunehmen. Ein Stern wie Arctus, der hundertmal mehr Leuchtkraft aufweist, könnte bis zu einer Entfernung gesehen werden, die 10 mal ($= \sqrt{100}$) so groß ist, also auf bis zu 300 Lichtjahre. Das Weltraumvolumen, das wir nach Sternen absuchen können, die dem Arcturus ähnlich, also mit dem bloßen Auge noch wahrzunehmen sind, ist tausendmal größer als jenes für sonnenähnliche Sterne. Träten die beiden Sternarten mit gleicher Häufigkeit auf, könnte man für jede Sonne eintausend Arcturus-Sterne sehen. In der Natur geht es nicht ganz so übertrieben zu, aber unter den fünfzig hellsten Sternen, die man von der Erde aus sehen kann, ist die Sonne der am wenigsten leuchtkräftige. Von den fünfzig Sternen in unserer nächsten Umgebung ist die Sonne aber der dritthellste Stern. Anders ausgedrückt: Die für uns am leichtesten erkennbaren Sterne sind nicht unbedingt jene, die am häufigsten vorkommen.

Daß leuchtkräftige Sterne in der Regel auch diejenigen sind, die man auch «sieht», führt dazu, daß man sich ihnen bevorzugt zuwendet. Wir werden weiter unten darlegen, daß extrem leuchtkräftige Sterne dem Leben in ihren Systemen nicht zuträglich sind. Daraus ergibt sich eine schlichte Tatsache: Die meisten bekannten Sterne – also jene, die am deutlichsten sichtbar sind – erweisen sich als ungeeignete oder zweifelhafte Kandidaten für ETI.

Physikalisch gibt es bei den Sternen drei Hauptunterschiede: Stellarmasse, Zusammensetzung und Entwicklungsstand. Der bei weitem wichtigste Faktor ist die Masse. Die Eigengravitation eines Sterns von größerer Masse als die Sonne liegt natürlich auch über jener der Sonne. Damit ein Ausgleich stattfinden kann, muß demnach auch der Gasdruck höher sein. Die Folge davon ist, daß die Temperaturen höher liegen. Dadurch vergrößert sich die Energieabgabe eines Sterns. Die Leuchtkraft eines Sterns nimmt mit der Masse sogar erheblich zu. Der helle Stern Sirius, zum Beispiel, weist nur die doppelte Sonnenmasse auf, ist aber 25 mal so hell.

Das Verhältnis zwischen Leuchtkraft und Masse eines Sterns kann man aus Abbildung 2.4 erkennen. Wir vergleichen hier die Leuchtkraft L eines Sterns, geteilt durch die Leuchtkraft der Sonne $L_\odot$, mit seiner Masse M, geteilt durch die Masse der Sonne $M_\odot$. Bei Sternen, die leichter sind als die Sonne, nimmt die Leuchtkraft mit der Masse sehr rasch zu, bei schwereren Sternen geschieht das langsa-

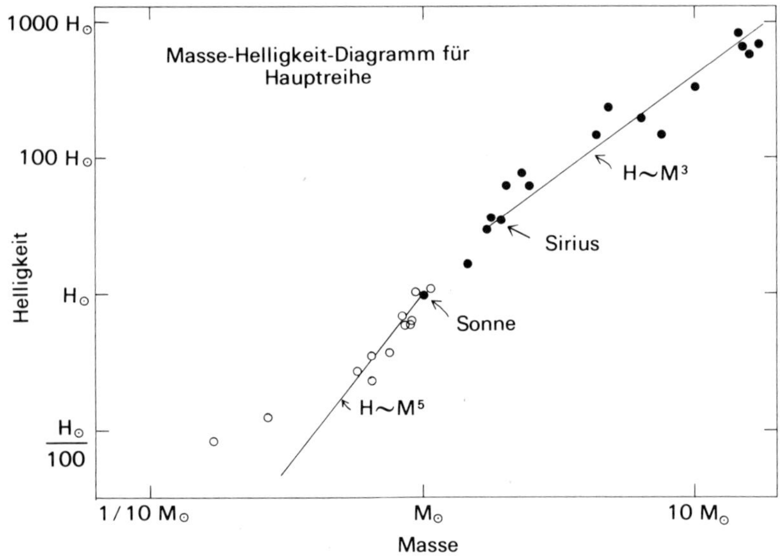

2.4
Die Beziehung zwischen Sternhelligkeit und Sternmasse.

mer. Man nimmt an, daß die Lebensdauer eines Sterns von seinem Verhältnis Masse zu Leuchtkraft abhängt. Die Brennstoffmenge, die einem Stern für den Verbrauch zur Verfügung steht, ist seiner Masse direkt proportional, die Geschwindigkeit des Brennstoffverbrauchs seiner Leuchtkraft. Sirius verfügt über doppelt soviel Brennstoff wie die Sonne, verbrennt ihn aber 25 mal so schnell. Deshalb beträgt die Lebensdauer von Sirius nur rund 2/25 von jener der Sonne. Da man die Lebensdauer der Sonne auf rund zehn Milliarden Jahre schätzt, wird Sirius weniger als eine Milliarde Jahre bestehen. Weil es mehrere Milliarden Jahre gedauert hat, bis sich im Sonnensystem intelligentes Leben entwickelte, können wir Sirius wie übrigens auch alle anderen Sterne mit einer Masse, die über rund 1,2 Solarmassen hinausgeht, bei unserer Suche nach ETI gleich streichen.

Noch ein Kennwert, der sich je nach Sternmasse unterscheidet, ist die Temperatur der Photosphäre. Mit zunehmender Masse wird die Photosphäre heißer. Das erkennt man am leichtesten durch die Farbe. Mit zunehmender Temperatur verändert sich nämlich die Farbe der Strahlung von heißen Gasen. Sie sind zunächst rot, dann gelb und schließlich blau. Da Sirius mehr Masse besitzt als die Sonne, ist er heißer und blauer. Die höhere Temperatur in der Photosphäre führt ferner dazu, daß das Sternspektrum sich verändert. Bei Sternen wie Sonne und Sirius ist der Wasserstoff in Oberflächennähe teilweise ionisiert. Das heißt, ein Teil des Wasserstoffs ist in Form gebundener Wasserstoffatome vorhanden, ein anderer Teil hat sich in Gestalt eines Kerns mit einem Elektron abgespalten. In einem viel heißeren Stern, etwa bei Rigel, verbleibt nur ein ganz kleiner Bruchteil des Wasserstoffs in atomarer Form. Da die Wasserstofflinien in Sternspektren von Lichtabsorption durch atomaren Wasserstoff herrühren, verschwinden sie, sobald der atomare Wasserstoff in ionisierten Wasserstoff verwandelt wird, aus dem Spektrum.

Die Astronomen im späten 19. und frühen 20. Jahrhundert stuften Sternspektren in verschiedene Gruppen oder «Spektralklassen» ein, je nach der Stärke verschiedener Spektrallinien. Heute weiß man, daß diese Gruppen, die der Reihe nach mit O, B, A, F, G, K und M bezeichnet werden, eine Temperaturfolge von heiß bis kühl darstellen. Ebenso sind sie eine Farbfolge von Blau bis Rot, und auch eine Massenreihe von massiv bis weniger massiv. Jede Klasse besteht in der Regel aus zehn Unterklassen, die von 9 bis 0 numeriert sind. Nach diesem Schema ist die Sonne ein G 2-Stern, Sirius dagegen A 1.

Wir führen den Begriff der Spektralklasse nicht wegen einer grundsätzlichen Bedeutung für ETI ein, sondern deshalb, damit wir über Sterne so sprechen können, wie es die Astronomen tun. Die Astronomen hängen offenbar an alten Systemen und verwenden die Spektralklassen auch dann, wenn sie seit Jahrzehnten nicht mehr sonderlich nutzvoll erscheinen. Um ein anderes Beispiel zu geben: Sie klammern sich immer noch an das Größensystem der scheinbaren Helligkeit, das vor etwa zweitausend Jahren von Hipparch eingeführt wurde.

Die Sternmasse ist auf einem direkten Weg überaus schwer zu messen. Das gilt sogar für Sterne, deren Entfernung man genau kennt. Farbe und Spektralklasse sind dagegen ziemlich leicht zu messen. Da die Farbe mit der Sternmasse schwankt, können wir mit dieser einfachen optischen Meßgröße einen Hinweis auf die Masse des Sterns erhalten. Das heißt: Eine graphische Darstellung der Leuchtkraft eines Sterns im Verhältnis zur Farbe – oder, was gleichwertig ist, zur Temperatur – müßte uns dieselben Informationen liefern wie eine graphische Wiedergabe der Leuchtkraft im Verhältnis zur Masse, wie Abbildung 2.4 sie zeigt.

Ein Farben-Leuchtkraft-Diagramm bezeichnet man als Hertzsprung-Russell-Diagramm (HRD). In einem solchen Diagramm wird jeder Stern durch einen Punkt dargestellt. Tragen wir alle Punkte, die Sternen mit bekannter Entfernung entsprechen, in ein HRD ein, so sieht das aus wie auf Abbildung 2.5. Die meisten Sterne würden in einen Bereich

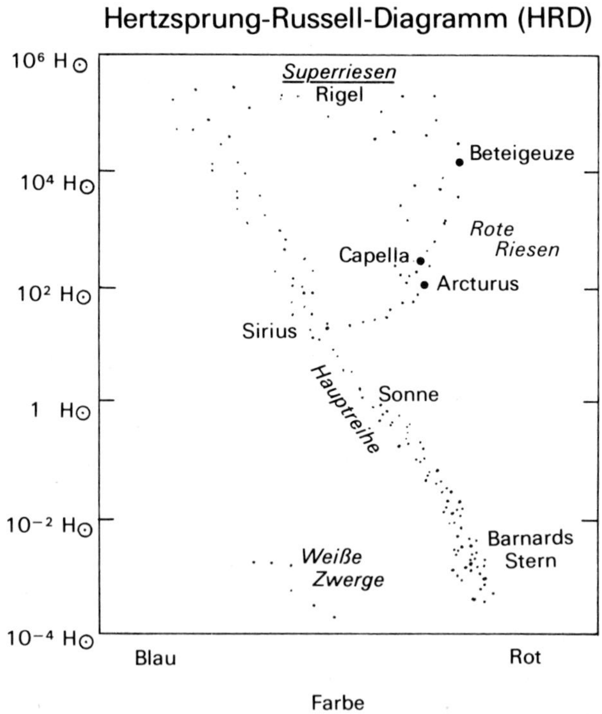

2.5

fallen, der sich von oben links nach unten rechts erstreckt. Das ist die sogenannte Hauptreihe. Sterne in diesem Streifen verbrennen Wasserstoff. Aus unserer Beschäftigung mit den Energiequellen der Sonne wissen wir, daß die Sterne den Hauptteil ihres Daseins in der Hauptreihe verbringen.

Wir wissen auch, daß drastische Veränderungen in der Beschaffenheit eines Sterns auftreten, wenn der Wasserstoff sich dem Ende zuneigt. Die Phase des Roten Riesen entspricht dem Übertritt eines Hauptreihensterns auf die rote Seite des Farbspektrums, ohne daß er dabei viel an Masse verlöre. So entsprechen Sterne in der oberen rechten Ecke des HRD der genannten Phase. Da nun der Zeitraum, den ein Stern in dieser Phase verbringt, verglichen mit der Zeit, die er in der Hauptreihe bleibt, kurz ist, sollten wir eigentlich damit rechnen, daß in der oberen rechten Ecke des HRD weniger Sterne anzutreffen sind – was auch den Tatsachen entspricht.

Die Sterne in der linken unteren Ecke des Diagramms sind sehr heiß, aber von geringer Leuchtkraft. Sie entsprechen damit den Weißen Zwergen. Diese Phase wird unsere Sonne in rund 5 Milliarden Jahren erreichen.

Die Entstehung der Elemente

Die Lebensgeschichte der Sonne liefert uns wichtige Erkenntnisse über eine andere Frage, die für die Entwicklung von Leben praktisch entscheidend ist, nämlich, wie die verschiedenen chemischen Elemente hervorgebracht wurden. Kurz bevor die Sonne zum Weißen Zwerg wird, hat sie durch den nuklearen Verbrennungsprozeß Vorräte an Kohlenstoff und Sauerstoff angesammelt, die für immer im weißen Zwergstern verbleiben. Der Stoff, den die Sonne durch Sonnenwind und Gaswolken in den interstellaren Raum abgibt, hat keine nukleare Umwandlung hinter sich. Das gilt aber nicht für alle Sterne. Man nimmt heute an, daß praktisch alle Elemente, die schwerer sind als Helium, in Sternen entstanden. Unsere eigenen Körper bestehen zu 92 Prozent aus Sternenstaub. Dazu kommen 8 Prozent Wasserstoff, der noch vom Beginn des Universums, vom sogenannten Urknall, herrührt.

Die Spektren der älteren Sterne – man nennt sie Population II – zeigen, daß sie vor allem aus reinem Wasserstoff und Helium bestehen. Sehen wir uns noch einmal Abbildung 2.1 (S. 23) an. Das obere Spektrum stammt von einem Stern der Population II. Die Wasserstofflinien sind denen der Sonne ähnlich. Das deutet darauf hin, daß die Photosphärentemperatur der beiden Sterne gleich hoch ist. Die Linien von Kalzium (Ca) und den anderen Metallen sind im oberen Spektrum viel schwächer ausgeprägt. Das weist auf ein geringeres Vorkommen dieser Elemente im Stern der Population II hin. Wenn die ältesten Sterne keine schweren Elemente enthalten, müssen diese nach der Geburt des Universums beim Urknall künstlich erschaffen worden sein. Heute scheint festzustehen, daß sie in massereichen, kurzlebigen Sternen, sogenannten Superriesen, entstehen. Das läuft folgendermaßen ab.

Einige Millionen Jahre nach dem Urknall begann sich unsere Galaxis zu bilden, die Milchstraße. Das liegt rund 15 Milliarden Jahre zurück. Die erste Sterngeneration waren die Sterne der Population II. Diejenigen von großer Masse darunter entwickelten sich sehr rasch – vielleicht innerhalb einer Million Jahre – explodierten und gaben die Produkte ihrer nuklearen Verbrennung wieder an den interstellaren Raum ab. Sterne, die sich in diesem verunreinigten Gas bildeten, enthielten einige schwere Elemente, aber erneut entwickelten sich die massereichen Sterne sehr schnell und explodierten. Dieser Prozeß hat sich seither fortgesetzt. Der Bestand an schweren Elementen im interstellaren Raum und in den Sternen, die daraus entstanden, nahm mit der Zeit zu. Die Sonne, vor rund 5 Milliarden Jahren entstanden, besteht zu etwa 2 Prozent aus schweren Elementen. Manche neuen Sterne enthalten sogar 4 Prozent davon. Die allerältesten Sterne ohne schwere Elemente sind heute äußerst selten.

Elemente, die schwerer sind als Sauerstoff, sind vermutlich beim spektakulärsten aller Himmelsereignisse entstanden – bei einer Supernova. Eine Supernova ist der Gipfel einer Endgeschichte, die bei viel schwereren Sternen, als die

Sonne einer ist, an die Stelle der eher ruhigen Entwicklung zum Weißen Zwerg tritt. Wie schwer ein Stern sein muß, um zur Supernova zu werden, ist bei den heutigen Astronomen heftig umstritten, aber man scheint sich wenigstens darin einig zu sein, daß Sterne mit einer Masse bis zum Vierfachen der Sonne sich wie diese zu Weißen Zwergen entwickeln, während Sterne, die mehr als das Zehnfache der Sonnenmasse aufweisen, ihr Dasein als Supernovae beenden.

Wie vorhin schon erwähnt, verbrennen derart schwere Sterne ihren Brennstoff besonders rasch. Ihre Lebenszeit beträgt nur etwa eine Million Jahre – im Dasein eines gewöhnlicheren Sterns wie der Sonne nur ein kurzer Augenblick. Die Entwicklung der anderen Sterne läuft so rasch ab, die Gravitationskräfte sind so groß, daß der Kohlenstoffkern sich entzündet, bevor er zerfällt. Geht der Kohlenstoff zur Neige, bildet sich ein Siliciumkern, der seinerseits entzündet wird, während der Stern das Gleichgewicht zwischen Gravitation und Gasdruck zu halten versucht. Dabei entsteht schließlich Eisen, die letzte Nuklearasche. Sie stellt den stabilsten Kern dar und kann nicht mehr verbrennen. Die Folge dieser Brennvorgänge ist ein «Zwiebel»-Stern mit Eisenkern und konzentrischen Hüllen, in denen Silicium, Sauerstoff, Kohlenstoff, Helium und Wasserstoff verbrannt werden.

Mit der Zunahme der Masse des entarteten Eisenkerns – ein Vorgang, der mit der Bildung von Asche in einem Ofen zu vergleichen ist – erreicht der Stern schließlich das 1,4fache der Sonnenmasse. Das ist ein wichtiges Ereignis. Der indische Astrophysiker S. Chandrasekhar hat nämlich vor fünfzig Jahren gezeigt, daß das die maximale Masse ist, die vom nachlassenden Druck der Elektronen noch zusammengehalten werden kann. Die Eigengravitation des Eisenkerns wird schließlich zu groß für den nachlassenden Druck, der gesamte Kern des Sterns stürzt in sich zusammen. Aus einer Kugel von etwa Erdgröße kollabiert sie innerhalb von wenigen Sekunden zu einem Umfang von nur wenigen Meilen. Es gibt keinen atomaren Brennstoff mehr, der das verhindern könnte. Beim Einsturz werden alle Elektronen des Zentrums in die Eisen-Atomkerne hineingetrieben. Sie verbinden sich mit den Protonen und bilden Neutronen. Die Neutronen üben schließlich ihren eigenen Entartungsdruck aus, um den Zusammenbruch aufzuhalten, aber am Ende ist ein Körper entstanden von größerer als Sonnenmasse, zusammengepreßt auf eine Kugel mit einem Durchmesser von etwa 10 km. Ein Kubikzentimeter dieser Sternmasse würde 100 Milliarden Tonnen wiegen. Diesen Körper, der entsteht, wenn der Kern zusammenstürzt, nennt man Neutronenstern.

Der Zusammenbruch findet im Zentrum des Kerns statt. Innerhalb weniger Sekunden wird den Hüllen das Innere weggerissen. Sie stürzen nach innen und begegnen dem Neutronenkern, der zurückprallt und sich wieder nach außen bewegt. Das erhitzt die Hüllen und führt, da sie noch über atomaren Brennstoff verfügen, zu einer Explosion. Innerhalb nur weniger Minuten wird die Außenhülle des Sterns abgesprengt. Der ungeheure Energieausstoß, der diese Katastrophe begleitet, wird als plötzliches Aufleuchten des Sterns sichtbar. Von der Erde aus kann eine Supernova-Explosion bei Tag sogar noch auf eine Entfernung von 5000 Lichtjahren sichtbar sein. Während der Explosion finden Kernreaktionen statt, die in großen Mengen Elemente wie Kohlenstoff, Sauerstoff, Neon, Magnesium, Silicium, Schwefel, Argon, Kalzium und Eisen hervorbringen, dazu Spuren von anderen Elementen. Das Mengenverhältnis, in dem diese Elemente erzeugt werden, entspricht fast ganz genau demjenigen, das man im Sonnensystem findet. Es wird bestimmt durch die Gesetze der Kernphysik.

Falls die heutigen Ansichten zutreffen, sind die meisten zur Entstehung von Leben erforderlichen Elemente in den wenigen Katastrophenminuten einer Supernova-Explosion entstanden. So stammt das Eisen in unserem Blut von einer Supernova, die es vor Milliarden Jahren gegeben hat. Das Eisen wurde in den Weltraum geschleudert und bei der Bildung des Sonnensystems mit in die Erde aufgenommen. Supernovae kommen in unserer Galaxis in jedem Jahrhundert drei- oder viermal vor. Es spricht also einiges dafür, daß unser Bestand an schweren Elementen von mehr als nur einem solchen Ereignis herkommt. Trotzdem ist es ein wenig

2.6
Die im Jahr 1054 n. Chr. von den Chinesen beobachtete Supernova hinterließ diese Überreste. Sie entsprechen mehreren Sonnenmassen und dehnen sich ungefähr zehnmal schneller aus als der Nebel von Abbildung 2.3. Der Neutronenstern ist der untere der beiden fast gleich hellen Sterne nicht weit von der Mitte. (Aufnahme: Lick-Observatorium)

ernüchternd, sich vorzustellen, daß die meisten für das Leben auf der Erde so wichtigen Elemente wie etwa das Eisen von einer Reihe von Explosionen herrühren, die insgesamt nur einige Jahre gedauert haben.

Vom Standpunkt der ETI aus führt ein solcher Ablauf der Elemententstehung zu einer wichtigen Erkenntnis. Die alten Sterne der ersten Generation müssen notwendigerweise sehr arm an allen Elementen außer Helium und Wasserstoff sein. Demnach können sie nicht als Energiequellen für Planeten dienen, auf denen sich Leben entwickeln soll. Es kommt einem merkwürdig vor, daß die einzige Radiobotschaft, die wir bewußt ausgesandt haben, um auf ETI zu treffen, zu einem Haufen von Sternen der Population II zielte.

Schlußfolgerungen für ETI

Aus dieser Darstellung unserer Kenntnisse über die inneren Abläufe in Sternen ergeben sich zwei wichtige Punkte für die Entwicklung von ETI. Erstens können sehr schwere Sterne wegen ihrer kurzen Lebensdauer nicht als Ausgangspunkt für lebende Systeme dienen. Zum anderen können das auch sehr alte Sterne nicht, weil sie entstanden sind, lange bevor der Entstehungsprozeß für einen großen Teil der schweren Elemente abgeschlossen war.

Tatsächlich übt diese Einschränkung für die Heimatsterne von intelligenten Wesen keine große Wirkung auf die Green Bank-Gleichung aus. Die beiden ausgeschlossenen Gruppen stellen zusammen etwa ein Prozent der Sterne in der Galaxis dar. Das wäre also kaum genug, um die im vorigen Kapitel vorgetragene Meinung der herrschenden Lehre entscheidend zu verändern. Diese Einleitung sollte vor allem zeigen, daß die meisten der bekannteren Sterne – also solche, die hell am Himmel stehen und in der Überlieferung wie in der Science Fiction eine so große Rolle spielen – kein dort entstandenes Leben aufweisen.

3
Die Entstehung von Sternen und Planetensystemen

Die Natur schuldet eine zweite Existenz,
wenn die jetzige zusammenbricht.
Johann Wolfgang von Goethe

Es mag zwar als seltsam erscheinen, daß die Entstehung von Sternen in einem Kapitel besprochen wird, das sich in erster Linie mit Planeten befaßt, aber wir haben in unserer Untersuchung der Green Bank-Gleichung bereits den Punkt erreicht, wo die Vermutung der Durchschnittlichkeit eine große Rolle spielt. Das einzige Planetensystem, das wir genauer untersuchen können, ja, das diese Aussicht überhaupt bietet, ist unser eigenes. Man streitet ja immer noch darüber, ob jemals ein extrasolarer Planet irgendeines extrasolaren Systems entdeckt, geschweige denn studiert worden ist. Da der Ursprung von Planetensystemen mit dem Prozeß der Sternbildung eng zusammenhängt, müssen wir deshalb versuchen, Entwicklung und Ursprung unseres Sonnensystems zu begreifen, so gut es geht, um die Ergebnisse dann eventuell auf andere Sterne übertragen zu können.

Die Geburt eines Sterns stellt in seinem ganzen Dasein möglicherweise gerade den Vorgang dar, den man am wenigsten versteht. Die Beobachtung hat gezeigt, daß Sterne in großen interstellaren Wolken aus Gas und Staub entstehen. Vor dem Aufkommen der Radioastronomie waren diese Wolken nur dann sichtbar, wenn große, neu entstandene Sterne sie von innen heraus aufleuchten ließen. Als Radioteleskope erfunden waren, stellte sich heraus, daß die Moleküle in diesen Wolken Radiowellen abstrahlen. Die Wolken am Radiohimmel sind deshalb «hell». Unsere Kenntnisse darüber, wie Sterne entstehen, haben sich mit unserer Fähigkeit gesteigert, die genannten Wolken zu durchdringen.

Es besteht heute Einigkeit darüber, daß eine große Staubwolke nicht von selbst zusammenstürzt, um Sterne hervorzubringen, sondern daß ein äußerer Anlaß nötig ist, um diesen Prozeß in Gang zu setzen. Bei den meisten Wolken liefert diesen Anlaß die Struktur der Galaxis selbst.

Man hält die Milchstraße für eine typische Spiralgalaxis. Im Grunde ist sie eine sehr flache Scheibe mit einem Radius von 50000 Lichtjahren und einer Dicke von weniger als 1000 Lichtjahren. Die Sonne befindet sich auf einer Umlaufbahn 30000 Lichtjahre vom Zentrum entfernt, fliegt mit einer Geschwindigkeit von 250 km in der Sekunde und braucht für einen Umlauf etwa 10^8 Jahre. Wenn die Sterne in der Milchstraße gleichmäßig verteilt wären, könnte, wie sich herausgestellt hat, die Galaxis nicht stabil sein. Die Sterne sammeln sich in langen Spiralarmen jener Art, die man von anderen Galaxien kennt. Diese Arme rotieren mit einer anderen Geschwindigkeit als die einzelnen Sterne und Nebel. Im normalen Verlauf der Dinge kommt es deshalb dazu, daß eine Wolke einen der Spiralarme «einholt». Dann drücken die Gravitationskräfte der zusammengedrängten Sterne die Wolke zusammen – wir sagen, die Wolke wird «geschockt» – und der Prozeß der Sternentstehung beginnt.

Während die Staubwolke sich verdichtet und Sterne bildet, werden die schwersten Sterne am hellsten. Wie in Kapitel 2 schon erwähnt, haben sie auch die kürzeste Lebensdauer. In einer Galaxis befinden sich die hellsten Sterne also immer dort, wo die Sternentstehung vor sich geht. Siehe hierzu die Abbildungen 3.2a und 3.2b auf Seite 47.

Der Orion-Nebel, den Abbildung 3.1a auf Seite 45 zeigt, hat die Spiralarme durchdrungen und im Verlauf der letzten Jahrmillionen den Prozeß der Sternentstehung ausgelöst. Solche Wolken sind sehr groß; in der Regel enthalten sie mehrere Millionen Sonnenmassen. Bei der Verdichtung der Wolke nach dem Schock reißt sie auseinander und bildet mehrere kleine Wolken, die weiter in sich zusammenstürzen. Zuletzt entsteht eine Gruppe von Sternen. Die schwersten davon entwickeln sich rasch weiter und werden zu Supernovae, während die Wolke sich weiterhin verdichtet. Die Strahlung der ersten sehr hellen Sterne und Supernovae

3.1a
Der Orion-Nebel ist das Gebiet anhaltender Sternentstehung, das der Sonne am nächsten liegt. Der Schleier rührt sowohl von glühendem Gas her, das die neugebildeten Sterne aufheizen, wie von Sternenlicht, das der Staub reflektiert. (Aufnahme: Lick-Observatorium)

3.1b
In einem anderen Bereich, wo auch jetzt noch Sterne entstehen, sind mehrere kühle Wolken von Sternmassengröße zu erkennen. Sie heben sich als dunkle Flecken von dem glühenden Gas ab. (Aufnahme: Lick-Observatorium)

3.2a
Die Milchstraße ist vermutlich ein nicht ganz so schönes Exemplar dieser Gattung von Spiralgalaxien. Das Spiralmuster wird gekennzeichnet durch junge, hell leuchtende Sterne. Die Sonne würde sich hier in der Nähe des Außenrands der Galaxis befinden. (Aufnahme: Lick-Observatorium).

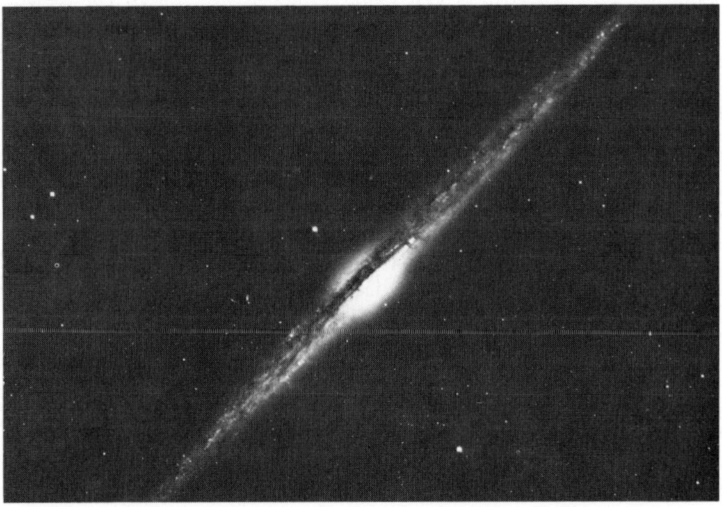

3.2b
Diese von der Seite aufgenommene Spiralgalaxis zeigt, wie dünn solche Galaxien sind. Der Staub in den Bereichen, wo Sterne entstehen, zeigt sich als dunkler Streifen entlang der Galaxis. (Aufnahme: Lick-Observatorium)

bringt die Kontraktion der Wolke zum Stillstand und bläst den größten Teil davon wieder in den Weltraum hinaus. Am Ende bleiben oft nur 0,1 Prozent der ursprünglichen Wolke als Sterne zurück.

Die Supernovae in der Wolke sind vielleicht auch Reizauslöser für das benachbarte Gas und tragen zur Entstehung anderer Sterne bei. Die Explosion erzeugt eine Druckwelle, die sich durch die ganze Wolke fortpflanzt und einen Teil der «Trümmer» noch stärker zusammenpreßt.

Eine der aufregendsten Erkenntnisse, die sich aus der neuesten Forschung ergeben, ist die, daß auch die Entstehung des Sonnensystems durch eine Supernova ausgelöst worden sein könnte. Zu dieser Schlußfolgerung ist man durch das Studium von Meteoriten gekommen; die größte Bedeutung hatte dabei die Untersuchung der Isotope verschiedener Elemente.

Jedes Atom besteht aus einem Kern mit positiver elektrischer Ladung und negativ geladenen Elektronen, die den Kern umkreisen. Jedes Element verfügt über eine bestimmte Anzahl von Elektronen. Da die elektrische Ladung des Atoms Null betragen muß, hat der Atomkern selbst eine positive Ladung, die der Summe aller negativen Ladungen seiner Elektronen entspricht. Der Atomkern seinerseits besteht aus positiv geladenen Protonen und Neutronen ohne Ladung, so daß die Zahl der Protonen im Kern jedes chemischen Elements genau festgelegt ist. So hat Sauerstoff acht Elektronen in Umlaufbahnen und acht Protonen im Kern. In der Regel besitzt Sauerstoff ferner acht Neutronen, die dem Atom zwar ein größeres Gewicht, aber keine Ladung verleihen. Man kann jedoch auch Sauerstoffatome mit neun oder zehn Neutronen im Kern finden. Diese Abarten von normalem Sauerstoff nennt man Isotope. Die Isotope von Elementen unterscheiden sich von diesen nur durch das Gesamtgewicht, nicht durch ihre chemischen Eigenschaften. Normaler Sauerstoff wird bezeichnet durch das Symbol ^{16}O, die schwereren Isotope mit ^{17}O und ^{18}O.

Im allgemeinen würde man für je 2600 ^{16}O-Atome je ein Atom ^{17}O und fünf ^{18}O finden. Bei der Untersuchung von Meteoriten dagegen, bei denen man davon ausging, daß sie sich seit der Entstehung des Sonnensystems im Weltraum befunden haben, entdeckte man, daß kleine Metalleinschließungen im Meteorit reines ^{16}O enthielten – also keine seltenen Isotope. Für diese Erscheinung gibt es keine chemische Erklärung, weil alle Isotope dasselbe chemische Verhalten zeigen.

Erklären läßt sich das nur durch die Annahme, daß das ^{16}O seit der Entstehung des Sonnensystems in dem Meteoriten enthalten war. Das liefert den Hinweis, den wir suchen: In einer Supernova bildet sich nur ^{16}O, also ohne die begleitenden Isotopen.

Ähnliche Erkenntnisse erhält man aus den Untersuchungen über die relative Häufigkeit des Magnesiumisotops (Mg), das 12 Protonen und statt der üblichen 12 Neutronen deren 14 besitzt. In manchen Teilen des Meteoriten gab es mehr ^{26}Mg, als man erwarten konnte. Das mag vom radioaktiven Zerfall des Aluminiumisotops ^{26}Al herrühren. Die Umwandlung von ^{26}Al zu ^{26}Mg durch radioaktiven Zerfall würde einige hunderttausend Jahre in Anspruch nehmen, und da das hier untersuchte ^{26}Mg sich in Mineralen befand, wo wir normalerweise mit dem Vorkommen von Aluminium-Atomen rechnen, muß der zeitliche Ablauf ungefähr so ausgesehen haben: Weniger als einige hundertausend Jahre vor der Entstehung des Sonnensystems fand in der Nähe eine Supernova statt, bei der Materialteilchen, die ^{26}Al enthielten, dorthin geschleudert wurden, wo später das Sonnensystem entstehen sollte. Dieses Aluminium wurde eingeschlossen in die Minerale, die sich zu einem kleinen Asteroiden vereinigten. Während der langsame Prozeß der Planetenentstehung ablief, zerfiel das Aluminium zu Magnesium. Irgendwann in den vergangenen 4,5 Milliarden Jahren prallte dieser Asteroid mit einem zweiten zusammen. 1969 stürzte eines der Bruchstücke auf die Erde und fiel Wissenschaftlern in die Hände, die das lange bewahrte Geheimnis seiner Entstehung zu entschlüsseln vermochten.

Nun sind hunderttausend Jahre im Leben eines Sterns eine sehr kurze Zeit. Die naheliegendste Erklärung für das Auftreten einer Supernova ganz in der Nähe in eben dem Augenblick, als das Sonnensystem entstand, wäre die, daß die Supernova die Verdichtung ausgelöst hat, die zur Entstehung der Sonne führte. Die Sonne muß sich auf jeden Fall in einem Bereich aktiver Sternbildung nicht weit von vielen Supernovae entfernt entwickelt haben. Die Entstehung des Sonnensystems könnte deshalb durch die relativ seltene Erscheinung einer Supernova-Explosion stark beeinflußt worden sein. Könnte es sein, daß wir gerade deshalb etwas Besonderes sind?

Entstehung des Sonnensystems

Die meisten neueren Beobachtungen von interstellaren Wolken, aus denen Sterne entstehen, liefern direkte Erkenntnisse nur über die Entstehung von Sternen, die viel mehr Masse besitzen als die Sonne. Obwohl wir nicht wissen, wie das vor sich geht, entstehen aber auch G-Sterne – siehe dazu Seite 76 – und in dem einen Fall, den wir wirklich genau beobachten können, entstand außerdem ein Planetensystem. Die heutigen Vorstellungen über die Entstehung der Planeten lassen sich mehrere Jahrhunderte zurückverfolgen, und zwar bis zur Nebularhypothese von Pierre Simon de Laplace und Immanuel Kant. Eine erheblich erweiterte Nebularhypothese ist heute die einzige weithin anerkannte Theorie zur Planetenentstehung.

Man kann sich vorstellen, daß der Entstehungsprozeß mit einer sich verdichtenden Wolke begann, die ursprünglich eine sehr langsame Rotationsgeschwindigkeit aufwies. Mit dem Schrumpfen der Wolke nimmt die Rotationsgeschwindigkeit zu – wie ein Eiskunstläufer sich schneller dreht, sobald er die Arme an den Körper legt. Das kommt, technisch gesprochen, vom Prinzip der Erhaltung des Drehimpulses. Die Wolke zieht sich zusammen, und die zunehmende Rotationsgeschwindigkeit sorgt dafür, daß sie sich abplattet, wie man an der Abbildung 3.3. sieht. Zuletzt entsteht eine schnell rotierende, pfannkuchenförmige Scheibe. Das Hauptproblem bei der Entstehung des Sonnensystems ist, wie diese schnelle Drehung verlangsamt werden kann, damit die Sonne nicht so schnell rotiert, daß sie auseinanderfliegt oder wie die rotierende Wolke ihren Drehimpuls verliert.

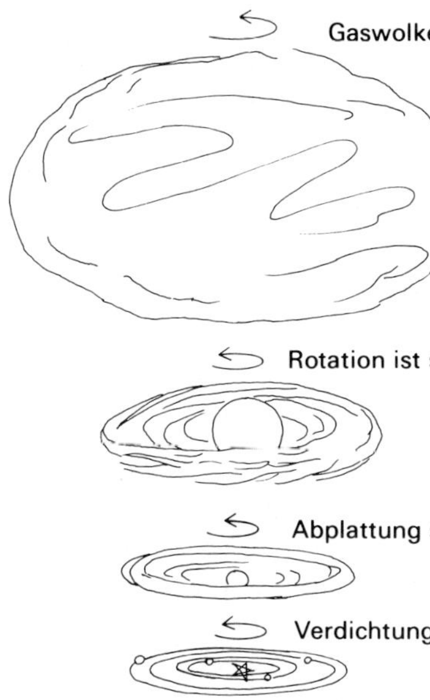

3.3
Der Entstehungsprozeß eines Planeten beginnt mit einer ursprünglich langsam rotierenden Wolke, bei der Kontraktion eintritt.

Im Prinzip gibt es zwei Wege, dieses Problem zu lösen. Die Scheibe löst sich auf zu einer großen Zentralmasse, umgeben von kleinen Bruchstücken, die sie umkreisen – oder sie zerfällt in zwei praktisch gleich große Massen, die einander umkreisen. In beiden Fällen wird die rasche Eigendrehung der schrumpfenden Wolke in Rotation verwandelt. Im ersten Fall sagen wir, ein beträchtlicher Teil vom Drehimpuls der Wolke gehe auf die Bruchstücke der Scheibe über, im zweiten, sie werde von der Umlaufbewegung der beiden Hälften getragen. In beiden Fällen verringert sich aber die faktische Rotation der entstehenden Gaswolken erheblich. Sie können ihre Verdichtung fortsetzen, ohne durch die Zentrifugalkraft auseinandergerissen zu werden.

Unsere Sonne hielt sich an das erste Beispiel. Von der ursprünglichen Sonnenmasse blieb ungefähr ein Prozent in den Trümmern der Scheibe, die übrigen 99 Prozent setzten ihre Kontraktion fort. Trotzdem liegen 99 Prozent vom Drehimpuls des Sonnensystems bei den Planeten – in erster Linie beim Jupiter – und nicht einmal ein Prozent bei der Sonne. Sogar bei der Entstehung der Sonne besaß sie höchstens die Hälfte vom gesamten Drehimpuls des Systems. Dieser Teil hat sich durch verschiedene Vorgänge seit der Entstehung des Sonnensystems auf den heutigen Wert verringert.

Die meisten Sterne scheinen aber dem zweiten Weg zu folgen. Statt eine Anzahl Trümmer zu hinterlassen, die vom Drehimpuls einen großen Teil übernehmen, brechen viele protostellare Wolken in zwei oder wenige Stücke fast gleicher Masse auseinander. Aus jedem Stück entsteht ein Stern. Das führt zur Entstehung von Doppel- oder Mehrfach-Sternen. Man geht davon aus, daß Systeme mit Mehrfach-Sternen keine Planeten besitzen oder es in ihren Planetensystemen auf jeden Fall viel weniger Masse gibt.

Der genaue Anteil von Sternen in Mehrfach-Sternsystemen lässt sich schwer bestimmen. Er beträgt aber mindestens die Hälfte. Es könnten sogar noch mehr sein. Das kann man aber mit den heutigen Beobachtungsmethoden nicht genau feststellen. Manche Daten lassen erkennen, daß sogar nur 10 bis 20 Prozent der G-Sterne Einzelsterne sein könnten. Alle anderen würden dann zu Doppelstern-Systemen gehören.

Bei manchen Doppelsternen sind die beiden Sterne weit voneinander entfernt. Die Abstände sind oft größer als der Durchmesser unseres Sonnensystems. Diese Systeme mögen dadurch entstanden sein, daß ein Stern den anderen eingefangen hat, kurz nachdem beide als Einzelsterne entstanden waren. Solche Sterne können Planetensysteme besitzen. Berücksichtigt man aber die folgende Schilderung planetarischer Lufthüllen in Kapitel 4, dann würde eine zurückhaltende Einschätzung die Vermutung nahelegen, daß selbst solche Sterne keine geeigneten Kandidaten für den Besitz von Planeten sind, die Leben tragen können.

Zusammenfassend: Es gibt keinen Grund, weshalb enge Doppelsterne Planeten hervorbringen sollten. Theoretische

Überlegungen scheinen die Schlußfolgerung nahezulegen, daß sie es nicht tun. Weit voneinander entfernte Doppelsterne könnten zwar Planeten besitzen, aber es ist unwahrscheinlich, daß sie dem Leben förderlich sein sollten. Ohne Zweifel besitzen diese Schlußfolgerungen eine weitreichende Bedeutung für das Problem ETI.

Wir kehren zu unserem Sonnensystem zurück, und zwar in einer Zeit, als die Protosonne von der dünnen Scheibe aus Gas und Staub umgeben war, die dann zum Planetensystem werden sollte. Die Ursonne durchlief eine kurzzeitige leuchtkräftige Phase, als sie sich bis zur Entzündung des atomaren Feuers verdichtete. In dieser Phase muß die Sonne mächtige Fackeln hinausgeschleudert haben, die weit energiereicher waren als die heutigen Sonnenfackeln. Solche Fackeln dürften durch die Magnetfelder und Turbulenzen in der Nähe der Sonnenoberfläche hervorgerufen worden sein. Bei jungen Sternen kann man sie in der Regel beobachten.

Als die Sonne aufflammte und Fackeln hinausschleuderte, wurde die gasförmige Materie aus dem inneren Sonnensystem ausgestoßen. In Sonnennähe verblieben nur feste Stoffe. Leicht verdunstbare, sogenannte flüchtige Feststoffe verdampfen und werden ausgestoßen. So verblieben etwa in der Nähe der heutigen Merkurbahn nur Stoffe mit sehr hohen Siedepunkten. Die Entfernung zur Erde war so groß, daß die Temperaturen niedrig genug blieben, um zumindest einige der relativ flüchtigen Verbindungen wie Wasser und Eis bestehen zu lassen. Bei der Entfernung des Jupiter blieb praktisch die gesamte Materie erhalten, eingeschlossen die Gase.

In der Scheibe gab es Stellen, wo mehr Materie anzutreffen war. Dort prallten Teilchen zusammen und blieben aneinander haften. Die größeren Anhäufungen erwarben schließlich soviel Gravitation, daß sie kleinere Teilchen anzogen und sich auszudehnen begannen. Die ersten von ihnen, die eine nennenswerte Größe erreichten, zogen in einem Streifen rund um die Sonne die gesamte Materie an sich. Die Planeten entstanden also aus dieser Materiescheibe dadurch, daß sie immer mehr Stoff an sich zogen. Der Ansetzvorgang verlief zunächst langsam. Mit der Zunahme der Masse vergrößerte sich auch die Gravitation des Protoplaneten, und der Prozeß beschleunigte sich, bis die gesamte verfügbare Materie aufgebraucht war. Zuletzt kam es zu einem Regen flammender Meteoriten auf die neue Planetenoberfläche. Mond, Merkur und Mars zeigen heute noch die Kraternarben dieses Regens.

Die Zusammensetzung der Planeten verrät die der Materie, aus der sie entstanden sind. Je weiter man sich von der Sonne entfernt, desto mehr flüchtige Stoffe enthalten die Planeten. Riesenplaneten wie der Jupiter ähneln im Aufbau der Sonne.

Vom Standpunkt ETI und der Green Bank-Gleichung aus muß man als wichtigste Frage zu dem eben beschriebenen Prozeß die betrachten, ob das nun bei jedem Einzelstern-System ganz unausweichlich geschieht oder nicht. Unter den Astronomen gilt diese Frage als völlig offen. Nach bestimmten Berechnungen entsteht aus einer glatten, gleichmäßigen Scheibe ein System mit kleinen inneren Gesteinsplaneten und großen gasförmigen Außenplaneten in verhältnismäßig kurzer Zeit, nämlich in ungefähr hundert Millionen Jahren. Allerdings dürfte es in der mit der Entstehung der Sterne in Verbindung gebrachten Scheibe weitaus turbulenter zugegangen sein, als wir angenommen haben. Dann stellt sich die Frage, ob die Vermutung allgemein anwendbar sein kann.

Die Frage, ob Planeten entstehen, läßt sich ein wenig durch die Feststellung erhellen, daß ihre Entstehung eng mit dem Verlust an Drehimpuls und der verlangsamten Eigendrehung des Protosterns verbunden ist. Die heutige Rotationsgeschwindigkeit der Sonne ist, verglichen mit der von Sternen ähnlichen Alters und gleicher Masse ungewöhnlich langsam. Als man kürzlich solche Sterne miteinander verglich, stellte sich heraus, daß nur zwischen 4 und 10 Prozent von ihnen langsamer rotieren als die Sonne. Dafür kann es verschiedene Erklärungen geben, aber trotzdem fällt es schwer, sich dem Eindruck zu entziehen, daß die Entstehung von Planeten in unserem Sonnensystem mehr als das übliche Maß an Drehimpuls verzehrt hat. Das könnte für den Prozeß der Planetenentstehung entscheidend sein. Erneut sehen wir uns also vor die Frage gestellt, ob an unserem Sonnensystem nicht doch etwas Besonderes sein könnte.

Andere Planetensysteme

Die Frage, ob um andere Sterne Planeten kreisen, wird letzten Endes freilich durch direkte Beobachtung geklärt werden müssen. Diese Aufgabe ist zwar schwierig, aber man darf damit rechnen, daß im Lauf des nächsten Jahrzehnts auf dem Gebiet der Planetenbeobachtung beträchtliche Fortschritte erzielt werden.

Das direkte optische Auffinden von Planeten fällt schwer, weil Planeten nur einen kleinen Bruchteil der gesamten Lichtstrahlung ihres Sterns zurückwerfen. Wie sähe unser Sonnensystem vom nächsten G-Stern, also vom 20 Lichtjahre entfernten Tau Ceti, aus? Der hellste Planet wäre Jupiter, so hell wie ein Stern 25. Größe. Selbst mit den besten Teleskopen wäre er gerade noch erkennbar. Das liegt daran, daß die Sonne unmittelbar neben dem Jupiter steht und ihre Leuchtkraft 250 Millionen mal größer ist. Zum Vergleich: Nehmen wir das hellste Licht Amerikas, das Leuchtfeuer auf der Spitze des Empire State Building in New York. Wir wollen es von einem hohen Turm in Boston aus betrachten. Wenn wir uns eine Geburtstagstorte mit einer einzigen Kerze vorstellen und der Tortenrand das Leuchtfeuer gerade noch berührt, wird das Verhältnis zwischen der Sonne (dem Leuchtfeuer) und Jupiter (der Kerze) klar. Für uns käme es dann darauf an, festzustellen, wann das Geburtstagskind die Kerze ausbläst.

Die direkte Wahrnehmung eines Planeten durch sichtbares Licht scheidet also aus. Man könnte sich aber der Infrarotstrahlung bedienen. Wie die meisten Planeten ist der Jupiter im Infrarotlicht heller als im reflektierten sichtbaren Sternenlicht. Sterne von der Art der Sonne sind bei Infrarot nämlich viel schwächer als bei sichtbarem Licht. Verwendet man ein Infrarot-Teleskop, so verringert sich der Helligkeitsunterschied zwischen Sonne und Jupiter von $2{,}5 \times 10^8$ auf nur 10^3 oder 10^4. Leider durchdringt Infrarotstrahlung die

Erdatmosphäre nicht in genügender Stärke, so daß dieses Experiment im Weltraum ausgeführt werden müßte. Daß das in den nächsten Jahrzehnten gelingen könnte, ist durchaus vorstellbar.

Es mag schon heute möglich sein, von der Erde aus Planeten auf indirekte Weise zu entdecken. Wie weiter unten dargestellt, könnte das sogar schon geschehen sein. Dazu könnte es kommen, weil dort, wo zwei Körper sich im selben System befinden, einer nicht den anderen umkreist, sondern vielmehr beide um einen Punkt zwischen ihnen kreisen, der Massenzentrum genannt wird. Stellt man sich Sonne und Jupiter an beiden Enden einer riesigen Wippe vor, dann ist

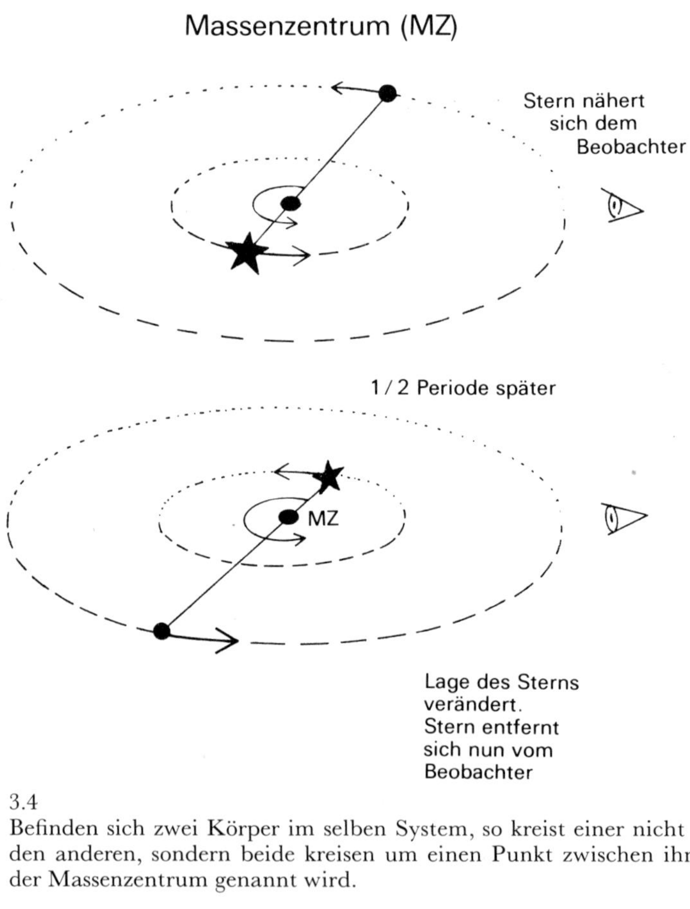

3.4
Befinden sich zwei Körper im selben System, so kreist einer nicht um den anderen, sondern beide kreisen um einen Punkt zwischen ihnen, der Massenzentrum genannt wird.

das Massenzentrum jener Punkt, wo das Brett aufliegen muß, damit beide Seiten genau im Gleichgewicht sind. Beim System Sonne-Jupiter liegt dieser Punkt ungefähr am äußeren Sonnenrand. Die Sonne durchläuft also in der Zeit, die der Jupiter zu einem Durchgang braucht, ebenfalls eine, allerdings viel kürzere Bahn. Grundsätzlich rufen die anderen Planeten bei der Sonne ebenfalls Abweichungen hervor, die aber so klein sind, daß man sie ohne weiteres vernachlässigen darf.

Das Vorhandensein des Jupiter könnten wir also allein schon daraus folgern, daß wir die Sonnenbahn betrachten. Es gibt dazu zwei Möglichkeiten. Der direkte Weg besteht darin, kleine Abweichungen einer Sternbahn am Himmel zu beobachten. Eigentlich müßte das Massenzentrum eines Stern-Planeten-Systems am Himmel eine gerade Bahn beschreiben. Da der Stern das Massenzentrum jedoch umkreist, scheint seine Bahn wellenförmig zu verlaufen, wie aus Abbildung 3.5 erkennbar wird.

Die Abweichungen in einer Sternbahn sind natürlich sehr klein. Wenn wir unsere Sonne beispielsweise von Tau Ceti aus betrachten könnten, müßte das Vorhandensein des Planeten Jupiter aus einer Elfjahres-Abweichung geschlossen werden können. Auf den besten Teleskop-Aufnahmen, angefertigt durch die Atmosphäre hindurch, besäße sie nur die Größe von einem Tausendstel der Sonnenscheibe. Mit den heutigen Mitteln ist dergleichen gerade noch zu erkennen.

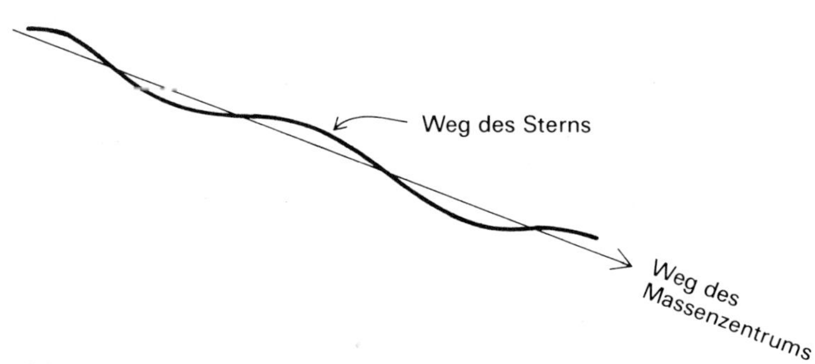

3.5
Da ein Stern in einem System Stern-Planeten sich um das Massenzentrum bewegt, scheint er einer Wellenbahn zu folgen.

Derzeit liegt eine einzige Behauptung vor, mit Hilfe dieser Methode sei bei einem nahegelegenen Stern ein Planet entdeckt worden. Barnards Stern ist ein kleiner Stern mit einer Solarmasse von 0,15, rund 5 Lichtjahre entfernt. Seit Ende der dreißiger Jahre hat Peter van de Kamp am Sproul-Observatorium des Swarthmore College Tausende Aufnahmen von diesem Stern angefertigt. Das Ergebnis seiner Arbeit, zuletzt unter Mitwirkung von Sara Lee Lippincott, läßt Abbildung 3.6 erkennen. Die Lage des Sterns zeigt im Vergleich mit seinem vermutlichen Ort deutlich eine Oszillation. Die dicke Linie zeigt die Abweichungen, wie sie durch ein System von zwei Planeten ähnlich dem in Abbildung 3.7 dargestellten hervorgerufen werden würden. Man hat einen Teil der ersten Messungen van de Kamps zwar aus technischen Gründen angezweifelt, aber seit 1950 sind Einwände, die sich darauf beziehen, nicht mehr möglich. Überdies sind Voraussagen zur Position des Sterns auf Grund von Daten, die bis 1975 gesammelt wurden, durch Beobachtungen bis zum Jahr 1979 erhärtet worden. Das zeigt Abbildung 3.6. Meinungsverschiedenheiten darüber mögen zwar immer noch bestehen, aber van de Kamp und Lippincott scheinen in der Tat den ersten Planeten eines extrasolaren Systems entdeckt zu haben.

Das Vorhandensein eines Planeten in einem Sternsystem ist noch auf eine zweite Art festzustellen. Aus Abbildung 3.4 ergibt sich, daß der Stern uns abwechselnd näherkommt und wieder zurückweicht, während er das Massenzentrum umkreist. Eine Bewegung dieser Art ist auch anhand der Dopplerverschiebung erkennbar. Hierzu werden wir uns in Kapitel 9 äußern. Das Licht des Sterns neigt im oberen Diagramm zu kürzeren Wellenlängen und wird im unteren zu längeren hin verschoben. Diese Verschiebungen werden von Astronomen, die nach Doppelsternen suchen, oft gefunden.

Bis heute hat man keine Planeten mit der Methode finden können, die Dopplerverschiebung bei Einzelsternen zu messen. Das rührt daher, daß der Geschwindigkeitsunterschied in den Abbildungen 3.4a und 3.4b sehr gering ist. In unserem eigenen System beträgt der Unterschied in der Geschwindigkeit der Sonne durch den Einfluß von Jupiter

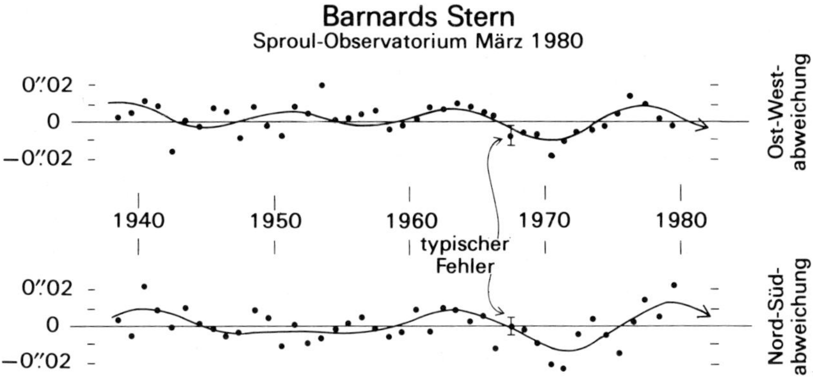

3.6
Der Weg von Barnards Stern läßt sich mit den Tausenden Aufnahmen verfolgen, die Peter van de Kamp vom Stroul-Observatorium gemacht hat.

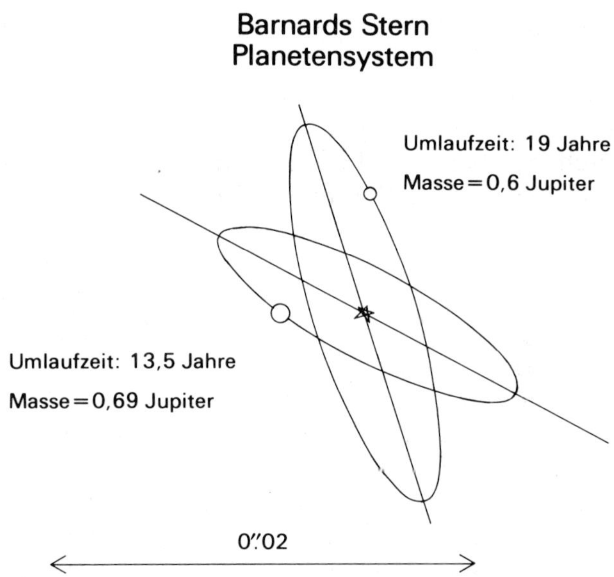

3.7

nur 12 m/sec. Selbst die genauesten Messungen von Dopplerverschiebungen mit heutigen Mitteln können nur Geschwindigkeiten von einigen hundert Metern pro Sekunde feststellen. Aus diesem Grunde können derzeit Hinweise auf das Vorhandensein von fremden Planeten nicht gefunden werden.

Auf der anderen Seite wird in den achtziger Jahren unsere Fähigkeit zur Anwendung dieser Technik vermutlich in hohem Maß zunehmen. In der beobachtenden Astronomie hat man sich bis jetzt nämlich vor allem damit befaßt, relativ große Geschwindigkeiten bei nur ganz schwach erkennbaren Himmelskörpern zu messen. Seitdem jedoch das Interesse daran wachgeworden ist, den Himmel nach Planeten abzusuchen, wird man sich nach unserer Meinung erneut mit dem Problem befassen, kleine Geschwindigkeiten bei relativ leuchtkräftigen Körpern zu messen. Wenige Aufnahmen eines Sterns, angefertigt über Jahre hinweg, zeigen nämlich eine Geschwindigkeitsveränderung bereits an, während eine präzise Überwachung seiner Bahn wie bei Barnards Stern eine sehr lange Reihe von sorgfältigen Messungen erfordert. Mit der Doppler-Methode viele Sterne zu beobachten, kostet nicht mehr, als einen einzigen Stern durch Lagemessungen genau zu untersuchen. Erfreulicherweise wurde Anfang 1980 eine neue Doppler-Technik erfunden. Sie ist nur noch um einen Faktor 2 davon entfernt, jupiterähnliche Planeten in Umlaufbahnen um Sterne vom Typ Sonne wahrzunehmen.

Folgen für SETI

Mit unseren Erkenntnissen über die Entstehung von Sternen und Planetensystemen können wir nun eine Anzahl wichtiger Schlußfolgerungen ziehen:

1. Enge Doppelsterne besitzen vermutlich überhaupt keine Planeten. Damit scheiden rund zwei Drittel der im übrigen geeigneten Sterne als Basis für Leben aus.
2. Schließen wir ferner Doppelsterne aus, die weit voneinander entfernt sind, so fallen damit 80 bis 90 Prozent der zu Gebote stehenden Sterne weg.
3. Sollte sich herausstellen, daß die besonderen Umstände bei der Geburt unseres Sonnensystems für die Entstehung von Planeten bedeutsam sind, dann könnte die

Wahrscheinlichkeit, daß in einem Sternsystem Planeten entstehen, sehr gering sein. Auf solche Sonderbedingungen gibt es mindestens zwei Hinweise. Daß die Sonne so langsam rotiert, könnte sehr leicht damit zusammenhängen, daß der anfängliche Drehimpuls des Solarnebels klein war. Wenn das zutrifft, besteht unser Sonnensystem vielleicht deshalb, weil kein so großer Drehimpuls getilgt werden mußte. Ein möglicher zweiter Grund: In dem durch eine Supernova erzeugten Sonnensystem stellte das in den Nebel hineingeschleuderte ^{26}Al eine wesentliche Wärmequelle für die ersten Urplaneten dar, so daß alle zerschmolzen, deren Durchmesser über einige Kilometer hinausging. Das würde dazu geführt haben, daß das Wachstum bei terrestrischen Planeten durch das Ansetzen von Materie ganz anders verlaufen wäre.

Angesichts dieser Schlußfolgerungen können wir nun dem Glied f_p, also der Wahrscheinlichkeit, daß sich ein Planetensystem bildet, in der Green Bank-Gleichung Werte beimessen.

Möglichkeit	f_p
optimistisch	0,3
zurückhaltend	0,1
pessimistisch	verschwindend klein

Wir dürfen in den nächsten Jahren mit konkreten Fortschritten in unserem Wissen zur Entstehung von Planeten rechnen. Ein bescheidener Aufwand an Zeit und finanziellen Mitteln sollte die Entdeckung von Planeten in der Art des Jupiter vielleicht in zwei Jahrzehnten ermöglichen. Nimmt man dazu, daß wir immer besser verstehen lernen, wie Sterne entstehen, und berücksichtigt man ferner künftige theoretische Untersuchungen von planetarischen Systemen, dann könnte es durchaus sein, daß f_p jenes Glied in der Green Bank-Gleichung wird, dessen Wert man am genauesten kennt.

4 Die Entwicklung planetarischer Atmosphären

Auf ferner Welt gefristet Leben
muß unter Stürmen oft erbeben.
Plainsong of Perkins, Gent.

Aus neuesten Untersuchungen des Erdklimas ergibt sich als erstaunlichste Tatsache, daß die Sonne im Verlauf der vergangenen 4 Milliarden Jahre an Leuchtkraft um 25 Prozent zugenommen hat. In derselben Zeitspanne veränderte sich die Erdatmosphäre jedoch auf solche Weise, daß die Temperatur auf der Erdoberfläche nahezu konstant geblieben ist. Soviel wir erkennen, führten eine Reihe erheblicher Umwälzungen in der Zusammensetzung der Erdatmosphäre und die Vorgänge in der Sonne zu einer Temperatur auf der Erdoberfläche, die während dieser ganzen langen Zeit nur um etwa 20° Celsius schwankte. Der Ausdruck «Wunder» dürfte dafür nicht übertrieben sein. Offenkundig hätten schon ganz geringe Abweichungen von dem schmalen Weg, den wir gegangen sind, dazu führen können, daß die Erde entweder eine glühende Hölle wie die Venus oder aber eine Eiswüste geworden wäre.

Aus Kapitel 3 wissen wir, daß der Prozeß der Planetenentstehung von mächtigen Sonnenfackeln begleitet wird. Viele der leichten Gase, die von der wachsenden Protoerde hätten eingefangen werden können, wurden in den Weltraum hinausgeschleudert. Trotzdem ergibt ein Blick auf die Tabelle des Sonnenaufbaus von Seite 23 eine sonderbare Tatsache. Von den Gasen, die bei der Entstehung der Erde hätten eingefangen werden können, kommen Stickstoff und Neon in ungefähr gleich großen Mengen vor. In der heutigen Erdatmosphäre ist Stickstoff sehr stark vertreten – die Luft, die wir atmen, besteht zu etwa 78 Prozent daraus.

Neon dagegen ist, wie jeder bezeugen kann, der schon einmal eine Neonröhre gekauft hat, ziemlich selten und teuer. Woher kommt das?

Noch sonderbarer ist, daß das Element Argon (Ar), das ungefähr zu einem Zehntel so häufig sein sollte wie Stickstoff, ebenfalls sehr selten ist. Bei dem Argon, das heute in der Erdatmosphäre enthalten ist, handelt es sich überdies um das Isotop ^{40}Ar (18 Protonen und 22 Neutronen), nicht um das Isotop ^{36}Ar, das sich in der Sonne findet. Daraus folgt: Unsere Atmosphäre hat sich während der Daseinsspanne der Erde verändert. Sie entspricht keineswegs mehr der Beschaffenheit nach Entstehung des Planeten.

Dafür, daß ein Gas in einer Lufthülle vorkommt oder darin fehlt, kann eine Reihe einfacher Prozesse verantwortlich sein. So besitzen beispielsweise Gasmoleküle sehr hohe Geschwindigkeiten, wenn sie in Bewegung sind und miteinander zusammenprallen. Auf der Erde erreichen diese Geschwindigkeiten mehrere tausend Meilen in der Stunde oder rund 10 Prozent der Fluchtgeschwindigkeit, die nötig ist, um die Erde ganz zu verlassen. Auf einem kleineren Himmelskörper würden solche Geschwindigkeiten dazu führen, daß die Atmosphäre sich von der Oberfläche einfach entfernt. Der Mond mit seiner Luftleere ist das Beispiel für einen Körper, der zu klein ist, um seine Atmosphäre festzuhalten. Auf der Erde können durch diesen Vorgang leichte Gase wie Wasserstoff und Helium verlorengehen.

Derzeit geht man davon aus, daß die heutige Erdatmosphäre keine Ähnlichkeit hat mit derjenigen, die sie besaß, als sie entstand. Diese Uratmosphäre ist entweder von selbst entwichen oder von der Sonne fortgeweht worden. Die heutige Atmosphäre muß aus dem Erdinnern stammen. Man nennt diesen Prozeß Gasabgabe. Der wahrscheinlichste Mechanismus für die Erzeugung einer Atmosphäre zweiter Generation ist die Tätigkeit von Vulkanen. Vermutlich war der Vulkanismus in der Frühzeit viel stärker als heute. Diese Ansicht wird besonders dadurch bekräftigt, daß sie das vorher erwähnte Rätsel der Argonisotope erklärt.

Vulkane stoßen vor allem Wasserdampf (H_2O), Kohlendioxyd (CO_2) und in kleineren Mengen molekularen Stickstoff (N_2) aus, dazu noch Spuren von ^{40}Ar. Dieses Argon war nicht als Gas der Erde einverleibt, sondern entstammte dem radioaktiven Zerfall eines Kaliumisotops (^{40}K), eingeschlossen in gewöhnliche Minerale. Das Isotopenvorkommen von ^{36}Ar und ^{40}Ar verrät uns also, daß die Erdatmosphäre durch geologische Prozesse entstand, nicht aus dem sich verdichtenden Sonnennebel.

Das ist ein wichtiger erster Schritt für das Verstehen des Erdklimas. Die Tatsache, daß wir Sauerstoff atmen – ein Element, das von Vulkanen nicht hinausgeschleudert wird – sagt uns jedoch, daß die durch Gasabgabe entstandene Atmosphäre eine große Entwicklung durchgemacht haben muß, um zu dem zu werden, was wir heute vor uns haben.

Sonne, Atmosphäre und Klima

Von der Sonnenstrahlung, die zur Erde gelangt, wird ein Teil sofort abgestrahlt, ein anderer absorbiert. Die Erde, die wärmer ist als ihre Umgebung, strahlt Energie in den Raum ab, vorwiegend in Form von Infrarotstrahlung. Wenn wir die gesamte Energie addieren, die auf die Erde gelangt, und davon abziehen, was hinausgestrahlt wird, kommen wir auf eine Zahl, die nahe bei Null liegt. Man darf also sagen, die Temperatur der Erde werde bestimmt durch das Erfordernis, daß Energieaufnahme und -abgabe sich ausgleichen, daß es also über lange Zeiträume hinweg nicht zu einem Reingewinn oder -verlust an Energie kommt.

Somit ist klar, daß die Leistungsfähigkeit, mit der die Erde Energie in den Weltraum zurückzustrahlen vermag, für die Höhe der Oberflächentemperatur entscheidend ist. Wäre die Erde eine perfekte Abstrahlerin – was die Physiker einen Schwarzen Körper nennen – dann läge die Durchschnittstemperatur in der Tat bei minus 30° Celsius – etwa beim Gefrierpunkt von 40prozentigem Wodka.

Die Tatsache, daß weder wir noch unser Wodka zu Eis erstarren, zeigt, daß die Erde nicht alles abstrahlt. Erklären läßt sich das durch einen Prozeß, der Treibhauswirkung genannt wird. In einem Treibhaus lassen die Glasscheiben sichtbares Licht durch. Sonnenenergie kann also leicht ins Innere gelangen. Wird eben diese Energie aber im infraroten Bereich wieder abgestrahlt, so erweist sich das Glas für diese neue Wellenlänge als undurchlässig. Das Glas wirkt also als Einwegspiegel. Er läßt Energie hinein, aber nicht mehr heraus. Das ist auch der Grund, warum ein in der Sonne abgestelltes Auto sogar an einem kalten Wintertag sehr warm werden kann – die Glasfenster verwandeln es in ein Miniaturtreibhaus.

Allerdings deuten die neuesten Forschungen darauf hin, daß ein echtes Treibhaus gar nicht durch die Treibhauswirkung betrieben wird, sondern in erster Linie dadurch, daß Warmluft aus dem Inneren nicht abfließen kann. Wenn das wirklich stimmt, kann man nur sagen: Schade um den schönen und leicht verständlichen Vergleich für eine wichtige Erscheinung in der Atmosphäre.

Die Treibhauswirkung leistet aber auf jeden Fall in der Atmosphäre, was sie soll. Jetzt sind es Atome von Kohlendioxyd und Wasser, von denen die hinausdringende Infrarotstrahlung absorbiert und die Erde warmgehalten wird. Vor einigen Milliarden Jahren dagegen, als die Sonne merklich weniger Leuchtkraft besaß als heute, bedurfte es einer anderen Atmosphäre, um auf der Erde Temperaturen im heutigen Bereich zu erzielen.

Carl Sagan und George Mullen von der Cornell-Universität haben darauf hingewiesen, daß verstärkte Treibhauswirkung verminderte Sonnenleuchtkraft auszugleichen vermag. CO_2 und H_2O absorbieren fast die ganze Infrarotstrahlung auf Wellenlängen, mit denen das möglich ist. Aus diesem Grund kann eine Zunahme des CO_2 nicht der richtige Weg sein, das Treibhaus zu verbessern. Gäbe es dagegen kleine Mengen anderer Moleküle wie Ammoniak (NH_3) und Methan (CH_4), die auf anderen Wellenlängen als CO_2 absorbieren, dann wären Lücken, die es heute im «Infrarotfenster» gibt, abgedichtet und die Treibhauswirkung käme viel stärker zur Geltung. Ammoniak und Methan können aber in Gegenwart von Sauerstoff nicht in solchen Mengen existieren, die dafür ausreichend wären. Daraus folgt, daß die Uratmosphäre der Erde keinen Sauerstoff enthielt – eine

Tatsache, die von den Biologen vor über fünfzig Jahren schon in anderem Zusammenhang festgestellt worden ist.

1978 legte Michael Hart, jetzt am Trinity College in Texas, ein Zahlenmodell vor. Danach besaß die Erde anfangs gar keine Atmosphäre. Später gab sie typische Vulkangase ab und gelangte schließlich dorthin, wo sie heute steht, behielt aber die ganze Zeit über eine mehr oder weniger beständige Oberflächentemperatur bei. Aus dem Vorhandensein von ^{40}Ar schließt er die Größenordnung der Gase aller Art, die von Vulkanen hinausgeblasen wurden. Daraus ergab sich die Menge an Kohlendioxyd, Wasser und Stickstoff, die in die entstehende Atmosphäre hinaustraten. Die Temperatur war zunächst so niedrig, daß sich auf der Erde Wasser in flüssiger Form sammelte. Es entstanden Meere. Das ausgestoßene CO_2 reagierte auf viele Stoffe an der Oberfläche, zumal mit Kalziumsilikat. Es verbindet sich mit dem CO_2 zu Kalziumkarbonat (Kalkstein) und Siliciumoxyd (Quarz). In einer wässrigen Lösung gehen diese Reaktionen so rasch vor sich, daß ein Großteil des abgegebenen CO_2 verbraucht wird. Ammoniak und Methan entstanden gleichfalls aus einfachen chemischen Reaktionen, und da noch kein Sauerstoff vorhanden war, verblieb von diesen Stoffen in der Atmosphäre so viel, daß sie beträchtlich zur Treibhauswirkung beitrugen. Dieser Effekt führte zu einer durchschnittlichen Oberflächentemperatur von 32 °C. Das ist viel wärmer als heute, obwohl die Leuchtkraft der Sonne nur 75 Prozent des heutigen Werts betrug.

Sobald die Meerestemperatur unter 42 °C sinkt, bleiben Proteine in einer Lösung stabil. Auf der Erde dauerte die Entwicklung von Leben rund 800 Millionen Jahre, nachdem diese Bedingung erfüllt war. Die Algen im Meer wandelten das CO_2 in der Atmosphäre durch Photosynthese in pflanzliche Stoffe und Sauerstoff um. Der Sauerstoff reagierte mit dem NH_3 und CH_4 in der Atmosphäre und in den Mineralen der Oberfläche.

Vor ungefähr 2 Milliarden Jahren verbrauchte der von lebenden Wesen erzeugte Sauerstoff die gesamten Mengen an Ammoniak und Methan in der Atmosphäre. Es kam zu einem grundlegenden Wandel. Zum erstenmal tauchte in der Atmosphäre freier Sauerstoff auf. Das bezeichnet einen kritischen Punkt in der Entwicklung der Erde. Er hätte nämlich durchaus für alles Leben das Aus bedeuten können. Sauerstoff war erstens für viele lebende Organismen der Erde Gift, und zweitens verringerte der Verlust von Ammoniak und Methan die Treibhauswirkung erheblich.

Damals war die Sonne immer noch 5 bis 10 Prozent weniger leuchtkräftig als heute. Diese geringere Strahlungszufuhr, verbunden mit dem Rückgang der Treibhauswirkung, führte die Erde ganz nah an eine Zeit stärkster Vergletscherung heran. In vielen Computermodellen Harts fiel die Temperatur auf einen Punkt, wo es zu viel krasseren Eiszeiten als den bekannten kam. Alles Land war von Gletschern bedeckt, und da auf Eis auftreffendes Sonnenlicht viel stärker reflektiert als Gestein, konnte die Sonne die Erde nicht mehr erwärmen. Allem Anschein nach sind wir diesem Schicksal nur ganz knapp entgangen.

Geschafft haben wir es aber doch. Als sich in der Atmosphäre Sauerstoff ansammelte, entstand eine Ozonschicht. Sie blockierte Licht, das für das Leben auf der Erdoberfläche schädlich war. Das Leben konnte aus dem Meer steigen. Der Sauerstoffgehalt der Luft stieg infolge der Photosynthese weiter. Mit der Leuchtkraft der Sonne nahm langsam die Oberflächentemperatur zu. Abbildung 4.1 zeigt einige typische Ergebnisse von Harts Berechnungen. Die Konzentration verschiedener Bestandteile der Atmosphäre schwankt zwar stark, die Oberflächentemperatur bleibt aber erstaunlicherweise konstant.

Wenn die Erde vor zwei Milliarden Jahren wirklich der eisigen Erstarrung entgangen ist, dürfen wir uns fragen, ob wir in unserer Vergangenheit nicht schon mehrmals knapp davongekommen sein könnten. Unsere Nachbarin Venus stellt ein Beispiel für eine andere Katastrophe dar, die der Urerde zum Verhängnis hätte werden können. Bis vor wenigen Jahren gingen Wissenschaft und Science Fiction davon aus, daß die Venus eine tropische Erde sei. Die Raumsonden liefern aber ein völlig anderes Bild. Die Venus-Atmosphäre besteht in der Hauptsache aus Kohlendioxyd und besitzt die hundertfache Dichte der unsrigen. Die

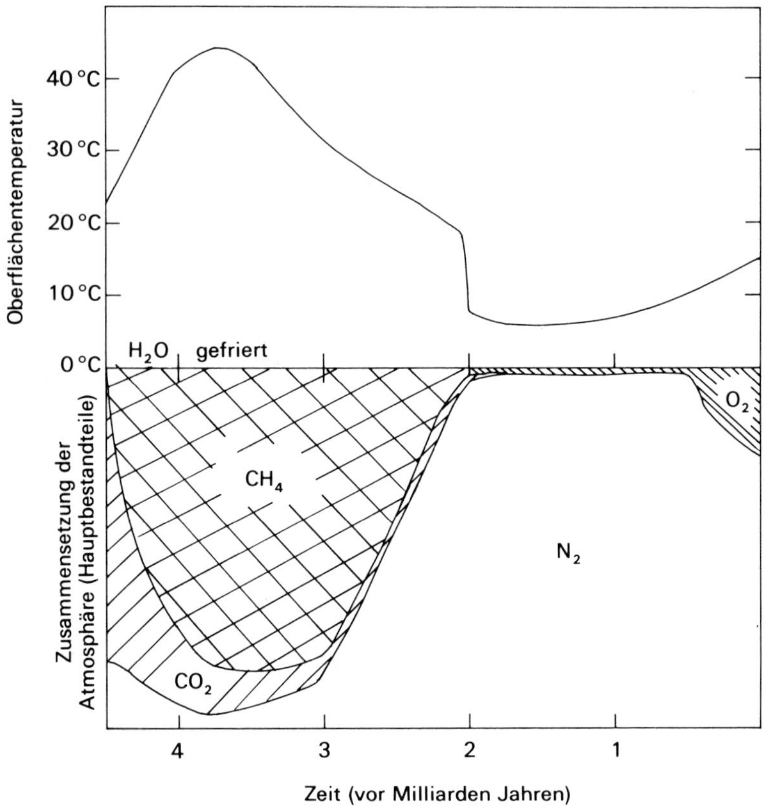

4.1
Das Erdmodell von Hart zeigt die Veränderungen in der Zusammensetzung der Atmosphäre und die mehr oder weniger konstante Oberflächentemperatur.

Oberflächentemperatur der Venus liegt bei 425 °C, die weiße Wolkendecke, die den ganzen Planeten einhüllt, besteht aus Schwefelsäure. Kaum ein gastfreundlicher Ort für Leben irgendwelcher Art.

Wenden wir Harts Computermodelle auf die Venus an, dann haben wir es mit einem Planeten zu tun, dessen Anfänge ganz ähnlich wie die der Erde waren. Er besaß zunächst also keine Atmosphäre, aus dem Inneren fand Gasabgabe statt. Da die Venus der Sonne aber nähersteht als wir, blieb der abgegebene Wasserdampf – auf der Erde schlug er sich nieder und bildete Meere – in der Venusatmosphäre. Die chemischen Reaktionen, die aus unserer Atmosphäre das Kohlendioxyd verjagten, liefen auf der Venus nicht schnell genug ab. Das lag vor allem am fehlenden Wasser in flüssiger Form. Mit der Zunahme des abgegebenen CO_2 steigerte sich auch die Treibhauswirkung. Das erhöhte die Oberflächentemperatur. Dadurch gelangte noch mehr CO_2 in die Atmosphäre. In einem solchen Fall sprechen wir von einer «galoppierenden» Treibhauswirkung.

Nebenbei ein Hinweis: Mit zu den Dingen, die heutigen Klimaforschern Sorge bereiten, gehört, daß die weltweite Verbrennung von fossilen Stoffen wie Kohle und Petroleum der Erdatmosphäre große Mengen an CO_2 zuführt. Man kann sich vorstellen, daß das innerhalb einer vergleichsweise kurzen Zeitspanne – unter fünfzig Jahre – die Treibhauswirkung verstärkt. Gelegentlich wird sogar angenommen, die Temperatur werde so stark steigen, daß die polaren Eiskappen schmelzen.

Die Entwicklung einer planetarischen Lufthülle scheint auf einem schmalen Pfad zwischen «galoppierender» Vergletscherung und «galoppierender» Treibhauswirkung zu verlaufen. Harts Berechnungen zeigen: Wenn die Umlaufbahn der Erde um die Sonne unter 95 Prozent ihrer wirklichen Größe hätte, würde die Erde heute der Venus gleichen. Die Bahn müßte aber nur um ein Prozent größer sein, damit die Erde während der vergangenen 2 Milliarden Jahre von Gletschern bedeckt gewesen wäre. Es gibt also offenkundig einen schmalen Korridor rund um unsere Sonne, wo ein planetarisches Klima im Verlauf mehrerer Milliarden Jahre beiden Extremen entgehen kann. Man nennt ihn die ständig bewohnbare Zone (englisch: continuous habitable zone = CHZ).

Sobald wir uns mit ihr und der Entwicklung von Leben befaßt haben, was in den folgenden Kapiteln geschehen soll, wird sich zeigen: Nur von Planeten in der CHZ eines Sterns läßt sich erwarten, daß auf ihnen Leben entsteht.

Angesichts der Bedeutung, die der CHZ zukommt, wird die Feststellung, wie groß diese Korridore bei verschiedenen Sterntypen sind, besonders wichtig. Ein Jahr nach seinem ersten Aufsatz stellte Hart Berechnungen für eine Vielzahl von Sterntypen an. Die Ergebnisse sind leicht verständlich. Beginnen wir mit Sternen, die kleiner sind als die Sonne. Zunächst einmal muß der Planet von seinem Stern weit genug entfernt sein, damit ein galoppierender Treibhauseffekt von Anfang an verhindert wird. Derartige Sterne entwickeln sich langsamer als die Sonne. Zu dem Zeitpunkt, in dem die Atmosphäre zu oxydieren beginnt, besitzen sie deshalb eine geringere Leuchtkraft. Aus unserer Darstellung der galoppierenden Vergletscherung wissen wir: Wenn die Strahlungszufuhr in dieser Zeit zu gering ist, gefriert der Planet und bleibt eingefroren. Nach Harts Berechnungen trifft dieses Schicksal *jeden* Planeten, der Leben trägt, sofern er um einen Stern kreist, dessen Masse unter 83 Prozent der Sonnenmasse liegt. Mit anderen Worten: Solche Sterne besitzen überhaupt keine CHZ. Im astronomischen Sprachgebrauch: ein Stern dieser Art gehört zur Spektralklasse K1.

Die CHZ größerer Sterne erreicht einen größeren Umfang als die der Sonne, aber größere Sonnen verheizen ihren Brennstoff schneller. Große Sterne könnten in ihren CHZ also zwar genug Planeten haben, aber sie verbrennen ihren Brennstoff zu rasch, so daß dem Leben nicht die erforderlichen Jahrmilliarden zur Verfügung stehen, um sich zu entwickeln. Die Berechnungen deuten darauf hin, daß Sterne, deren Masse um mehr als 20 Prozent über der Sonnenmasse liegt, nicht lange genug existieren, um Leben aufkommen zu lassen. Diese Sterne gehören zur Spektralklasse F 7.

Die Berechnungen führen letztlich zu dem Schluß: Nur Sterne, die vom Typ her der Sonne sehr ähnlich sind – die sogenannten G-Sterne – können Planeten besitzen, auf denen Leben gedeihen könnte; und auch das nur, wenn der Planet zufällig in einem schmalen Korridor entsteht, den man CHZ nennt. Das schränkt die Aussichten auf das Vorhandensein von außerirdischem intelligentem Leben ganz wesentlich ein.

Eine ebenso wichtige Beschränkung hängt mit der Planetengröße zusammen, ohne Rücksicht auf den Sterntyp, den er umkreist. Planeten, die viel größer sind als die Erde, geben viel mehr Gase ab. Da dazu auch Kohlendioxyd gehört, nimmt der Treibhauseffekt zu. Harts Berechnungen läßt sich entnehmen, daß für einen Planeten, dessen Radius um mehr als zehn Prozent über dem Erdradius liegt, die CHZ völlig verschwindet.

Ein Planet kann aber auch so klein sein, daß er nicht genug Atmosphäre zu erzeugen vermag, um die schädliche Ultraviolettstrahlung der Sonne fernzuhalten. Wie wir in Kapitel 5 sehen werden, heißt das: Auf einem solchen Planeten wird das Leben nie aus dem Meer herauskommen. Zivilisationen, die an interstellarer Kommunikation interessiert sein könnten, dürften sich also wohl kaum entwickeln. Das ist das Schicksal von Planeten, deren Radius weniger als 94 Prozent des Erdradius erreicht.

Das neuere Erdklima

Da die Entwicklung intelligenten Lebens auf der Erde erst vor relativ kurzer Zeit stattgefunden hat, wird es wichtig, die Wettervorgänge zu erkennen, die im Verlauf der letzten Jahrmillionen auf der Erde vorherrschend waren. Im Gegensatz zu den bisher geschilderten Klimaveränderungen sind die späteren Vorgänge vergleichsweise gemäßigt gewesen und wurden offenbar durch kleine periodische Abweichungen der Erdbahn um die Sonne hervorgerufen, die man gut kennt.

Wir wissen, daß zu Anfang des 20. Jahrhunderts eine leichte Neigung zur Erwärmung des Erdklimas vorhanden war, festzustellen über eine Zeitspanne von mehreren Jahrzehnten. In den fünfziger Jahren hat sich diese Tendenz umgekehrt. Im Zeitmaßstab von Jahrhunderten gab es Erscheinungen wie die «Kleine Eiszeit» der nördlichen Halbkugel. Sie dauerte vom 13. bis zum ausgehenden 18. Jahrhundert. In dieser Zeit wuchsen die Alpengletscher, Grönland hörte auf, grün zu sein, und die Bewohner Europas wurden zur Erfindung von Knöpfen, Schornsteinen und Fensterscheiben angeregt. Über größere Zeiträume hinweg läßt die Geschichtsschreibung uns zwar im Stich, aber dafür zeigt uns die Geologie die Folgen der gewaltigen Klimaschwankungen, die man Eiszeiten nennt. Die letzte davon erreichte ihren Höhepunkt vor ungefähr 18000 Jahren. Die Gletscher reichten in Nordamerika Richtung Süden bis zum Ohio. Die Narben vom Vordringen der Gletscher, etwa die Finger-Seen im Bundesstaat New York, sind groß und auffällig.

Bis vor kurzer Zeit war unser Wissen über frühere Vorstöße von Gletschern ziemlich lückenhaft. Das lag daran, daß jeder Vormarsch der Gletscher nahezu alle geologischen Spuren der vorherigen tilgte. Durch die Fortschritte auf dem neuen Gebiet der Isotopen-Paläoklimatologie hat sich das entscheidend geändert. Man gelangte zu einem erstaunlich genauen Bild des Globalklimas während der vergangenen Million Jahre.

Die deutlichsten Hinweise verdanken wir der Untersuchung von Sediment in tropischen Meeren. Ozeanschlamm, teilweise aus verfaulendem Plankton, lagert sich auf dem Meeresboden in einer Dicke von ein bis zwei Zentimetern pro Jahrhundert ab. Ein Bohrpfropf aus diesen Ablagerungen stellt ein historisches Dokument dar. Es reicht in der Zeit umso weiter zurück, je tiefer man bohrt. Schlamm, der zehn Meter tief liegt, ist eine Million Jahre alt. Die Planktonfossilien legen Zeugnis ab von dem Wasser, in dem sie gelebt haben.

Da es verschiedene stabile Isotope von Wasserstoff und Sauerstoff gibt, kommt Wasser in verschiedenen Isotopenformen vor. Die beiden Formen, die hier von Interesse sind, werden aus den Sauerstoffisotopen ^{16}O und ^{18}O gebildet:

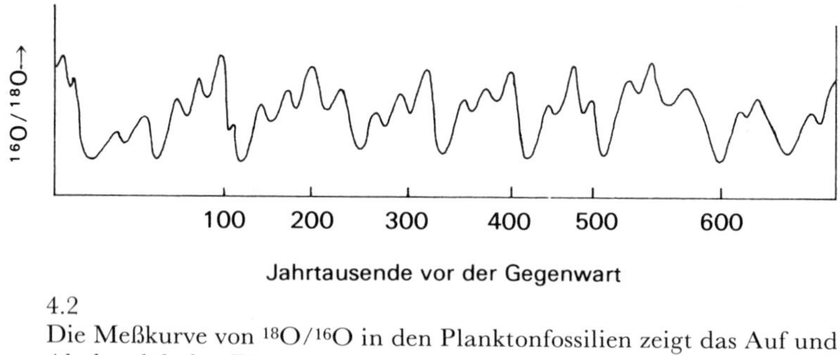

4.2
Die Meßkurve von $^{18}O/^{16}O$ in den Planktonfossilien zeigt das Auf und Ab des globalen Eisvolumens.

normales Wasser ($H_2{}^{16}O$) und etwas schwereres Wasser ($H_2{}^{18}O$). Die schwereren $H_2{}^{18}O$-Moleküle bewegen sich infolge ihres Gewichts etwas langsamer als $H_2{}^{16}O$. $H_2{}^{18}O$ verdunstet deshalb nicht ganz so rasch, so daß im Wasserdampf über dem Ozean ein bißchen weniger $H_2{}^{18}O$ vorkommt als im flüssigen Meereswasser, dieser also «leichter» ist. Schnee, der sich aus diesem Dampf bildet, entspricht ihm in seiner Zusammensetzung. In Zeiten großer Eisvorkommen an Land, also während der Eiszeiten, geht der leichtere Wasserdampf bevorzugt in Eis über, das Meer wird schwerer – und das kann man am Plankton erkennen. Ein Diagramm für den Gehalt von $^{18}O/^{16}O$ im fossilen Plankton zeigt damit das Ausmaß des globalen Eisvolumens an.

Man hat festgestellt, daß in der vergangenen Million Jahre weit mehr Vergletscherungen eingetreten sind, als man angenommen hatte. Überdies scheinen die Schwankungen der Eisdecke ganz regelmäßiger Art zu sein und den Zeiträumen zu entsprechen, die der serbische Astronom Milutin Milanković in den dreißiger Jahren zur Diskussion gestellt hat.

Nach Milanković hängen diese regelmäßigen Schwankungen mit solchen in der Beziehung Erde–Sonne zusammen. Wir wissen alle, daß die Erdachse gekippt ist. Sie vollführt überdies eine regelmäßige Bewegung, die den Namen Präzession trägt. Alle 23 000 Jahre vollendet die Rotationsachse im Verhältnis zur Sonne eine Bahn und hat damit einen Kegel beschrieben. Bei einem Kinderkreisel zeigt sich derselbe Vorgang, wenn die Rotationsachse sich langsam dreht, während der Kreisel um seine Spitze wirbelt. Im übrigen ist die Erdbahn nicht genau kreisförmig, sondern leicht elliptisch. Im Januar, also im Winter der nördlichen Halbkugel, kommt die Erde der Sonne ein wenig näher als im Juni. Im Norden ist es zu dieser Zeit deshalb kalt, weil die Neigung der Rotationsachse uns von der Sonne wegkippt. Im Sommer ist das Gegenteil der Fall – die nördliche Halbkugel ist von der Sonne zwar weiter entfernt, ihr aber zugekippt, wie man aus Abbildung 4.3 ersehen kann.

Man sollte also vermuten, daß die Präzession der Erdachse in rund 10 000 Jahren diese Situation etwas verändert.

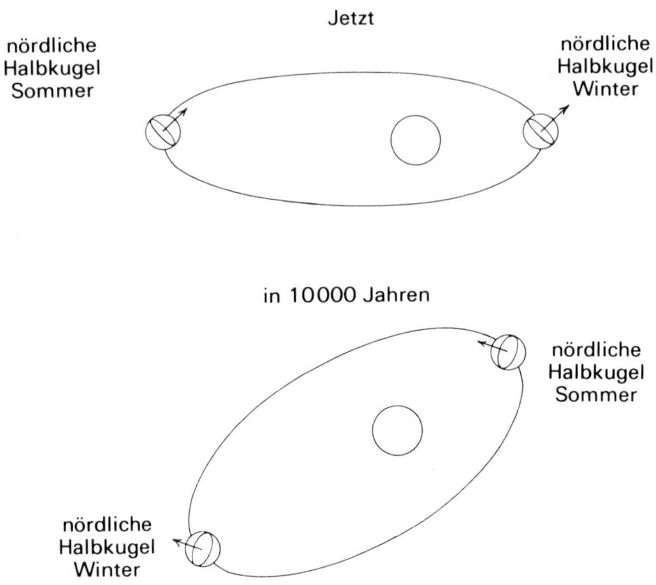

4.3
Die Erdachse beschreibt eine fortlaufende Bewegung, die als Präzession bezeichnet wird. In 10000 Jahren wird sich die Erdachse so verschoben haben, daß der Sommer in der nördlichen Halbkugel stattfindet, wenn die Erde der Sonne näher ist als jetzt im Sommer.

Die Präzession dreht während dieser Zeit die Achse herum und führt eine Situation herbei, wie die untere Hälfte von Abbildung 4.3 sie zeigt. Der Sommer der nördlichen Halbkugel wird dann im Januar, die Erde zu dieser Zeit in größter Sonnennähe sein. Im Verlauf des Präzessionszyklus von 23000 Jahren dürfte das kleine Veränderungen im Erdwetter herbeiführen.

Milanković behauptete, eine Vergletscherung setze immer dann ein, wenn die Sommer der nördlichen Halbkugel kühl sind, so daß ein Teil der Schneedecke das ganze Jahr über bestehen bleibt. Je kühler der Sommer, desto mehr Schnee bleibt liegen. Da Schnee ein sehr hohes Reflexionsvermögen aufweist, wird vergleichsweise mehr Sonnenlicht als sonst in den Weltraum abgestrahlt. Überdauert mehr Schnee den Sommer, so wird die Gesamtenergiezufuhr des Jahres durch die Sonne geringer; der nächste Winter wird kälter und bringt noch mehr Schnee, der den Sommer überdauert und den nächsten Winter noch kälter werden läßt. So geht das fort und führt zu galoppierender Vergletscherung, die erst dann aufhört, wenn es so kalt wird, daß die Meeresverdunstung fast zum Stillstand kommt, also nicht mehr so viel Schnee fallen kann.

Daraus ergibt sich: Wir befinden uns heute in einer Zeitperiode, in der eigentlich die Gletscher vorrücken sollten. In der Tat gibt es eine Reihe von Voraussagen, wonach die nächste Eiszeit in etwa tausend Jahren beginnen wird. Manche Behauptungen gehen sogar davon aus, die Kleine Eiszeit sei schon der Beginn der nächsten Vergletscherung gewesen. Nur die erhöhte Treibhauswirkung durch die Verbrennung von Kohle habe sie eine Weile hinausgeschoben. Einige neuere Denkmodelle sagen für die nächsten 23000 Jahre eine globale Abkühlung voraus.

Die Schichtung der Ablagerungen am Meeresboden veranschaulicht diese Präzessionsperiode von 23000 Jahren ebenso wie eine von 41000 Jahren, die mit einer veränderten Achsenneigung zusammenhängt, einer von 93000 Jahren in Verbindung mit der schwankenden Elliptizität der Erdbahn, und – dies erst seit kurzer Zeit – einer von möglicherweise 413000 Jahren, die gleichfalls mit den Veränderungen der Ellipsenbahn zusammenhängt. Die Tatsache, daß diese Zeitspannen für Vordringen und Zurückweichen der Gletscher eine Rolle spielen, hat viele Wissenschaftler dazu veranlaßt, den Milanković-Mechanismus für Eiszeiten zu übernehmen.

Die Schwankungen der Sonneneinstrahlung, die zum Vorrücken und Zurückweichen der Gletscher führen, sind sehr klein. Das Globalklima reagiert auf die Menge und sogar die Örtlichkeit der solaren Energiezufuhr überaus empfindlich. Das weisen einfache Klimatheorien nach. Eine Verringerung der Sonnenleuchtkraft um nur wenige Prozent würde dazu führen, daß die Gletscher bis zum Äquator vorrücken. Das hohe Reflektionsvermögen von Eis würde es unmöglich machen, die Erde ohne eine 30prozentige Erhöhung der solaren Leuchtkraft wieder aufzutauen. Diese außerordentliche Empfindlichkeit für die Strahlungszufuhr durch die Sonne ist der Grund dafür, daß Harts Modelle für die Erde eine Neigung erkennen lassen, sofort zu Eis zu erstarren, wo in der Atmosphäre Oxyde entstehen.

Die Klimageschichte wird umso lückenhafter, je weiter wir in der Zeit zurückgehen. Die Periode wiederkehrender Vergletscherung, die wir jetzt erleben, reicht rund drei Millionen Jahre zurück. Vor dieser Zeit bestand eine schrittweise Neigung zur Abkühlung, die 60 Millionen Jahre zurückreicht, ungefähr bis zu der Zeit, als die Dinosaurier ausstarben. Während dieses Zeitraums gab es keine Vergletscherung in großem Maßstab. Es ist verlockend, die genannte Abkühlung mit der Bewegung von Nordamerika, Europa und Asien zu den Polen hin in Verbindung zu bringen. Innerhalb dieser Zeit hätten sie sich über den halben Ozean fortbewegt. Es gibt keine lückenlosen Zeugnisse, die weiter zurückreichen würden.

Schlußfolgerungen für ETI

Mit unserem neuen Wissen über planetarische Lufthüllen sind wir in der Lage, die Schätzungen für zwei Glieder der Green Bank-Gleichung zu revidieren. Die erste davon ist die Geburtenziffer von Sternen R, die zweite n_e, also die Wahrscheinlichkeit, daß es einen für die Entstehung von Leben geeigneten Planeten geben wird. Aus Harts Berechnungen ergibt sich, daß nur G-Sterne – also solche, deren Masse jener der Sonne entspricht – ständig bewohnbare Zonen haben dürften. Deshalb können wir für R nur die Geburtenziffer von G-Sternen ansetzen und nicht die für Sterne im allgemeinen. Da nur ein kleiner Prozentsatz aller Sterne in diese Kategorie fällt, wird die neue Schätzung für R beträchtlich unter derjenigen liegen, die wir bei unserer ersten Analyse angesetzt hatten.

Die stellare Geburtenziffer und die Verteilung der Sterne ihrer Masse nach sind nur für die heutige Zeit und für Lagen in der Galaxis, und zwar in Sonnennähe, bekannt. In der Nachbarschaft der Sonne liegen etwa 4 Prozent der entstehenden Sterne im passenden Massebereich. Wir brauchen diese Informationen ebenso wie die Geburtenziffer von vor 5

Milliarden Jahren. Dehnt man die solare Nachbarschaft auf die Galaxis als Ganzes aus, so deuten Modelle für galaktische Entwicklungsabläufe darauf hin, daß der Wert für R = 0,05 Sterne im Jahr sein könnte. Es gibt einen Unsicherheitsfaktor von etwa Größe 3, auf den wir die optimistische Schätzung stützen. Da manches darauf hindeutet, daß die Geburtenziffer für G-Sterne vor der Entstehung der Sonne viel geringer gewesen sein könnte, kürzen wir für den pessimistischen Wert um den Faktor 10.

Möglichkeit	R (G-Sterne/Jahr/Galaxis)
optimistisch	0,15
zurückhaltend	0,05
pessimistisch	0,005

Die Schätzung von n_e wird gleichfalls viel niedriger ausfallen als in Kapitel 1. Die Planetengröße muß zwischen 0,94 und 1,1 Erdradien liegen. Außerdem muß sich der Planet in einem Korridor befinden, dessen Breite möglicherweise nur fünf Prozent der Entfernung Erde–Sonne beträgt. Wegen der hier in Frage kommenden Bahnformen scheiden sogar Planeten in Doppelstern-Systemen aus, von denen einer den anderen eingefangen hat.

Wir können eine Schätzung für n_e, gestützt auf unser eigenes Sonnensystem, vornehmen. Es gibt zwei Planeten von geeigneter Größe, Erde und Venus. Wenn wir davon ausgehen, daß sie zufällig in den Bereich von zwei Radien Erde–Sonne mit Rücksicht zur Sonne geraten sind, beträgt die Wahrscheinlichkeit dafür, daß ein Planet sich in der CHZ befindet, 2 bis 3 Prozent. Die Wahrscheinlichkeit, daß entweder der eine oder der andere in der Zone liegt, beläuft sich auf etwa 5 Prozent. Berechnungsmodelle für die Entstehung von Planeten stützen solche groben Schätzungen. Eine vernünftige Schätzung für die Zahl geeigneter Planeten ist deshalb $n_e = 0,05$.

Im Rahmen unserer drei Versionen betrachtet, bleibt den Optimisten also kaum anderes übrig als die Hoffnung, Harts Modelle seien schon im Ansatz falsch. Wenn wir zu einem optimistischen Wert gelangen wollen, müssen wir bei n_e unterstellen, daß sie um einen Faktor 4 größer ist als die zurückhaltende Schätzung.

Möglichkeit	n_e
optimistisch	0,2 Planeten je Stern
zurückhaltend	0,05 Planeten je Stern
pessimistisch	verschwindend klein

Auch hier werden wir für die kommenden Jahre mit einem erweiterten Wissen rechnen dürfen. Sämtliche komplizierten Berechnungen sollten von verschiedenen Wissenschaftlern nachgeprüft werden, natürlich auch die von Hart. Es gibt zu viele unabhängige Variable, zu viele Möglichkeiten, physikalische Erscheinungen zu betrachten, als daß man absolutes Vertrauen in eine einzige Berechnung setzen dürfte. In der Tat konnten Ann Henderson-Sellers von der Universität Liverpool und ihre Mitarbeiter die Temperaturgeschichte der Erde modellartig darstellen, ohne dabei die Reduktionsatmosphäre der Urzeit unterstellen zu müssen, die Hart verlangt. Unsere Kenntnisse über das Klima während der vergangenen Jahrmillion werden sich ganz gewiß weiter vermehren. Mit ihnen dürften Modelle für das Klima der Urerde zuverlässiger werden.

Das Klima könnte erhebliche Auswirkungen auf die restlichen Glieder der Green Bank-Gleichung haben, obwohl wir diese Möglichkeit in späteren Kapiteln meistens außer acht lassen. Wir halten es nicht für einen bloßen Zufall, daß periodische Vergletscherungen gerade zu dem Zeitpunkt eintraten, als die ersten Hominiden auftauchten. Das Aufkommen von Landwirtschaft und der Beginn der Technologie folgen der letzten Vergletscherung auf dem Fuß, als die Regenfälle zusammen mit den Gletschern nach Norden zurückwichen. War auch das ein Zufall? Wie wollen wir und die Welt damit zurechtkommen, daß in wenigen tausend Jahren Chicago, New York und Boston unter einer mehrere hundert Meter hohen Eisschicht liegen? Ein Optimist würde vielleicht meinen, ein solches Ereignis könnte eine Periode großer technischer Neuerungen einläuten.

5
Die Entwicklung des Lebens

Ich sage dir, ich führe meine Herkunft bis auf
ein Protoplasma-Urschlamm-Atomkügelchen zurück.
W. S. Gilbert und Arthur Sullivan
«Der Mikado», 1. Akt

Der nächste Schritt in der Ereigniskette, die von der Entstehung eines Sterns bis zum Vorhandensein einer fortgeschrittenen technologischen Zivilisation reicht, ist das Auftreten von Leben im Planetensystem eines Sterns. Über die genaue Definition der Begriffe «Leben» und «Lebenssystem» streiten die Philosophen seit Jahrhunderten, ohne daß man von großen Fortschritten sprechen könnte. Wir würden die meisten der Fortpflanzung fähigen Systeme als Leben bezeichnen, wollen aber auf die mehr esoterischen Punkte lieber nicht eingehen. Wandeln wir lieber die Worte eines Richters am Obersten Gerichtshof der Vereinigten Staaten ab, der über einen Fall von Pornographie zu entscheiden hatte: Wir mögen vielleicht nicht imstande sein, Leben zu definieren, aber wir erkennen es, wenn wir es vor uns haben.

Im Lauf des vergangenen Jahrzehnts wurde von den Weltraumbehörden in USA und UdSSR unter großem Aufsehen eine Reihe von Raumsonden zur Planetenerforschung gestartet. Erfolgreiche Landungen gab es auf Mars und Venus. Alle Indizien weisen darauf hin, daß in unserem Sonnensystem Leben nur auf unserem eigenen Planeten existiert. Wir haben es also mit einem einzigen Beispiel der Evolution zu tun, auf das wir Schlußfolgerungen zur Entwicklungsmöglichkeit von Leben anderenorts stützen können. Am besten beginnen wir mit einem Überblick darüber, was wir über die Entwicklung von Leben auf der Erde wissen.

Unsere Evolutionsgeschichte besitzt zwei auffallende Merkmale. Erstens ging sie vergleichsweise rasch vor sich, zweitens verlief sie nicht einheitlich, sondern bediente sich zu verschiedenen Zeiten einer Reihe verschiedener Mechanismen. Die ältesten Minerale auf der Erde sind rund 4,6 Milliarden Jahre alt und weisen darauf hin, daß die Erde ungefähr 5 Milliarden Jahre alt ist. Die frühesten Fossilnachweise für Leben findet man in Sedimentgestein, das rund 3,8 Milliarden Jahre alt ist. Diese Fossilien sind von bakterienartiger Struktur. Das deutet darauf hin, daß die Evolution in den ersten Jahrmilliarden des Bestehens unserer Erde rasch vor sich ging. Manche Autoren behaupten sogar, das Leben habe sich auf der Erde praktisch schlagartig gebildet.

Eine Zeitskala von fast einer Milliarde Jahren bezeichnet aber nach allen denkbaren Maßstäben eine sehr geruhsame Entwicklung. Wir wollen auch nur soviel sagen: Fossilienfunde lassen erkennen, daß der Evolutionsprozeß schon ziemlich weit fortgeschritten war, bis die Erde 25 Prozent ihres heutigen Alters erreicht hatte.

Kompliziertheit und Vielfalt des heutigen Lebens auf der Erde entwickelten sich nicht auf einmal, erreichten den heutigen Stand aber auch nicht in einem einheitlichen, glatten Verlauf. Vielmehr können wir eine Reihe von Schritten erkennen, die getan werden mußten, bevor komplexes Leben sich entwickeln konnte. Bei jedem einzelnen davon ist ein anderer physikalischer, chemischer oder biologischer Prozeß betroffen. Diese Schritte sind:

1. Das Entstehen kleiner organischer Moleküle aus den Urstoffen der Erde.
2. Die Verbindung dieser kleinen Moleküle zu langen Ketten, die lebende Systeme benötigen.
3. Das Entstehen isolierter, fortpflanzungsfähiger Systeme aus diesen großen Molekülen.
4. Die Entstehung von Zellen und vielzelligen Organismen.
5. Die Evolution der verschiedenen Arten von Pflanzen und Tieren.

Die ersten drei Schritte können wir unter der Rubrik «chemische Evolution» zusammenfassen, weil sie alle mit verschiedenen physikalischen und chemischen Prozessen zusammenhängen. Die beiden letzten Schritte bezeichnen wir als «biologische Evolution», weil es hier um die Entwicklung biologischer Arten und den Wettbewerb zwischen ihnen geht.

Man kann die verschiedenen Mechanismen mit den Getriebegängen eines Automobils vergleichen. Mit dem ersten Gang fährt der Wagen an und setzt sich in Bewegung. Das geht aber sehr langsam, und das Fahrzeug käme nicht weit, wenn es nur diesen einen Gang besäße. Das entspricht der chemischen Evolution, die langsam voranschreitet und den Evolutionsprozeß vom Anbeginn bis zu dem Punkt führt, wo ein isolierter, fortpflanzungsfähiger Organismus hervorgebracht ist. An diesem Punkt schaltet das Evolutionsgetriebe einen Gang weiter, die natürliche Selektion tritt auf den Plan, und der Prozeß beschleunigt sich, wie das ein Auto im zweiten Gang auch tut. Um den Vergleich zum Abschluß zu bringen: Die Entwicklung von Organismen, die sich nicht mehr durch Zellteilung, sondern geschlechtlich fortpflanzen, bringt uns zum dritten oder Schnellgang.

Vom Standpunkt der ETI aus ist daran wichtig, daß die Prozesse der chemischen Evolution sehr stark von der Umwelt abzuhängen scheinen, in der die Entwicklung abläuft. Die biologische Evolution dagegen schreitet mit Hilfe der natürlichen Zuchtwahl fort. Wir stellen dazu die Behauptung auf, daß sie in fast jeder Umgebung stattfinden kann. Aus diesem Grund werden sich Veränderungen für die Green Bank-Gleichung eher aus dem Bezug auf die chemischen und physikalischen Vorgänge ergeben, die erforderlich sind, um das erste reproduktionsfähige System hervorzubringen, als aus der Erwägung heraus, wie das Leben sich von diesem Zeitpunkt an entwickelt.

Im allgemeinen können wir unser heutiges Wissen über die genannten Schritte so einteilen, daß man Schritt 1 und 5 ziemlich genau kennt, wenngleich auf beiden Gebieten freilich noch eine Reihe von Problemen gelöst werden muß; Schritt 2 und 4 sind nicht so gut nachgewiesen, aber man darf doch sagen, daß die Hauptmerkmale ihres Ablaufs bekannt sind, auch wenn über wichtige Einzelheiten noch diskutiert wird; Schritt 3 durchschaut man am wenigsten, allerdings gibt es auch hier einige faszinierende Erkenntnisse, die eine baldige genauere Erklärung versprechen.

Chemische Evolution: Monomere

Der erste Schritt in der Entwicklung des Lebens muß notwendigerweise die einfachen organischen Verbindungen betreffen, die Grundbausteine aller lebenden Systeme, erzeugt aus den Stoffen, die zur Zeit der Erdentstehung verfügbar waren. Obwohl dieser Prozeß vor Jahrmilliarden stattfand, wissen wir darüber seltsamerweise mehr als über jede andere Phase der chemischen Evolution.

Der bahnbrechende Versuch auf diesem Gebiet wurde 1953 von Harold Urey und Stanley L. Miller an der Universität Chicago durchgeführt. Sie gingen von der Voraussetzung aus, die Atmosphäre der Ürerde sei ein Gasgemisch aus Methan, Ammoniak, Wasserdampf und Wasserstoff gewesen, und vertraten die Meinung, es müßte möglich sein,

Experiment von Miller-Urey

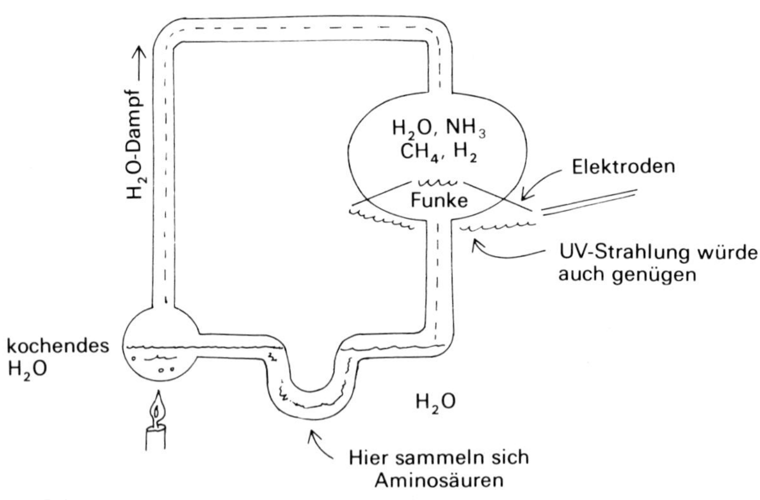

5.1
Eine schematische Darstellung des Miller-Urey-Experiments.

diesem Gemisch Energie zuzuführen und dadurch organische Moleküle hervorzubringen. Ein solcher Vorgang wäre ein erster notwendiger Schritt für das Entstehen von Leben auf der Erde. Abbildung 5.1 zeigt schematisch eine verbesserte Form des von Miller 1955 ausgeführten Experiments. Das Gasgemisch wird in einer Reaktionskammer festgehalten, die über Wolfram-Elektroden verfügt. In einem zweiten Behälter siedet Wasser, das für ständige Gaszirkulation im System sorgt. Sobald organische Moleküle entstehen, werden diese durch den Scheider aus dem Gas entfernt und festgehalten.

Wenn das Experiment im Gange ist, führt man der «Atmosphäre» Energie auf die Weise zu, daß man elektrische Funken zwischen den Wolfram-Elektroden erzeugt. Dieser Vorgang entspricht Blitzschlägen in der Uratmosphäre. Im Verlauf des Experiments, das in der Regel eine Woche dauert, färbt sich die Flüssigkeit im Scheider dunkelbraun. Bei der Analyse sind darin viele organische Verbindungen festzustellen, darunter Aminosäuren.

Zeichnerisch lassen sich die Bestandteile der Uratmosphäre wie in Abbildung 5.2 darstellen. Die Symbole H, C,

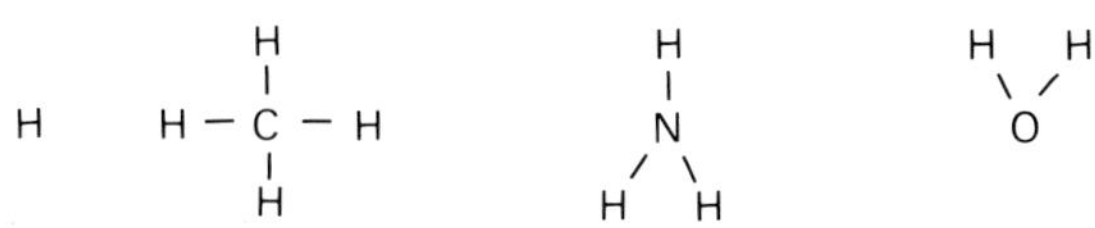

5.2
Die Komponenten der frühen Atmosphäre: Wasserstoff, Methan, Ammoniak und Wasser.

N und O stehen der Reihe nach für Moleküle von Wasserstoff, Kohlenstoff, Stickstoff und Sauerstoff. Die geraden Linien sind die chemischen Bindekräfte, von denen die Moleküle zusammengehalten werden. Beim Urey-Miller-Experiment entstehen die späteren Aminosäuren nicht sofort. Vielmehr sind sie das Endprodukt einer Reihe aufeinanderfolgender Reaktionen. Die wichtigste Zwischenstufe scheint das Aufbrechen der Ammoniakmoleküle und die Aufnahme der Stickstoffmoleküle in die nachfolgend gezeigten Verbindungen zu sein: Danach setzen sich die Kombina-

$H-C\equiv N$ $\qquad$ $N\equiv C-C\equiv N$

5.3
Der wichtigste Zwischenschritt in der Entstehung der frühen Atmosphäre scheint der Zerfall der Ammoniakmoleküle und die Verbindung der Stickstoffmoleküle zu Cyanwasserstoff und Cyan zu sein.

tions- und Umlagerungsvorgänge fort, bis Aminosäuren entstehen. Abbildung 5.4 zeigt eine solche Aminosäure, das Glycin, auch Aminoessigsäure genannt. Das ist eine von zwanzig Aminosäuren, die in lebenden Systemen vorkommen. Diese zwanzig Moleküle sind, zu langen Ketten aneinandergereiht, die Grundbausteine für Proteine und Nukleinsäuren in der Zelle.

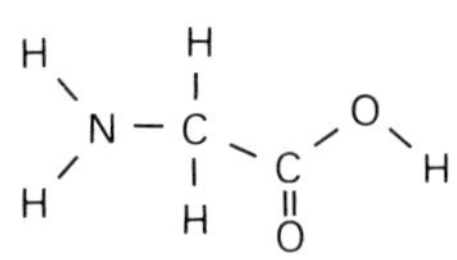

5.4
Glycin (Amminoessigsäure), eine einfache Aminosäure.

Seit den Anfangsexperimenten ist zu dem Problem, organische Moleküle unter Bedingungen künstlich zu erzeugen, wie sie in der Uratmosphäre bestanden, viel Arbeit geleistet worden. UV-Strahlung und schnelle Teilchen, der kosmischen Strahlung vergleichbar, sind an die Stelle elektrischer Funken als Energiequelle getreten. Ferner hat man chemische Stoffe des damaligen Gemischs durch andere ersetzt, so etwa Methan durch Kohlendioxyd. In allen Fällen kommt es zum selben Ergebnis. Nach einer bestimmten Laufzeit des Versuchs entstehen in der Reaktionskammer Aminosäuren. Vermutlich übertreibt man nicht einmal mit der Behauptung, es sei schlechterdings gar nicht zu verhindern, daß in einer Reduktionsatmosphäre mit Kohlenstoff-, Stickstoff- und Sauerstoffverbindungen und einer Energiequelle Aminosäuren entstehen.

Zu diesem Punkt müssen zwei wichtige Einschränkungen gemacht werden. Erstens enthalten lebende Systeme auf der Erde in ihren Zellen nur zwanzig verschiedene Aminosäuren, während bei Versuchen nach Urey-Miller davon viel mehr entstanden sind. Das würde bedeuten, daß die Auswahl von Aminosäuren, die schließlich in ein lebendes System Eingang finden, nicht von der ursprünglichen chemischen Zusammensetzung abhängt, sondern von anderen Bedingungen. Zweitens: Bei allen Experimenten dieser Art kommt es entscheidend darauf an, daß die Aminosäuren kurz nach ihrem Entstehen von der Energiequelle entfernt werden, weil sonst eben jene Energie, die zu ihrer Entstehung geführt hat, sie wieder zerstört. Wir scheinen also vor einer Paradoxie zu stehen. Damit sich Aminosäuren bilden, ist eine Energiequelle erforderlich, aber wenn sie lange genug zusammenbleiben sollen um aufeinander zu reagieren und größere Moleküle zu bilden, muß die Energiequelle entfernt werden.

An diesem Punkt müssen wir die Gesamtumwelt berücksichtigen, in der diese chemischen Reaktionen stattgefunden haben, nicht nur den Laborversuch. Wie wir in Kapitel 4 sehen konnten, führte das Fehlen von freiem Sauerstoff in der Uratmosphäre der Erde dazu, daß ultraviolette Strahlung der Sonne – nun durch die Ozonschicht aufgehalten – zur Oberfläche vordringen konnte. Das ist mit weitem Abstand die wichtigste einzelne zur Verfügung stehende Energiequelle, die Reaktionen zu fördern. Weitere Energiequellen wären Blitzschläge und andere elektrische Entladungen, natürliche Radioaktivität, Vulkane, Meteore und Sonnenteilchen mit hoher Energie (Sonnenwind) oder kosmische Strahlung. Die folgende Tabelle führt diese Quellen zusammen mit den Prozentsätzen an Gesamtenergie auf, die sie im Mittel jedem Punkt der Erdoberfläche zuführen:

ultraviolette Strahlung	99,8%
elektrische Entladungen	0,12%
natürliche Radioaktivität	0,08%
Meteorite	0,03%
Teilchen mit hoher Energie	0,006%
Vulkane	0,004%

Hätte man die Hauptenergiequelle für chemische Reaktionen in Blitzähnlichem zu suchen, dann gäbe es kein Problem. Ein durch Blitzschlag erzeugtes Molekül würde aller

Wahrscheinlichkeit nach kaum von einem zweiten Blitzschlag wieder zerstört werden. Die weite Verbreitung ultravioletter Strahlung in der Atmosphäre liefert dagegen praktisch die Garantie, daß jedes entstandene komplexe organische Molekül schließlich wieder zerstört wird, wenn es nicht einen Ort findet, wohin die Strahlung nicht zu dringen vermag. Auf der Urerde gibt es einen einzigen solchen Ort, wohin die Moleküle sich zurückziehen können – ins Meer. Die Strahlung durchdringt zwar die Meeresoberfläche, aber die organischen Moleküle sind in «Sicherheit», sobald sie eine Tiefe von zehn bis zwanzig Metern erreichen.

In dem Bild, das aus der frühesten Stufe der chemischen Evolution erkennbar wird, entstehen organische Moleküle in der Atmosphäre durch Prozesse, die man im Labor leicht nachahmen kann. Diese Moleküle werden zu einer Art organischem «Regen», der in den Ozean eindringt. Die Konzentration der Moleküle steigert sich dann bis zu einem Punkt, an dem der nächste Schritt im Evolutionsablauf eintreten könnte. Bevor wir uns damit befassen, wollen wir einmal versuchen, uns vorzustellen, welche Mengen an organischen Stoffen dabei erzeugt wurden.

Das sowjetische Akademiemitglied Ioseph Schklowskij und Carl Sagan vom Cornell College gingen von der bekannten Menge ultravioletter Strahlung zur Erde und den Reaktionsgeschwindigkeiten bei Laborversuchen aus und kommen zu der Schätzung, daß die Entstehung organischer Materie mit einer Geschwindigkeit von 3×10^{-13} g/sec pro Quadratzentimeter der Erdoberfläche abgelaufen sein muß. Das scheint eine sehr kleine Zahl zu sein, aber man kann das auch anders betrachten. Der Erdradius mißt rund 6000 km oder 6×10^{8} cm. Die Kugelfläche für einen Radius R ist $4\pi R^2$, die gesamte Erdoberfläche umfaßt demnach etwa 4×10^{18} cm^2. Das heißt: Organische Materie entstand in einer Größenordnung von $4 \times 10^{18} \times 3 \times 10^{-13} = 1{,}2 \times 10^{6}$ g/sec. Anders ausgedrückt: Reaktionen vom Typ Urey-Miller brachten auf der Urerde organische Materie in einer Größenordnung von etwa *einer Tonne pro Sekunde* hervor.

Selbst wenn dieser Prozeß nur in einem Viertel der Zeit abgelaufen sein sollte, der nötig war, um die ersten fossilen

Überreste entstehen zu lassen, hätte er 200 Millionen Jahre oder rund 10^{16} Sekunden in Anspruch genommen. Nach Ablauf dieser Zeit hatte der Regen organischer Materie, wie Schklowskij und Sagan betonen, im Ozean die Konzentration organischer Moleküle auf ein Prozent gesteigert. Der Salzgehalt der heutigen Meere beträgt im Durchschnitt knapp über 3 Prozent.

Ein Vergleich: Da ein Brühwürfel rund 4 Gramm wiegt, würde eine einprozentige Lösung der Brühe entsprechen, die ein in 4 Kilogramm aufgelöster Würfel ergibt. Das reicht aus, um die Farbe des Wassers zu verändern; man könnte das auch mühelos schmecken. Nun hätte wohl niemand Lust gehabt, probeweise Meerwasser zu trinken, als es Stoffe wie Formaldehyd und Ameisensäure enthielt, aber eine einprozentige Lösung hätte bei weitem ausgereicht, die in der Atmosphäre erzeugten einfachen Moleküle zur Verbindung in langen Ketten anzuregen.

Chemische Evolution: Polymerisation

Die Grundreaktion, die große Moleküle hervorbringt, wird schematisch durch Abbildung 5.5 dargestellt. Jede Aminosäure verfügt an einem Ende über ein Wasserstoffatom, am

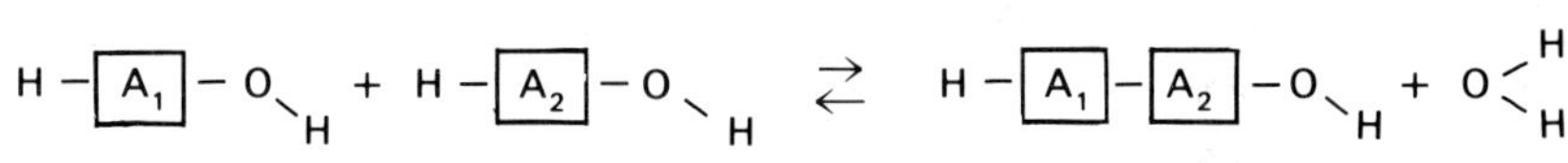

5.5
Eine schematische Darstellung der grundlegenden Reaktion, die große Moleküle hervorbringt.

anderen über eine Wasserstoff-Sauerstoff-Gruppe. Sie können sich, wie man sieht, dadurch miteinander verbinden, daß sie die drei Atome zu einem Wassermolekül vereinigen. Es entsteht ein größeres Molekül, das an den Endpunkten dieselbe Struktur aufweist wie die einzelnen Aminosäuren. Das größere Molekül wird Polymer genannt, der Prozeß als Polymerisation bezeichnet.

Die Polymerisation der Aminosäuren im Meer scheint demnach ein einfacher Prozeß gewesen zu sein. Zwei Moleküle treffen zusammen und sind der Polymerisation ausgesetzt. Dabei entsteht ein Wassermolekül. Das neue Polymer trifft auf eine andere Aminosäure, die der Kette «angehängt» wird. Dieser Prozeß kann sich fortsetzen, bis außerordentlich lange Ketten entstehen. Wir würden ohne weiteres davon ausgehen, daß er in einer mit organischen Molekülen derart überfrachteten Umwelt wie dem Urmeer auch stattfindet.

An diesem Gedankengang ist nur eines falsch. Die Polymerisationsreaktion nach Abbildung 5.5 kann in beliebiger Richtung erfolgen. Gerät ein Polymer mit Wasser in Berührung, so kann das Wassermolekül sich ablösen, die Polymerkette unterbrechen und so die Aminosäuren wieder trennen. Dieser Prozeß ist unter dem Namen Hydrolisierung bekannt. In der Tat erfordert es Energie, die vorhin erwähnte Reaktion nach rechts, Richtung Polymerisation, auszulösen. In Gegenwart von Wasser verläuft sie spontan nach links.

Offenbar stehen wir also vor einem Dilemma. Die in der Atmosphäre erzeugten organischen Stoffe müssen in die Ozeane abwandern, um vor ultravioletter Strahlung geschützt zu sein. In den Meeren verhindert das Wasser aber gerade den Aufbau der großen Moleküle, die für das Leben unabdingbar sind.

Damit eine Polymerisation stattfinden kann, muß es also irgendeinen Mechanismus geben, der organische Moleküle von Wasser fernhält, oder doch wenigstens einen, durch den die Konzentration organischer Stoffe im Meer oder in seiner Nähe erhöht werden kann. Man hat vier solche Mechanismen zur Diskussion gestellt:

1. Verdunstung von Wasser in Gezeitenbecken.
2. Anlagerung von organischen Molekülen an der Oberfläche bestimmter Ton- oder Glimmererden.
3. Teilweises Gefrieren von Wasser zu Eiskristallen.
4. Erhitzen – etwa durch Vulkantätigkeit – wodurch Wasser verdunstet.

Alle diese Prozesse kennt man genau aus der Natur. Versuche unter Laborbedingungen zu den drei letztgenannten Fällen brachten Polymerketten hervor, die ungefähr 200 Aminosäuren enthielten. Die Folge: Obwohl man nicht genau weiß, welche dieser Mechanismen vor 4 Milliarden Jahren auf die Erde eingewirkt haben – falls sie das überhaupt taten – ist der Ablauf in groben Umrissen klar. Irgendein einfacher physikalischer Prozeß – Beispiele: die Sonne oder auch Lava erwärmen ein Gezeitenbecken – wirkt auf das Gemisch von Wasser und organischen Stoffen ein, aus dem das Urmeer bestand, und verdichtet es dermaßen, daß auch eine noch so große Menge Wasser den Polymerisationsprozeß nicht mehr umzukehren vermag.

Obwohl es plausible Ansichten darüber gibt, wie der Prozeß der Polymerisation abgelaufen sein könnte, muß man sich darüber im klaren sein, daß er im Verlauf der Evolution eine Art Engpaß darstellt. Jeder der oben angeführten Mechanismen zur Trennung von organischen Stoffen und Wasser führt zu erheblichen Einschränkungen für die auf der Urerde herrschenden Umstände.

Chemische Evolution: Isolierung und Reproduktion

Der Weg von einem Gezeitenbecken voller Polymere zu einer organischen, lebenden Zelle mit der Fähigkeit zu Reproduktion und Selbstisolierung von der Umwelt ist weit. Wir wissen, daß dieses Übergangsstadium auf der Erde vor über 3 Milliarden Jahren abgeschlossen wurde. Man hat Versuche angestellt, die den Prozeß der Isolierung deutlicher werden lassen. Sieht man davon einmal ab, so ist der Übergang von der chemischen zur biologischen Evolution – oder, wenn man lieber will, von der organischen Chemie zur Biochemie – ein Rätsel.

Das erste Erfordernis für ein lebendes System mit komplexen Molekülen ist ein Mittel, diese Moleküle zu schützen und zu verhindern, daß sie auseinandergerissen und in der Umwelt verstreut werden. Wir sprechen hier vom Erfordernis der Isolierung. A.I. Oparin, der Doyen der sowjetischen Wissenschaftler, was die Entstehung des Lebens angeht, führte viele Jahre lang Versuche mit Systemen durch, die

Koazervate genannt werden. Sie besitzen eine bemerkenswerte Ähnlichkeit mit einfachen Einzellern.

Kurz zusammengefaßt: Oparin stellte fest, daß unter bestimmten Bedingungen eine gleichförmige Mischung von organischen Molekülen und Wasser spontan zu einem System zerfällt, in dem die organischen Moleküle sich in Tröpfchen sammeln, die Koazervat-Tröpfchen genannt werden. Sie schwimmen in einer vorwiegend aus Wasser und sehr wenigen organischen Stoffen bestehenden Flüssigkeit. Vom physikalischen Standpunkt aus ähnelt dieser Prozeß demjenigen, bei dem in einem Nebel aus Luft und Wasserdampf Wassertröpfchen entstehen. Obwohl man die von Oparin beobachtete Scheidung nicht in allen Einzelheiten versteht, hat sie mit anderen Prozessen doch soviel Ähnlichkeit, daß sie den Wissenschaftlern nicht als völlig rätselhaft erscheint. Sollte es für Lösungen mit großen Molekülen in der Tat natürlich sein, sich auf diese Weise aufzuspalten, dann könnte das Problem, die Moleküle abzutrennen, als gelöst gelten.

Das Erstaunlichste an den Koazervattröpfchen ist vielleicht, daß sie durch die Zuführung von Substanzen, die Enzyme genannt werden, dazu veranlaßt werden können, ihrer Umwelt Stoffe zu entziehen, zu wachsen und sich schließlich als Mehrfachtröpfchen abzuspalten. Dieses Verhalten erinnert stark an jenes, das mit primitivem Leben in Verbindung gebracht wird.

Ein Enzym ist eine Substanz, die eine Reaktion zwischen zwei Makromolekülen, wie große Moleküle auch genannt werden, erleichtert, ohne daran selbst direkt teilzunehmen. Für einfache Reaktionen wie die weiter oben besprochene Polymerisation sind solche Substanzen nicht notwendig. Sobald Moleküle größer werden, nehmen sie jedoch mit der Zeit eine komplexe dreidimensionale Struktur an. Bei derartigen Molekülen genügt die bloße Nähe zu einem Reaktionspartner nicht, um die Reaktionen auszulösen. Die beiden aufeinander reagierenden Moleküle müssen vielmehr aufeinander so ausgerichtet sein, daß sie auch richtig zusammenpassen. Die Aufgabe, sie so zu drehen, übernimmt das Enzym.

Greifen wir zu einem hypothetischen Beispiel. Nehmen wir an, es gäbe ein Molekül in Halbmondform, wie Abbildung 5.6a es zeigt. Unterstellen wir ferner, zwei dieser erfundenen Moleküle könnten sich miteinander zu einem Kreis verbinden, wie er in Abbildung 5.6b zu sehen ist. In diesem Fall wäre die erforderliche Reaktion die Entstehung eines Vollkreises aus den beiden Halbkreisen. Es gibt zwei Wege, auf denen Reaktionen dieser Art stattfinden können. Die Halbmond-Moleküle könnten beim Zusammenstoß zufällig so gedreht sein, daß sie zusammenpassen. Das zeigt Abbildung 5.6c. Bei Molekülen, die einander berühren, aber falsch zueinander stehen wie auf Abbildung 5.6d, würde die Reaktion jedoch nicht eintreten. Das bedeutet: Ist die Wahrscheinlichkeit gering, daß die Moleküle bei einer Reaktion durch puren Zufall «zusammenpassen», – wie meistens – dann gilt das auch dafür, daß die Reaktion wirklich eintreten wird.

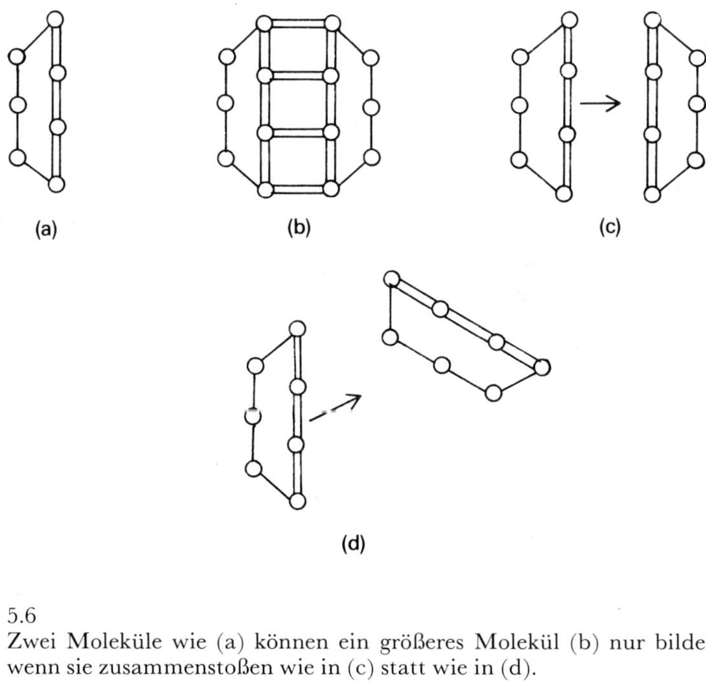

5.6
Zwei Moleküle wie (a) können ein größeres Molekül (b) nur bilden, wenn sie zusammenstoßen wie in (c) statt wie in (d).

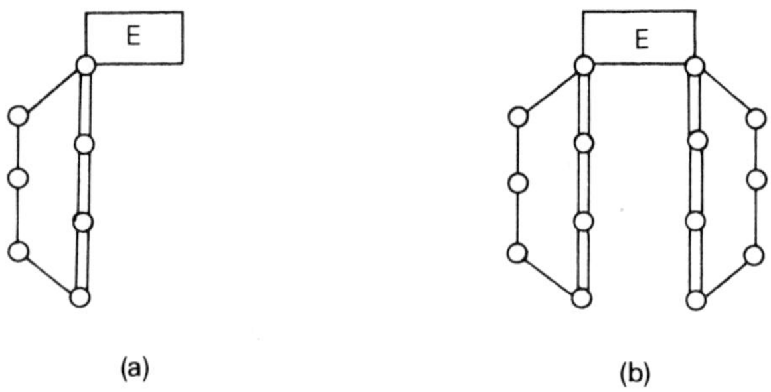

5.7
Durch die Einwirkung von E (ein Enzym für diese bestimmte Reaktion) können die beiden hypothetischen Halbmond-Moleküle in genau der richtigen Ausrichtung zusammengeführt werden, um sich zu verbinden.

Nehmen wir jedoch an, es gäbe ein drittes Molekül, das wir E nennen wollen. E soll die Eigenschaft besitzen, sich einem Halbmond-Molekül so anzufügen, wie das Abbildung 5.7a zeigt. Die Kombination Halbmond plus E wird sich im Trägerstoff dann bewegen, bis, wie Abbildung 5.7b erkennen läßt, ein zweiter Halbmond sich an E anschließt. Entscheidend ist dabei, daß die beiden Moleküle durch die Mitwirkung von E nun genau in der Stellung zusammengeführt worden sind, die zur Verbindung erforderlich ist. Wie man sich denken kann, ist E für die geschilderte Reaktion ein Enzym.

Oparin stellte Folgendes fest: Wenn man seinen Koazervattröpfchen kleine Mengen bestimmter Enzyme hinzufügte, vermochte das Tröpfchen aus dem Trägerstoff Substanzen wie etwa Glukose (ein Zucker) aufzunehmen und in Stärke umzuwandeln. Diese Reaktion veranlaßte das Tröpfchen, zu wachsen, und die anderen Reaktionsprodukte durch einen Prozeß, der viel Ähnlichkeit mit Ausscheidung besitzt, an den Trägerstoff zurückzugeben. Das Tröpfchen erreichte schließlich eine Höchstgröße und spaltete sich in mehrere Tröpfchen auf. Diese «Tochter»-Tröpfchen, die ebenfalls das Enzym enthielten, wiederholten diesen Vorgang, bis das Enzym unter den Tropfennachkommen zu dünn verteilt war, um noch nennenswerte Wirkungen zu erzielen.

Zu ganz ähnlichen Feststellungen kam Sidney Fox von der Universität Miami unter völlig anderen Umständen. Er ist ein führender Vertreter der Theorie, daß Polymerisation durch Aufheizen stattgefunden hat. Im Verlauf seiner Forschungsarbeit entdeckte er, daß manche langen Ketten – er nennt sie Proteinoide – spontan abgespaltene Gebilde, sogenannte Mikrokugeln, hervorbringen. Diese winzigen Kügelchen weisen an ihren Außenrändern hohe Konzentrationen von Makromolekülen auf. Fox fand ferner Hinweise auf chemische Vorgänge in den Gebilden, die den oben geschilderten ähnlich sind.

Selbstverständlich kann keines dieser Experimente als «Erschaffung von Leben» gelten. Trotzdem liefern sie einen Hinweis darauf, daß der Prozeß der Isolierung in Polymerlösungen die Folge einfacher physikalischer Gesetze, statt eines Zufallsvorgangs, sein könnte, und damit eine natürliche Folge des Polymerisationsvorgangs selbst.

Nur nebenbei: Die Natur der Moleküle wird bestimmt durch die Geometrie der äußeren Elektronen bestimmter Atome. Die Moleküle lebender Systeme bis hinauf zur DNA sind zusammengesetzt wie Puzzlespiele. Die Form der einzelnen Teile wird festgelegt durch die Grundgesetze der Atomphysik. In Kapitel 2 konnten wir sehen, daß das Vorkommen der verschiedenen Elemente, also die Häufigkeit des Auftretens der Puzzleteile, von den Gesetzen der Kernphysik geregelt wurde. Was wir sind, hängt sehr eng zusammen mit den grundlegendsten Gesetzen der Natur.

Was die Evolutionskette angeht, versteht man den letzten Schritt im Ablauf der chemischen Evolution, die Entwicklung der Fortpflanzungsfähigkeit, noch am besten. Die Enzymversuche mit Koazervaten liefern einen Hinweis darauf, wie es dazu gekommen sein könnte. Wenn die Tröpfchen beim Wachstum neue Enzymmengen hervorbringen konnten – es ist übrigens keineswegs klar, wie das geschehen sein soll – wären die Tochtertröpfchen in der Lage, das Leben mit ebensoviel Stoff zu beginnen wie ihre Vorfahren. Daraus könnte eine wachsende Tröpfchenbevölkerung werden. Sie wäre dann die Zwischenstufe zwischen Gruppierungen von chemischen und einfachen lebenden Systemen, die genetisch codiertes Material besitzen. Obwohl es auch vernünftige Hypothesen dazu gibt, wie genetisches Material aus Koazervat-Tröpfchen entstehen könnte, wollen wir hier nur darauf verweisen, daß wir für die Analyse dieses einen Schritts im Evolutionsablauf fast gar nichts Konkretes in der Hand haben, worauf wir unsere Schlußfolgerungen stützen könnten.

Das einzige, was wir über den Evolutionsprozeß wirklich wissen, ist, daß es vor 3,8 Milliarden Jahren auf der Erde einfache Zellen gegeben hat, die fähig waren, bestimmte Eigenschaften an Nachkommen weiterzugeben. Diese Zellen trugen ihr genetisches Material nicht, wie fortgeschrittene Systeme, in einem Zellkern, sondern im ganzen Volumen verteilt. Trotzdem schaltete der Evolutionsprozeß mit ihrem Auftreten «einen Gang höher», neue Mechanismen traten in den Vordergrund.

Biologische Evolution: Natürliche Selektion

Charles Darwin war der erste moderne Wissenschaftler, der die entscheidende Rolle der natürlichen Auslese für die Entwicklung fortgeschrittener Lebensformen auf der Erde erkannte. Damit dieser Evolutionsmechanismus wirken kann, müssen zwei unabdingbare Faktoren vorhanden sein. Erstens muß es lebende Systeme geben, die fähig sind, an ihre Nachkommen genetische Veränderungen weiterzugeben. Zweitens muß eine Umwelt bestehen, in der verschiedene Organismen unterschiedliche Aussichten auf Reifung und Fortpflanzung haben. In einer großen Bevölkerung irgendeiner Art von Organismus sorgen zufällige genetische Veränderungen dafür, daß einige Angehörige jeder Generation sich von ihren Genossen ein wenig unterscheiden. Sind diese Unterschiede von solcher Art, daß ihre Besitzer dadurch größere Aussichten besitzen, zu überleben und sich fortzupflanzen, wird die nächste Generation mehr Angehörige mit diesen vorteilhaften Abweichungen aufweisen.

Das Wirken der natürlichen Selektion läßt sich an einem einfachen Beispiel erläutern. Nehmen wir Folgendes an: Auf einer kleinen Insel gibt es eine Gruppe blauer Schmetterlinge. Im normalen Verlauf der Dinge reicht die Nahrung auf der Insel für 100 Paare dieser Gattung. In jedem Frühling bringt jedes Schmetterlingspaar 10 Paar Nachkommen zur Welt. Jede Generation beginnt also mit 1000 Paaren. Im Lauf des Jahres sterben 900 Paare. Es bleiben 100 Paare, die überleben, sich begatten und die nächste Generation in die Welt setzen. Diese Situation bleibt offenkundig stabil, solange keine neuen Elemente auftreten. Jedes überlebende Paar bringt 10 Paar Nachkommen hervor, von denen im Mittel eines überlebt, um in der nächsten Generation Nachkommen zu zeugen.

Nehmen wir weiter an: Durch irgendeinen genetischen Zufall entsteht ein Schmetterling, der größere Überlebensaussichten als seine Genossen besitzt. Vielleicht ist er ein wenig kräftiger und kann sich bei der Nahrungssuche länger in der Luft halten, oder er hat eine mehr grünliche Färbung, paßt sich dem Laubwerk dadurch an und wird von gefräßigen Feinden leichter übersehen. Gehen wir davon aus, daß der neue Schmetterling auf eine doppelt so hohe Erwartung zählen kann, zu überleben und sich fortzupflanzen, als die anderen Schmetterlinge, ganz egal, worin er sich von ihnen unterscheidet.

Vorausgesetzt, der neue Schmetterling überlebt, findet einen Partner und gibt an seine Nachkommen weiter, was er als neues Merkmal aufweist, so wird es in der ersten Generation danach neben 990 Paaren der alten Schmetterlinge 10 Paar von diesen Nachkommen geben. Nach unserer Hypothese überleben 2 Paare der neuen Schmetterlingsgattung und vermehren sich. Da die Gesamtbevölkerung auf 100 Paare beschränkt ist, werden nur 98 Paare der alten Gattung Nachkommen haben. In der zweiten Generation gibt es 20 Paar neue Schmetterlinge, von denen 4 überleben, und 980 Paare von den alten; von ihnen überleben 96. Wenn dieser Prozeß über die Generationen hin weitergeht, muß die Zahl der neuen Schmetterlinge auf Kosten der alten solange wachsen, bis die gesamte Schmetterlingsbevölkerung das

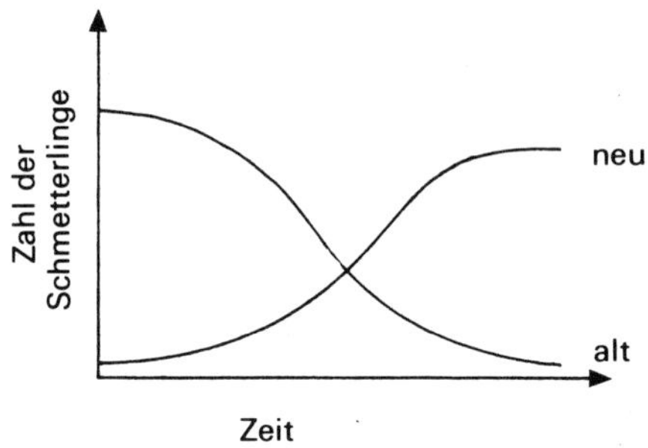

5.8
Ein einfaches Beispiel, um die Wirkung der natürlichen Selektion zu zeigen: Eine Neuzüchtung Schmetterlinge taucht auf, die doppelte Überlebenswahrscheinlichkeit besitzt. In der Folge der Generationen wird die Zahl neuer Schmetterlinge sich auf Kosten der alten vermehren.

neue Merkmal besitzt. Diese Verschiebung stellt Abbildung 5.8 dar.

Aus dem Diagramm ersehen wir: Ein Naturforscher, der zwanzig Jahre nach dem Auftauchen des ersten neuen Schmetterlings die Insel besucht, würde zu dem Schluß kommen, daß in der Bevölkerung der Insel eine Veränderung stattgefunden hat – daß die blauen Schmetterlinge verschwunden und die grünen an ihre Stelle getreten sind. Richtiger wäre freilich die Auslegung, daß der Prozeß der natürlichen Zuchtwahl am Werk gewesen ist, so daß die ursprüngliche Bevölkerung der blauen Schmetterlinge sich zu grünen weiterentwickelt hat. Ein historisches Streiflicht: Einer der ersten Anhaltspunkte für die Evolutionstheorie war das Entstehen einer Unterart Motten, zuerst weiß, dann grau, als Mittelengland in starkem Maß von der Industrialisierung erfaßt wurde. Rauch und Ruß überall verschafften grauen Faltern einen deutlichen Überlebensvorteil gegenüber weißen; die Verwandlung war in weniger als fünfzig Jahren abgeschlossen. Durch die Bestrebungen, die Luftverschmutzung zu beseitigen, kehrt sich das nun wieder um.

Mit unserem Beispiel haben wir die natürliche Selektion an einem Fall erläutert, in dem ein großer Überlebensvorteil (mit einem Faktor 2) besteht. Man darf aber nicht vergessen, daß jeder Überlebensvorteil, gleichgültig, wie klein, die gleiche Wirkung hervorruft, sobald man ihm nur genügend Zeit läßt. Ein kleiner Vorteil wird nicht in 20 Jahren zur Veränderung einer bestehenden Bevölkerung führen, sondern in 2000, 200000 oder noch mehr Jahren. Falls genügend Zeit zur Verfügung steht, führt der Mechanismus der natürlichen Selektion dazu, daß die alte Bevölkerung ausstirbt und durch eine ersetzt wird, die ihrer Umwelt besser angepaßt ist.

Noch ein weiterer Punkt darf bei diesem Beispiel nicht übersehen werden: Die Möglichkeit, daß eine bestimmte Veränderung zu einem Überlebensvorteil wird, hängt von der Umwelt ab, in der die Organismen leben. Bei den blauen und grünen Schmetterlingen wäre die grüne Farbe dann kein Vorteil, wenn dic wichtigsten Feinde farbenblind wären oder wenn Nahrungsmangel die Hauptursache für frühes Sterben wäre. Träfe das zu, dann wäre die Wahrscheinlichkeit groß, daß die neue Gattung Schmetterling einfach ausstirbt und die Gesamtbevölkerung unverändert bleibt.

Sobald wir erkannt haben, wie der Mechanismus der natürlichen Selektion in einer Bevölkerung bestimmte Merkmale hervorbringen kann, bleibt nur noch die Frage, wie Veränderungen beim Einzelnen überhaupt entstehen können. Sobald der Angehörige einer Population Unterschiede zu seinesgleichen aufweist und diese Unterschiede an Nachkommen weitergegeben werden können, ist, wie wir sagen, eine Mutation eingetreten. Im mikroskopischen Maßstab ergeben sich Mutationen aus Veränderungen in der Anordnung von Molekülen dort, wo genetische Informationen gespeichert werden. Auf der Erde entspricht eine Mutation zufälligen Veränderungen in der DNA einer Zelle.

Solche Zufallsveränderungen können auf vielerlei Art zustandekommen. Die wichtigste äußere Auslöserin von Mutationen ist die Strahlung. Wir werden unaufhörlich von Teilchen kosmischer Strahlung oder von denen natürlicher radioaktiver Elemente in unserer Umgebung bombardiert. Zellen, die dieser Strahlung ausgesetzt sind, sterben entweder ab oder sie überleben unverändert oder mit leicht veränderten DNA-Molekülen. Im letzten Fall übernehmen die

Nachkommen der Zellen die Veränderung und geben sie ihrerseits weiter. Andere Mutationsquellen sind Wärme, chemische Stoffe, die auf den Prozeß einwirken, durch den genetisches Material beim Reproduktionsprozeß «kopiert» wird, und schlicht durch «Fehler» beim Kopieren.

Die meisten Mutationen haben einen negativen Überlebenswert, das heißt, sie führen zu Organismen, die weniger lebenstüchtig sind als die anderen. In diesem Fall stirbt der mutierte Stamm wieder aus, und die Dinge kehren in den Normalzustand zurück. Nur die ganz wenigen Mutationen, die einen Vorteil bedeuten, werden durch natürliche Zuchtwahl der genetischen Information der Organismen einverleibt.

Für die ETI ist das Wichtigste an der natürlichen Selektion, daß es sich dabei um einen Prozeß handelt, der auf jedes zu Fortpflanzung und Mutation fähige System einzuwirken vermag. Diese Schlußfolgerung hat immer Gültigkeit, ob nun genetische Veränderungen langsam eintreten, wie in unserem Beispiel, oder schnell, wie bei den Theorien zu «unterbrochenen Gleichgewichtszuständen», die von Biologen in letzter Zeit aufgestellt wurden. Von der Umwelt wird lediglich gefordert, daß sie sich nicht in Zeiträumen, die im Hinblick auf die für natürliche Auswahl erforderlichen kurz sind, radikal verändert. Abgesehen von dieser eher bescheidenen Einschränkung scheint alles, was wir über das Leben auf der Erde wissen, darauf hinzudeuten, daß die Entwicklung höherer Lebensformen ganz natürlich erfolgt, sobald das erste Reproduktionssystem mit genetischem Material auftritt.

Manche Erkenntnisse scheinen die Vorstellung von der ersten reproduktionsfähigen Zelle als «Anfangspunkt» für den Evolutionsprozeß zu stützen. Eine davon haben wir bereits erwähnt. Es steht fest, daß von den vielen bei Urey-Miller-Versuchen erzeugten Aminosäuren in lebenden Systemen auf der Erde nur zwanzig auch wirklich gebraucht werden. Es gibt keinen leicht erkennbaren Grund, weshalb das so ist, und erst recht keinen, weshalb sich nicht auch andere Polymere gebildet haben sollten, die andere Säuren enthielten. Man versucht das durch die Vermutung zu erklären, der Prozeß, der zu unserer ganz eigenen Art von Biochemie führte, sei zufällig als erster am Start gewesen. Bis die anderen Systeme eintrafen, sei die Wirkung der natürlichen Zuchtwahl auf die Nachkommen der Ursprungszelle so erheblich gewesen, daß alle anderen einfach verdrängt wurden. Unser besonderer chemischer Aufbau könnte sehr wohl einem zufälligen Ereignis zu verdanken sein – etwa der richtigen Auswahl von Polymeren in einem ganz bestimmten Gezeitenbecken.

Man hat aber für diese Tatsache auch noch andere Erklärungen beigebracht. Der englische Biophysiker Francis Crick, neben anderen für die Entdeckung des DNA-Aufbaus mit dem Nobelpreis ausgezeichnet, vertrat die Ansicht, bestimmte Kombinationen von Aminosäuren seien, was Geschwindigkeit und Genauigkeit des Kopiervorgangs während der Zellteilung angeht, leistungsfähiger als andere. Demnach hätte gerade die bei uns vorliegende Kombination im Prozeß der natürlichen Zuchtwahl einen Vorteil aufzuweisen. Andere Ansichten verweisen auf bestimmte nickelhaltige Tonerden, die auf ihren Oberflächen nur die erwähnten zwanzig Aminosäuren anlagern. Wenn die Polymerisation unter Mitwirkung dieser Tonerden stattgefunden hat, wäre unser chemischer Aufbau leicht zu verstehen. Trotz dieser Erklärungsversuche bleibt aber die Frage, weshalb in lebenden Systemen nur zwanzig von den vielen möglichen Aminosäuren auftreten, nach wie vor völlig offen.

Ein anderer Punkt, der sich durch die Theorie vom «Startvorsprung» erklären läßt, ist die «Händigkeit» vieler Moleküle in lebender Materie. Viele Moleküle gibt es in rechts- und linksgewendelter Form. Die Ähnlichkeit zwischen der rechtsdrehenden Spirale der normalen DNA und einer Schraube mit rechtsdrehendem Gewinde ist offenkundig. Den einfachen Zucker Glukose gibt es in zwei Formen: D-Glukose, auch Dextrose genannt, und L-Glukose. Beide haben dieselbe chemische Formel, nämlich $C_6H_{12}O_{16}$. Die Strukturen unterscheiden sich im Aufbau nur dadurch voneinander, daß L-Glukose das Spiegelbild von D-Glukose ist.

Eigentlich sollte man annehmen, daß lebende Materie zu gleichen Teilen aus rechts- und linksgewendeltem Material besteht. Man weiß etwa, daß Urey Miller-Experimente gleiche Mengen von rechts- und linksdrehenden Aminosäuren hervorbringen. Das legt die Vermutung nahe, daß im Urmeer keine Seite irgendein Übergewicht hatte.

Trotzdem sind Aminosäuren in lebenden Systemen auf der Erde durchgehend linksgewendelt, die Zucker rechtsdrehend. Es fällt außerordentlich schwer, das damit zu erklären, daß man auf irgendeinen Mechanismus verweist, der im Verlauf des Evolutionsprozesses eingewirkt haben könnte. Wir können nur vermuten, daß das System mit linksdrehenden Aminosäuren zufällig als erstes den Startpunkt erreichte. Alle Nachzügler sahen sich dann dem Konkurrenzkampf mit Organismen ausgesetzt, die durch vorangegangene natürliche Zuchtwahl im Vorteil waren. Nach dieser Lehre steht es 50:50, daß extraterrestrisches Leben, sollte es denn existieren, auf rechtsgewendelten Aminosäuren beruhen würde.

Geschlechtliche Fortpflanzung: Der Schnellgang

In den ersten 2 Milliarden Jahren, nachdem Leben auf der Erde erschienen war – das heißt, vor rund 1,5 Milliarden Jahren – wirkte der Selektionsprozeß auf Veränderungen, die größtenteils durch die oben geschilderten Abläufe entstanden waren. Ungefähr zu dieser Zeit trat jedoch ein neuer Auslöser für Veränderungen auf den Plan: die geschlechtliche Fortpflanzung. Statt sich in zwei identische Organismen zu spalten, erzeugen lebende Systeme, die sich geschlechtlich fortpflanzen, Nachkommen. Deren genetisches Material ist eine Mischung von dem der Eltern. Auf diese Weise kann eine große Zahl verschiedener Kombinationen des elterlichen Genmaterials entstehen. So stellt das Aufkommen geschlechtlicher Fortpflanzung das neueste wichtige «Höherschalten» im Evolutionsablauf der Erde dar.

Folgen für ETI

Nachdem wir teilweise erwähnt haben, was man über die Entwicklung des Lebens auf der Erde weiß, können wir nun versuchen, dieses Wissen auf ETI im allgemeinen anzuwenden. Im Rahmen der Green Bank-Gleichung können wir das Glied f_1, die Zahl geeigneter Planeten, auf denen sich Leben entwickelt, folgendermaßen aufgliedern:

$$f_1 = f_m f_p f_i f_r f_c$$

Die Symbole haben folgende Bedeutung: f_m ist die Wahrscheinlichkeit, daß einfache organische Moleküle (Monomere) entstehen, f_p die Wahrscheinlichkeit, daß es zur Polymerisation kommt, die große Moleküle hervorbringt, f_i die Wahrscheinlichkeit, daß Polymere isolierungsfähige Systeme bilden, f_r die Wahrscheinlichkeit, daß diese isolierten Systeme die Fähigkeit zur Fortpflanzung erwerben, und f_c die Wahrscheinlichkeit, daß einfache Reproduktionssysteme sich zu komplexen Organismen entwickeln.

Wie bei der Green Bank-Gleichung können wir über manche dieser Wahrscheinlichkeiten sehr viel, über andere dagegen nur wenig aussagen. Aus der Tatsache, daß auf der Erde Leben entstanden ist, ergibt sich, daß keine dieser Wahrscheinlichkeiten den Wert Null haben kann.

Das beste Zeugnis für die Bewertung von f_m sind Versuche nach Urey-Miller. Wie wir gesehen haben, scheint eine Reduktionsatmosphäre mit Energiequelle unter ganz verschiedenen Laborbedingungen zur Entstehung einfacher organischer Moleküle und Aminosäuren zu führen. Demzufolge betrachten wir den Wert $f_m = 1$ als die naheliegendste Vermutung für diese Wahrscheinlichkeit.

Gleichermaßen scheint der Prozeß der natürlichen Selektion derart zu wirken, daß, sobald ein einfaches Reproduktionssystem auftritt, komplexere Formen sich ganz von selbst entwickeln. Wir legen f_c deshalb den Wert 1 bei. Mit anderen Worten: Nach unserer Meinung steht praktisch fest, daß höhere Lebensformen früher oder später auftreten werden, sobald eine einzelne Zelle oder ein zellenähnliches Gebilde einmal in Erscheinung tritt. Die Versuche von Oparin und Fox zum Prozeß der Isolierung lassen vermuten, daß Polymere dazu neigen, sich von ihrer Umgebung nach einfachen physikalischen Grundsätzen abzusondern, sobald eine konzentrierte Lösung von Polymeren vorhanden ist. Demnach halten wir es für angemessen, f_i einen Wert von 1 zu geben.

Am Ende verbleiben zwei Glieder der Gleichung, die wir nicht beurteilen können. Die Wahrscheinlichkeit, daß ein isoliertes System von Polymeren die Fähigkeit zur Fortpflanzung entwickelt, was wir mit f_r ausdrücken, läßt sich angesichts unseres heutigen Erkenntnisstandes einfach nicht bewerten. Sie könnte zwischen 1, was der Situation entspricht, daß stets reproduzierende Systeme entstehen, und einer so kleinen Zahl liegen, daß dieser Prozeß sich nur auf der Erde abzuspielen vermochte. Weitere Forschungen könnten uns einen Hinweis darauf geben, ob es in diesem Ablauf Engpässe gibt oder nicht. Zur Zeit verfügen wir aber über keine Grundlage für eine zahlenmäßige Einschätzung. Wir werden deshalb für f_r einen Wert von 1 unterstellen, wenn wir die optimistische Möglichkeit ins Auge fassen, nahe Null bei der pessimistischen und 0,1 bei zurückhaltender Betrachtung.

Über den Prozeß der Polymerisation wissen wir genug, um zu vergleichsweise zuverlässigen Schlußfolgerungen zu gelangen, obwohl sich nicht genau zurückverfolgen läßt, wie er auf der Erde zustandekam. Das Erfordernis, daß Monomere vor ultravioletter Strahlung geschützt sein müssen, beinhaltet, daß bei einem Planeten, auf dem sich Leben entwickeln soll, ein Großteil seiner Oberfläche von einem Ozean bedeckt sein muß. Wenn das nicht der Fall ist, werden die Monomere nach ihrer Entstehung wieder zerstört, f_p erreicht den Nullwert. Demzufolge würden wir auf dem Mars nicht mit Leben rechnen, eine Ansicht, die durch die Viking-Landungen ihre Bestätigung gefunden hat. Das Vorhandensein eines Ozeans unterwirft die Polymerisation ziemlich starken Beschränkungen. Praktisch kann die Evolution nur dann vorankommen, wenn ein Mittel zur Hand ist, die Konzentration organischer Stoffe an isolierten Orten so zu steigern, daß der Prozeß der Hydrolisierung die Polymerisation nicht wieder aufhebt.

Von den vier Prozessen, die für die Konzentration von organischen Stoffen zur Diskussion gestellt wurden, scheinen drei das Bestehen ganz bestimmter Gezeitenformen zu verlangen. Diese Behauptung liegt sehr nah, wenn die Polymerisation stattgefunden hat, als Wasser in den Gezeitenbecken verdunstete. Die beiden anderen Möglichkeiten, nämlich Anlagerung an Tonerden und Aufheizung, würden ebenfalls dann am wirksamsten sein, wenn es ein Mittel gäbe, der sich verdickenden «Suppe» mehr organische «Brühe» zuzuführen. So könnte Aufheizung dann stattfinden, wenn Wassertümpel an Stellen zurückblieben, wo Lava ins Meer geflossen ist. Obwohl Gezeiten nicht die Vorbedingung für diesen Prozeß sind, liefe er am mühelosesten ab, wenn sich der Tümpel von Zeit zu Zeit wieder auffüllen würde. Damit könnte die Zerstörung von Polymeren durch Hitze verhindert werden, gleichzeitig käme Nachschub an neuen Bestandteilen hinzu. Dasselbe ließe sich von einem Prozeß sagen, der Wasser in Verbindung mit Ton bringt – der Vorgang läuft am wirkungsvollsten ab, wenn die Tonschichten von Zeit zu Zeit befeuchtet werden.

Einen Prozeß der Konzentration durch Gefrieren halten wir für unwahrscheinlich. Erstens verlangt er, daß ein recht schmaler Temperaturbereich nahe dem Gefrierpunkt über einen langen Zeitraum hinweg aufrechterhalten wird. Zweitens verlaufen chemische Reaktionen bei niedrigen Temperaturen langsamer, so daß der Aufbau langer Ketten einfach zu lange dauern würde. Man denke an die Tatsache, daß der Fäulnisprozeß stark gehemmt wird, wenn man Speisen oder Medikamente in einen Kühlschrank stellt.

Jeder Körper außerhalb der Oberfläche eines Planeten ruft Gezeiten hervor. Auf der Erde gibt es etwa Gezeiten durch die Sonne, die rund ein Drittel so hoch sind wie die vom Mond erzeugten. Die Kombination von Sonne und Mond ruft bei Neu- und Vollmond sehr hohe Gezeiten, die Springtiden, hervor. Die höchsten Fluttiden treten jetzt also zweimal im Monat auf. Ein Vorgang, der Tümpel füllt, Tonschichten befeuchtet oder alle ein, zwei Wochen heiße Lava überflutet, ist eindeutig einem solchen vorzuziehen, der jeden Tag stattfindet. Im ersteren Fall steht eine längere Zeitspanne zur Verfügung, damit die Gesetze von Physik und Chemie sich auf den isolierten Tümpel auswirken können.

Es ist durchaus möglich, daß die Entwicklung von Leben nur auf Planeten voranschreiten kann, die sowohl Meeres- als auch Landflächen und einen Satelliten von solcher Größe besitzen, daß er nennenswerte und unterschiedliche Gezeiten hervorruft. Das sind ganz besondere Bedingungen, für deren häufiges Vorkommen nicht viel spricht. Auch noch nach dem Apollo-Programm ist der Ursprung des Mondes ungewiß. Er könnte zur selben Zeit wie die Erde durch Anlagerung entstanden sein, in einer etwas engeren Umlaufbahn, als sie heute besteht. Andererseits könnte er aber auch gegen Ende des planetarischen Aufbaus der Erde von dieser eingefangen worden sein. Beide Möglichkeiten, vor allem aber die zweite, erfordern für ihr Zustandekommen eine ganz ungewöhnliche Folge von Ereignissen. Im Vergleich zu seinem Planeten ist ein Mond in der Regel viel kleiner als der Erdmond und kann daher keine großen Gezeitenunterschiede hervorrufen. Von den Dutzenden Monden in unserem Sonnensystem ist nur unser Mond groß genug, um Gezeitenbecken zu erzeugen.

Ob die Entwicklung von Leben auf der Stufe der Polymerisation ins Stocken gerät oder nicht, hängt eindeutig von dem Naturprozeß ab, der dafür sorgt, daß das Wasser von den organischen Gemischen im Urmeer entfernt wird. Da diese Frage wenigstens teilweise der Laboruntersuchung zugänglich ist, meinen wir, daß die Untersuchung des Polymerisationsprozesses bei der Erforschung des Lebensursprungs Vorrang haben sollte.

Wir müssen jedoch nach unserem heutigen unvollständigen Wissen den Wert von f_p schätzen. Vom optimistischen Standpunkt aus wäre die Behauptung möglich, jeder der vier geschilderten Prozesse könnte zur Polymerisation führen. In diesem Fall wäre für f_p ein Wert von ½ möglich, und zwar mit der Begründung, es dürfte nicht allzu unwahrscheinlich sein, daß entweder das eine oder das andere eintritt.

Vom pessimistischen Standpunkt wäre einzuwenden, ein Planet in einer CHZ müsse einen großen Satelliten besitzen, der Gezeitenbecken erzeugt. In diesem Fall wäre ein Wert von $f_p = 10^{-4}$ angemessen.

Für unsere zurückhaltende Einschätzung unterstellen wir $f_p = 0{,}1$. Wir berücksichtigen dabei, daß diese Zahl am oberen Ende der vernünftigen und zurückhaltenden Skala für f_p liegen dürfte – und das vermutlich auch tut.

Für f_l dagegen führen unsere drei verschiedenen Möglichkeiten zu folgenden Einschätzungen:

Möglichkeit	f_l
optimistisch	0,5
zurückhaltend	10^{-2}
pessimistisch	beinahe Null

Der Leser könnte hier einwenden, wir hätten uns nur mit solchen Prozessen befaßt, aus denen Lebensformen entstehen, die uns im Grunde ähnlich sind – also mit Lebensformen, die auf Kohlenstoffketten beruhen. Wir nennen diesen Standpunkt «Kohlenstoff-Chauvinismus». In Kapitel 7 befassen wir uns mit den Gründen, die für diese Ansicht sprechen, und zeigen, warum es vernünftig ist, davon auszugehen, daß alle lebenden Systeme auf Kohlenstoff basieren.

Das heißt aber nicht, wir wollten behaupten, alle Lebensformen müßten uns in irgendeiner anderen als dieser grundlegendsten Art ähnlich sein. Als wir uns mit der Entstehung von Aminosäuren befaßten, haben wir gesehen, daß von den vielen Aminosäuren die bei Versuchen nach Urey-Miller entstehen, nur einige ausgewählte wirklich auch mit der Bildung lebender Systeme auf der Erde zu tun haben. Warum sollte es nicht Lebensformen geben, die auf anderen Kombinationen von Aminosäuren beruhen? Ebensowenig darf man annehmen, daß sie menschlichen Wesen ähnlicher wären als wir etwa den Fichten, mit denen uns doch immerhin die grundlegende Biochemie verbindet. Der Kohlenstoff-Chauvinismus schränkt daher in keiner Weise die Möglichkeiten der Entwicklung einer großen Vielfalt intelligenter Lebensformen ein, wenn man solche Lebensformen aus anderen Gründen für möglich hält.

6
Intelligenz, Technologie und die Lebensdauer einer kommunikationsbereiten Zivilisation

Wer immer schießt den längsten Pfeil,
streckt hin den Bruder alleweil.
Rudyard Kipling
«General Summary»

Wer nett ist, wird Letzter.
Leo Durocher
Baseball-Manager

Die letzten Glieder der Green Bank-Gleichung betreffen Wahrscheinlichkeiten, daß sich Intelligenz und Technologie entwickeln, sobald einmal primitive Lebensformen aufgetaucht sind, und daß im Lauf der Zeit intelligente Zivilisationen Kommunikation über interstellare Entfernungen hinweg versuchen werden. In vieler Hinsicht sind diese Glieder zahlenmäßig am schwersten zu bestimmen, weil sie Dinge betreffen, über die wir sehr wenig wissen. Insbesondere die beiden letzten stellen auf Fragen im Bereich der Soziologie – oder vielleicht besser der Exo-Soziologie – ab. Die Methode, vom menschlichen Beispiel aus Folgerungen auf extraterrestrische Wesen zu ziehen, dürfte nicht sehr erfolgversprechend sein, einfach schon deshalb nicht, weil wir nicht genug über unsere eigenen Gesellschaftsformen wissen, um ihre Zukunft vorhersagen zu können. Deshalb bleiben alle Aussagen über fremde, außerirdische Kulturen intelligente Vermutungen. Wir müssen eben vom vorhandenen Wissen ausgehen, ohne Rücksicht darauf, wie lückenhaft es sein mag.

Biologische Entwicklung von Intelligenz

In Kapitel 5 haben wir gesehen, wie der Prozeß der natürlichen Selektion dazu führt, daß lebende Systeme über lange Zeiträume hinweg verändert werden. Eine beliebige Mutation kann, wie aus dem Beispiel der Schmetterlinge ersichtlich, innerhalb einer bestimmten Zeit eine etablierte Gattung verdrängen. Andererseits kann Mutation aber auch eine Gattung hervorbringen, die eine andere ökologische Nische besetzt als ihre Vorfahren und sie deshalb nicht unbedingt verdrängen muß. So war etwa die Nische, die wir im weitesten Sinn mit «Luftbewohner» bezeichnen können, von Reptilien besetzt, die von am Boden lebenden Dinosauriern abstammten. Die Bodenbewohner gab es aber weiterhin, nachdem die Nische besetzt worden war.

Nach unserer Ansicht muß die Entwicklung von Intelligenz beide Abläufe beinhalten. Intelligenz besitzt unzweifelhaft die Möglichkeit, sich neue Nischen selbst zu schaffen. So würde etwa die Fähigkeit, Unterkünfte zu errichten und Kleidung herzustellen, es einer Art erlauben, in kältere, bis dahin unwirtliche Klimazonen zu ziehen. Gleichzeitig kann man sich mühelos vorstellen, daß eine intelligente Art eine zweite vernichtet, sei es durch Konkurrenzkampf oder durch primitive Arten von Kriegsführung. Daraus ergibt sich, daß Intelligenz bei der natürlichen Selektion ein Faktor ist.

Allerdings nicht unbedingt der einzige. Nehmen wir ein vergleichsweise neues Beispiel aus unserer eigenen Vorgeschichte: Der Neandertaler besaß ein Gehirn, das im Mittel um 100 Kubikzentimeter größer war als das des modernen Durchschnittsmenschen. Der Unterschied ist zwar nicht groß genug, um die Garantie zu bieten, daß der Neandertaler damit auch einen höheren Intelligenzquotienten besaß als wir, aber ebensowenig dürfte man behaupten, er sei weniger intelligent gewesen. Immerhin ist der Homo sapiens neanderthalensis ausgestorben, und uns gibt es noch. Wenn der Unterschied zwischen uns keiner des Intelligenzgrades gewesen ist, muß die natürliche Selektion ein anderes Merkmal bevorzugt haben. Wir halten die Vermutung für berechtigt, daß bei einem Konkurrenzkampf solcher Art Siegerin und Überlebende jene Art sein wird, die am aggressivsten ist. Es könnte sogar sein, daß wir einfach deshalb überlebt haben, weil wir die besseren Waffen herstellen konnten und kriegerischer waren.

Wir sollten uns deshalb nicht wundern, wenn die höchste Intelligenz auf anderen Planeten ebenfalls ein gewisses Maß an eingewurzelter Aggressivität besäße, wie wir es in uns selbst finden. Diese Eigenschaft ist beim Überlebenskampf ein deutlicher Vorteil, auch wenn sie, sobald der Kampf gewonnen ist, ernsthafte Probleme aufwirft. Das gängige Science Fiction-Thema, daß fortschrittliche Rassen außer unserer eigenen durchwegs als sanft, gütig und moralisch gelten, scheint auf einer völlig falschen Auffassung vom Wirken der natürlichen Selektion zu beruhen.

Die genaue Bedeutung der Intelligenz für das Überleben läßt sich schwer einschätzen, aber es ist klar, daß jede Rasse, die sich an interstellarer Kommunikation beteiligen will, eine gewisse Fähigkeit zur Herstellung von Werkzeugen besitzen muß. Wir dürfen deshalb davon ausgehen, daß sie intelligent sein wird. Obwohl wir auch nicht mit Sicherheit sagen können, welche Evolutionsschritte zurückgelegt sein müssen, damit am Ende des Weges intelligente Wesen stehen, läßt sich doch eine Reihe von Ereignissen erkennen, die in dieser Beziehung für die menschliche Rasse von Bedeutung gewesen sind; nachfolgend die sechs Vorgänge, die wir für entscheidend halten.

Die Entstehung einer sauerstoffhaltigen Atmosphäre

Als die Erdatmosphäre vor 1 bis 2 Milliarden Jahren ihre große Umwälzung erlebte, gingen viele der Lebensformen zugrunde, die es bis dahin gegeben hatte. Für sie war Sauerstoff Gift. Diejenigen aber, die sich der neuen Atmosphäre anzupassen vermochten, waren in der Lage, die vermehrte Energie, die durch chemische Reaktionen mit Sauerstoff entstand, zu nutzen. Die Tatsache, daß sie die verfügbare Nahrung besser verwerten konnten, verschaffte ihnen einen Vorteil gegenüber jenen Organismen, die Sauerstoff nicht brauchen konnten. Die Energieanforderungen eines Organs von der Art des Gehirns sind so hoch, daß sie nur durch Reaktionen in Verbindung mit Sauerstoff erfüllt werden können. In diesem Sinn ist Anpassung an einen Sauerstoff-Metabolismus der erste Schritt auf dem Weg zur Intelligenz.

Der Weg an Land

Sobald in der Atmosphäre Sauerstoff erscheint, entsteht eine Ozonschicht – Moleküle, die aus drei Sauerstoffatomen bestehen. Diese Schicht absorbiert den größten Teil ultravioletter Strahlung der Sonne. Damit werden die ökologischen Nischen verfügbar, die den Landbewohnern vorbehalten sind. Auf der Erde tauchten die ersten Landtiere vor rund 300 Millionen Jahren auf; die Pflanzen gab es schon etwas früher. Der Schritt an Land ist aus zwei Gründen wichtig: Erstens neigen Lebensformen, die Meere bewohnen, aus Gründen, die wir später darlegen werden, weniger als Landbewohner dazu, sich für Astronomie zu interessieren und interstellare Kommunikation anzustreben; zweitens hat es den Anschein, daß alle Lebensformen auf der Erde, die wir als hochintelligent bezeichnen würden, Landbewohner sind. Sogar Tiere, die heute im Meer leben, wie die großen Wale und die Delphine, haben sich auf dem Land entwickelt und sind ins Meer zurückgekehrt. Wir dürfen vermuten, daß die sich rasch wandelnde und damit streßreichere Umwelt an Land die Vorteilhaftigkeit von Intelligenz erhöht. Vielleicht ist das Leben im Meer einfach zu leicht.

Die Steuerung der Körpertemperatur

Da die chemischen Prozesse im Gehirn stark von der Temperatur abhängen, gestattet die Fähigkeit einer Lebensform, eine gleichbleibende Körpertemperatur aufrechtzuerhalten, dem Gehirn, rund um die Uhr zu arbeiten. Der Organismus braucht den Tag nicht damit zu beginnen, daß er sich in die Sonne legt, um seine Körpertemperatur aufzuheizen. Der selektive Vorteil der Warmblütigkeit liegt deshalb nahe – der Vogel, der früh aufsteht, fängt die Echse.

Die Entwicklung von Händen und Augen

Wie wir später sehen werden, wiegt ein Bild buchstäblich Zehntausende von Wörtern auf. Daß wir in einer Welt von Licht leben, bedeutet: Unser Gehirn erhält im Bruchteil einer Sekunde soviel visuelle Information, wie dieses ganze Buch enthält. Einfache Gehirne beachten einen großen Teil dieser Eingaben überhaupt nicht. Ein Frosch versucht alles Bewegte von der richtigen Größe zu fressen. Das Essen wird offenbar umso schmackhafter, je besser man sieht. Die Güte der Kost scheint von der Sehfähigkeit abzuhängen.

Sobald neben den Augen dann Manipulationsorgane, etwa Hände, auftreten, macht sich ein starker Drang geltend, die Entwicklung des Gehirns ebenso zu beschleunigen wie die des erwähnten Organs. Man kann schließlich sogar mit großem Elan von Baum zu Baum schwingen, wenn die Koordination zwischen Händen und Augen ausreicht, und kann auf diese Weise Raubtieren entgehen, die über große Gehirne verfügen.

Der Gebrauch von Werkzeugen

Zuletzt wird es vorteilhafter, die Hände für andere Zwecke zu verwenden, als an Lianen durch den Urwald zu hangeln. Das Gehirn reicht jetzt aus, um mit großen, nun aber vergleichsweise dummen Raubtieren fertigzuwerden. Die ersten Hominiden mit aufrechtem Gang erschienen vor etwa 4 Millionen Jahren in den Ebenen Afrikas. Freie Hände und das Gehirn ermöglichten den Gebrauch von Werkzeugen. Der Körper war nicht mehr auf sich selbst beschränkt und wurde in mancher Beziehung von den Belastungen biologischer Evolution frei. Da, zum Beispiel, Nahrung zerschnitten und verarbeitet werden konnte, fiel die Notwendigkeit weg, starke Kaukiefer zu entwickeln.

Die Entwicklung sozialer Strukturen

Sozialstrukturierung als solche führt nicht unbedingt zu höherem Intellekt; man denke an Ameisen und Bienen. Aber ihr Aufkommen bei Tieren von stark erweiterter Gehirngröße diente als zusätzlicher Anstoß für die Gehirnentwicklung. Gruppen denkender Tiere vermochten bei Jagd und Raubtierabwehr zusammenzuwirken. Dabei erlangte wohl auch die Sprache ihren Überlebenswert. Ein Nebennutzen von sozialer Strukturierung ist, daß die Gesellschaft für die Jungen sorgen kann. Da das direkte physische Überleben der Jungen weniger gefährdet ist, setzt sich die Evolution auf anderen Wegen fort. Eine lang dauernde, abhängige Kindheit läßt Raum für die Entwicklung des Gehirns.

Wie könnte fortgeschrittene Intelligenz aussehen? Das Gehirn und seine Zukunft

Vielleicht können wir uns eine Vorstellung davon machen, wie fortgeschrittenes Leben aussehen könnte, wenn wir uns mit dem menschlichen Gehirn befassen und uns überlegen, welche Veränderungen die Zukunft bringen mag. Man ist sich ja im Wesentlichen darin einig, daß das Einzigartige an der menschlichen Intelligenz im Neocortex liegt – also in der äußersten Gehirnschicht.

Vor 18000 Jahren verschafften die neuen Klimabedingungen im Verein mit der Vergletscherung der Erde den Wesen mit den bestentwickelten Gehirnen einen Konkurrenzvorteil. Mit anderen Worten: Die natürliche Zuchtwahl hatte Zeit, sich auszuwirken. Seit der Gründung fortgeschrittener Gesellschaften ist das jedoch nicht mehr der Fall. Die 5000 Jahre seit dem Beginn der geschriebenen Geschichte haben eine gewaltige Veränderung der menschlichen Umwelt erlebt, aber das ist ein viel zu kurzer Zeitraum, als daß natürliche Selektion sich hätte auswirken können. Wir stehen vor den Problemen des 20. Jahrhunderts mit Eiszeit-Gehirnen. Der Ursprung dieses Problems ist von solcher Allgemeingültigkeit, daß man sich vorstellen könnte, auch andere fortgeschrittene Lebensformen könnten sich einem ähnlichen Dilemma gegenübersehen. Das Problem läßt sich praktisch von zwei Seiten anpacken. Der eine Weg ist die Anwendung genetischer Manipulation, um das Gehirn selbst zu verbessern. Diese Möglichkeit wird uns innerhalb der nächsten zwanzig Jahre gewiß offenstehen, sollten wir sie nutzen wollen. Die zweite Möglichkeit ist die, künstliche Intelligenzhilfen zu entwickeln. Beim Menschen würde das den stärkeren Gebrauch von Computern bedeuten. In beiden Fällen gilt aber eines: Wenn wir davon sprechen, daß Intelligenz «verbessert» werden soll, meinen wir das rein mechanische Problem der Informationsverarbeitung. Die ethisch-moralischen Verbesserungen, die solche Fortschritte begleiten mögen oder auch nicht, sind viel weniger auffällig, und wir könnten wenig Originelles zu einer Diskussion darüber beitragen.

Einige einfache physikalische Grundsätze lassen sich aber dazu verwenden, über die Grenzen einer Verbesserung des Gehirns zu sprechen. Wenn das Gehirn als Logikaggregat funktionieren soll, muß es möglich sein, von einer Seite des Gehirns zur anderen über Nervenbahnen ein Signal innerhalb eines Zeitraums zu senden, der, verglichen mit der Zeit, die ein Teilelement des Gehirns zur Signalverarbeitung benötigt, kurz ist. Wenn das nicht der Fall wäre, wüßte nämlich eine Gehirnseite nicht, was die andere tut. In der Fachsprache – wir wollen das später genauer definieren – heißt dieser Verarbeitungszeitraum «Schaltzeit». Im menschlichen Gehirn beträgt sie etwa 0,001 Sekunden. Da die Geschwindigkeit, mit der Signale sich im Gehirn fortpflanzen, vom chemischen Aufbau der Nervenzellen abhängt, dürfen wir diesen Wert als absolute Grenze für die Größe von Gehirnen unserer Art ansehen.

Das menschliche Gehirn hat, wie man weiß, diese Grenze schon fast erreicht. Das heißt: Wir dürfen von genetischer Manipulation nicht erwarten, daß sie die Gehirngröße erheblich steigern kann. Ein Faktor 2 wäre möglich, viel mehr aber nicht.

Die jetzige Grenze für die Hirngröße wird bedingt durch die doppelte Voraussetzung, daß der Kopf eines Neugeborenen ohne Schwierigkeiten durch den Geburtskanal gelangen und daß das weibliche Fortpflanzungssystem so angelegt sein muß, daß schwangere Frauen mühelos gehen und sich bewegen können. Als Männer haben wir mit diesem Vorgang wenig Erfahrung aus erster Hand, würden diese Grenze also nicht als wirklich grundlegend ansehen. Freilich ist uns klar, daß ein beträchtlicher Teil der Menschheit dieser Auffassung kaum zustimmen wird.

Zur Zeit wird die durch Geburt gesetzte Grenze teilweise dadurch umgangen, daß ein erheblicher Teil der menschlichen Gehirnentwicklung nicht im Mutterleib, sondern innerhalb der ersten neun Lebensmonate stattfindet. Genetische Verbesserungen in dieser Hinsicht müßten darauf abzielen, Kinder zwar mit derselben Hirngröße wie heute zur Welt zu bringen, aber eine längere Entwicklungszeit nach der Geburt vorzusehen. Das dürfte zwar möglich sein, ist vom Soziologischen her aber wohl nicht sonderlich verlockend. Wer möchte schon zehn Jahre lang Windeln wechseln? Denkbar sind auch andere Wege, biologisch größere Gehirne zu entwickeln – etwa dadurch, daß man den Fötus außerhalb des Mutterleibs aufzieht – ohne daß dergleichen vom heutigen Standpunkt aus in irgendeiner Hinsicht als lohnend erschiene.

Dagegen unterliegt künstliche Intelligenz keinen biologischen Beschränkungen solcher Art. Wir können über Intelligenz sogar sehr viel lernen, wenn wir begreifen, wie ein Computer arbeitet.

Ein Computer ist ein Gerät, das Information verarbeitet. Das Wort «Information» hat im Alltagsgebrauch vielerlei Bedeutung, im Zusammenhang mit Computern jedoch einen ganz bestimmten Sinn. Computer arbeiten mit einem binären Zahlensystem, das aus nur zwei Ziffern besteht – aus 0 und 1. Wenn wir binär zu zählen beginnen, lauten die beiden ersten Zahlen 0 und 1, wie in dem uns vertrauteren Dezimalsystem auch. Die Zahl 2 wird im Binärsystem jedoch mit 10 wiedergegeben. Man kann sich das folgendermaßen verdeutlichen: Sobald man 0 und 1 verwendet hat, gibt es keine weiteren Ziffern mehr. Eine neue Zahl läßt sich nur dadurch ausdrücken, daß man zur nächsten Kolonne übergeht. Dasselbe geschieht ja auch beim Dezimalsystem – sobald wir bei 9 angelangt sind, haben wir alle Ziffern verbraucht, die nächste Zahl ist 10.

Beispiel für eine Binärverschlüsselung

a	000000	A	011010	1	110100
b	000001	B	011011	2	110101
c	000010	C	011100	3	110110
d	000011	D	011101	4	110111
e	000100	E	011110	5	111000
f	000101	F	011111	6	111001
g	000110	G	100000	7	111010
h	000111	H	100001	8	111011
i	001000	I	100010	9	111100
j	001001	J	100011	0	111101
k	001010	K	100100	.	111110
l	001011	L	100101	,	111111
m	001100	M	100110		
n	001101	N	100111		
o	001110	O	101000		
p	001111	P	101001		
q	010000	Q	101010		
r	010001	R	101011		
s	010010	S	101100		
t	010011	T	101101		
u	010100	U	101110		
v	010101	V	101111		
w	010110	W	110000		
x	010111	X	110001		
y	011000	Y	110010		
z	011001	Z	110011		

Die in jeder Aussage enthaltene Information wird so definiert: Sie entspricht der Zahl von Binärziffern, die man benötigt, um die Aussage wiederzugeben. Information wird in «Bits» gemessen, das ist eine Abkürzung von «binary digit», also «Binärziffer». Die Zahl 2, nach dem Binärsystem geschrieben, enthält zwei Bits Information. Das Alphabet besteht aus 26 Buchstaben. Nehmen wir die 26 Großbuchstaben, zehn Ziffern und zwei andere Zeichen, etwa für Punkt und Komma dazu, dann benötigen wir insgesamt 64 Zeichen, um einen Satz wiedergeben zu können. Da $2^6 = 64$, braucht man sechs Bits, um einen einzigen Buchstaben wiederzugeben. Wir sagen deshalb, ein Buchstabe enthalte sechs Bits Information. Obenstehende Tabelle zeigt das Beispiel eines Alphabets in Binärsprache.

Mit diesem Binärcode könnten wir Extraterrestriern etwa Folgendes als unsere erste Botschaft senden:

100001/000000/001011/001011/001110/111111/ 011111/010001/000100/010100/001101/000011/000100/ 111110

Die binäre Ausdrucksform für Information ist entstanden, weil Maschinen leicht damit umgehen können. Eine Glühbirne, die entweder ein- oder aber ausgeschaltet ist, kann als Beispiel für ein Gerät dienen, das ein Bit Information zu speichern vermag. Wir teilen dabei dem «Aus» die 0 und dem «An» die 1 zu. Dann könnte man sechs Glühbirnen der Reihe nach aufleuchten und erlöschen lassen, um die obige Nachricht wiederzugeben. Ein Beobachter könnte die in jeder Glühbirne enthaltene Information daran erkennen, ob sie ein- oder ausgeschaltet ist. In modernen Computern wird Information durch elektronische Schalter gespeichert, die entweder «offen» oder «geschlossen» sind, oder durch Magnetkörnchen, eingebettet in ein Band. Diese können entweder den Zustand «Nordpol oben» oder «Nordpol unten» haben.

Mancher wird meinen, es gäbe sicherlich einfachere Methoden, Sprache in Signale umzuwandeln. Das ist richtig. Jeder frühere Pfadfinder wird sofort an das Morsealphabet denken. Das bekannte Strich-Punkt-Strich-System des Morsealphabets ist aber nicht binär. Für jedes Bit gibt es drei mögliche Werte – Punkt, Strich und Pause. Das internationale Morsealphabet enthält Symbole bis zu sechs Bits. So wird etwa die Klammer durch Strich Punkt Strich Strich Punkt Strich ausgedrückt. Das heißt: Ein Buchstabe wie das «e» (ein Punkt) wäre in Wirklichkeit als Pause Pause Pause Pause Pause Punkt zu verstehen. Das Morsealphabet ist, was terrestrische Kommunikation angeht, zwar viel leistungsfähiger als das oben vorgeführte Binäralphabet, aber für den Kontakt mit Außerirdischen wird man es vermutlich nicht verwenden.

Es ist interessant, den Informationsgehalt von manchem festzustellen, was uns vertraut ist. Ein Durchschnittswort umfaßt 6 Buchstaben oder $6 \times 6 = 36$ Informationsbits. Ein Buch von 500 Seiten zu je 500 Wörtern enthält 500 Seiten $\times$ 500 Wörter je Seite $\times$ 36 Bits je Wort oder ungefähr 10^7 Bits.

Mit dieser Zahl können wir den Informationsbestand einer Zivilisation wie der unsrigen schätzen. Eine große öffentliche oder eine Hochschul-Bücherei umfaßt rund eine Million Bände. 10 Millionen Bände entsprächen bereits einer sehr großen Bibliothek. Man könnte behaupten, ein Großteil der Information, die wir über unsere Kultur vermitteln wollten, sei in einer solchen Bibliothek enthalten. Demzufolge beträgt der Informationsgehalt unserer Gesellschaft 10^7 Bücher $\times 10^7$ Bits je Buch $= 10^{14}$ Bits. Wer sich mit SETI befaßt, benützt eine Maßeinheit, die ein «Hellas» genannt wird. Darunter versteht man die Informationsmenge, die uns von den alten Griechen vermittelt worden ist – ein Hellas $= 10^9$ Bits.

Mit dem Binärsystem kann man auch andere Informationssysteme wiedergeben. Optische Signale enthalten eine riesige Informationsmenge. Ein Farbfernsehbild besteht aus winzigen Bildelementen – etwa 500 Zeilen zu je 500 unabhängigen Bildelementen, im Englischen «picture elements», was zu «pixels» verkürzt wird. Jedes Pixel enthält in drei Farben Information über den Helligkeitsgrad. Dieser Grad kann durch eine Ziffer von 1 bis 10 wiedergegeben werden. Die Information im Pixel kann beschrieben werden durch $3 \times 10 = 30$ Zahlen, also etwa 2^5. Jedes Pixel enthält 5 Bits Informationen. Es gibt 500×500 Pixel, in einem Bild also rund 10^6 Informationsbits. Fernsehsendungen übermitteln in der Sekunde 30 Bilder. In einer Sekunde Fernsehen verarbeitet das Gehirn $30 \times 10^6 = 3 \times 10^7 = 3$ Bücher. Das Gehirn vermag optische Informationen offenbar viel besser zu verarbeiten als Wörter.

Genetische Information ist im DNA-Molekül gespeichert, dessen Doppelstrangform Reproduktion zuläßt. Die Informationsspeicherung geschieht anscheinend durch die Anordnung der vier Basen, die Verbindungsglieder zwischen den Strängen sind. DNA ist ein Riesenmolekül; es hat Platz für etwa 4×10^9 Basen. Da es $4 = 2^2$ mögliche Basen gibt, kann die DNA $2 \times 4 \times 10^9$ oder rund 10^{10} Bits Information speichern.

Das Gehirn speichert und verarbeitet Information auf elektrochemische Weise. Das menschliche Gehirn besteht aus etwa 10^{10} bis 10^{11} Neuronen. Jedes von ihnen ist an ungefähr 10^3 Kreuzungspunkten oder Synapsen mit benachbarten Neuronen verbunden. Das heißt: Das Gehirn kann insgesamt $10^3 \times 10^{11}$ Informationsbits speichern. Da das Gehirn rund 1400 Gramm wiegt, enthält ein Gramm Gehirnmasse soviel Information wie ein DNA-Molekül. Dieser Vergleich zeigt, warum ein Tiergehirn ziemlich groß sein muß, bevor es soviel Wissen übernehmen kann, wie es erbt.

Ein wichtiger Grenzwert für die Funktion jedes logischen Systems ist die Schaltzeit. Sie wird definiert als die Zeit, die nötig ist, um die an einem Punkt des Systems gespeicherte Information zu verändern. Bei unserem Beispiel mit den Glühbirnen würde die Schaltzeit also der Zeit entsprechen, die erforderlich ist, um irgendeine der Lampen ein- oder auszuschalten. Die Grenze dafür, wie schnell die Schaltzeit sein kann, wird durch die Zeit gesetzt, die der Wolframfaden in der Glühbirne braucht, um sich zu erwärmen und aufzuleuchten, sobald der elektrische Strom fließt. Im Gehirn bestimmt sich die Grenze durch die chemischen Reaktionen in den Synapsen. Man schätzt die Zeit auf etwa 0,001 Sekunden. In einem gängigen Computer wird die Schaltzeit durch die Geschwindigkeit begrenzt, mit der Elektronen einen Halbleiter durchlaufen können. Sie beträgt etwa 10^{-7} Sekunden. Man hält Schaltzeiten um 10^{-9} Sekunden für erreichbar.

Trotz des enormen Geschwindigkeitsvorsprungs des Computers gegenüber dem Gehirn folgt daraus nicht, daß Computer in jeder Beziehung besser wären. Das Gehirn leistet besonders viel auf dem Gebiet der Bildverarbeitung. Um das festzustellen, braucht man nur die andere Zimmerseite ins Auge zu fassen und dann den Kopf schiefzulegen. Das Zimmer bleibt aufrecht stehen. Das Gehirn regelt das Bild ein, um die Bewegung auszugleichen. Um Vergleichbares zu leisten, müßte der Computer die Information in jedem Pixel zum nächsten verschieben, eines nach dem anderen, genau der Reihe nach. Bei 10^{-7} Sekunden pro Bewegung würde der Computer etwa 2×10^{-2} Sekunden brauchen, um das ganze Bild zu drehen. Würde das Gehirn genauso arbeiten, also mit 10^{-3} Sekunden pro Bewegung, dann müßte es

200 Sekunden arbeiten, um das Bild anzupassen. Die Welt wäre wahrlich ein seltsamer Ort, wenn es bei jeder Kopfbewegung 3 Minuten dauern sollte, bis das Bild wieder geradesteht.

Dafür arbeitet der Computer bei der Erfüllung von Routineaufgaben, wo es um Speicherung, Wiedergewinnung und Verarbeitung von Informationen geht, viel schneller als das Gehirn. Das ist der Grund dafür, daß er in Wirtschaft und Wissenschaft eine so bedeutende Rolle spielt. Derzeit ist der Computer lediglich eine großartige Ergänzung für das erste Werkzeug des Denkens, die Schriftsprache. Werkzeuge für den Körper befreiten den Körper zum Teil vom Druck der natürlichen Auswahl. Der Computer könnte dasselbe für das Gehirn leisten. Man wird immer mehr Computer einsetzen, um das Gehirn bei solchen Aufgaben zu unterstützen, die es weniger gut leistet. Einer von uns (R. T. R.) hat die Algorithmen der Arithmetik aus der Oberschule fast völlig vergessen und ist dem Taschenrechner verfallen. Er liegt übrigens in Griffweite, während das hier niedergeschrieben wird, für den Fall, daß zwei Zahlen miteinander multipliziert werden müssen.

Was die Zukunft der Intelligenz betrifft, so sind wir der Meinung: Die größte Wahrscheinlichkeit spricht für einen Weg der Menschheit, auf dem unsere Eiszeit-Gehirne zur Erledigung der Aufgaben, wo Unterstützung erforderlich ist, auf Computer zurückgreifen. Wir können uns vorstellen, daß zu diesem Zweck «bionische» Computer in den menschlichen Körper eingepflanzt werden. In der überschaubaren Zukunft wird es aber kaum eine Veränderung unseres biologischen Gehirns geben. Wenn wir von der Vermutung der Durchschnittlichkeit ausgehen, sehen wir, daß jede extraterrestrische Rasse, der wir begegnen könnten, wohl ebenfalls mit einer Art Eiszeit-Gehirn ausgestattet sein wird. Eine Situation, die für beide Seiten eine gewisse Gefahr in sich bergen könnte.

Entwicklung technischer Gesellschaften

Mit dem Aufkommen sozialer Strukturierung und der Sprache tritt in der Art und Weise der Evolution eine bedeutsame Veränderung ein. Vorher war die einzige wichtige Informationsübertragung von einem Organismus zum anderen genetischer Art. Es gab für das Gehirn keinen Grund, die Fähigkeit zu erwerben, mehr an Informationen zu speichern und zu verarbeiten, als man innerhalb einer Lebensspanne lernen konnte. Das Wissen, das ein Schimpansengenie erlangt haben mag, starb wieder mit ihm. Durch die Sprache konnte nun aber ein wichtiger Teil vom Gesamtwissen der Gemeinschaft an ein neues Mitglied weitergegeben werden. Auf diese Weise vermochte sich Wissen rasch zu vermehren.

Die Evolution wird in hohem Maß zu einer solchen von Gesellschaften statt von Organismen. Vielleicht findet sich hier eine Parallele zur Entwicklung der Vielzeller. Jede Art von zentraler, koordinierter Kontrolle verschafft einen klaren Vorteil. Spezialisierung stellt sich von selbst ein. Dominieren werden vor allem jene Gesellschaften, die ihre Umwelt am besten beherrschen.

Die Vorteile von Zentralisierung und Spezialisierung sind so bedeutsam, daß wir zu folgendem Schluß kommen: Es spricht eine hohe Wahrscheinlichkeit dafür, daß viele intelligente Lebensformen irgendeine Art von Gesellschaft, Technologie und sozialer Strukturierung entwickeln werden. Gesellschaft und Technologie scheinen sich auf wichtigen Gebieten gemeinsam zu entwickeln. In unserer Geschichte können wir das von der Entwicklung der Landwirtschaft, die den Bau von Städten ermöglichte, bis zur heutigen Explosion auf dem Gebiet der Kommunikations-Technologie verfolgen, die in fortgeschrittenen Zivilisationen dem Einzelnen die ganze Welt zugänglich macht.

Der Wunsch nach Kommunikation

Die Tatsache, daß eine Zivilisation die Fähigkeit entwickelt, interstellare Kommunikation zu betreiben, ist keine Garantie dafür, daß sie das auch wirklich tun wird. Wenngleich es offenbar unmöglich ist, eine zahlenmäßige Schätzung der Auswirkungen dieser Tatsache auf die Green Bank-Gleichung vorzulegen, können wir uns doch der menschlichen Erfahrung bedienen, um ein paar vorläufige Schlußfolgerungen zu ziehen.

Unser Interesse an Extraterrestrischen rührt zum großen Teil von unserer uralten Faszination durch die Sterne her. Läge die Erde ein wenig näher an der Sonne, so wäre sie für die Dauer der wenigen Millionen Jahre, seit es den Homo sapiens gibt, vollständig und ununterbrochen von Wolken eingehüllt gewesen. Auch Wesen, die im Meer leben, können die Sterne nicht sehen. Ob sich bei Geschöpfen, die sie nicht unmittelbar wahrnehmen können, ein ebensogroßes Interesse an den Sternen entwickelt hätte? Jedes Interesse solcher Wesen an den Sternen würde wohl dem unsrigen für Atomphysik und Zellphysiologie entsprechen – eine anregende geistige Beschäftigung, aber innerlich wird man nicht gepackt.

Sehr wahrscheinlich, daß Wesen in Umwelten, wo die Sterne den Sinnen nicht unmittelbar zugänglich sind, kein so großes Interesse an Astronomie und interstellarer Kommunikation aufbringen werden wie Wesen unserer Art. So würden Zivilisationen auf einem Planeten mit dichter Wolkenhülle weniger leicht auf den Gedanken kommen, unseren Empfangsgeräten Signale zukommen zu lassen, als wir gerne glauben möchten.

Bei der Frage nach dem Wunsch zur Kommunikation gibt es noch einen anderen Aspekt. Wir maßen uns nicht an, erklären zu wollen, woran es liegt, daß menschliche Wesen etwas über andere Zivilisationen erfahren und die anderen über uns informieren möchten. Wir wollen nur darauf hinweisen, daß kein Grund zu der Vermutung besteht, dem sei überall so.

Einer der Verfasser (J.S.T.) ist jahrelang Amateur-Bienenzüchter gewesen. Wir wissen also aus erster Hand etwas über eine fremde Gesellschaft, auch wenn ihre Angehörigen nicht sonderlich intelligent sind. Es fällt schwer, das Gefühl völliger Fremdheit zu beschreiben, das sich beim

Öffnen eines Bienenkorbs einstellt. Die Bienen gehen ihren Geschäften nach und beachten die Vorgänge in der Außenwelt überhaupt nicht – es sei denn, man tut etwas, um die Aufmerksamkeit der Wächterbienen zu erregen. Für den Bienenhalter interessieren sie sich nicht im mindesten. Sie *riechen* sogar fremdartig. Wenn wir uns miteinander verständigen könnten, wüßte keine der beiden Seiten, worüber man sich unterhalten sollte. Es ist gar nicht schwer, sich eine auf dem Schwarmprinzip aufgebaute Zivilisation vorzustellen, in der sich Technologie und Intelligenz entwickeln, ohne daß man auch nur eine Spur von Interesse an anderen Lebensformen hätte.

Angesichts dieser Punkte sind wir der Ansicht, daß in die Green Bank-Gleichung ein zusätzliches Glied aufgenommen werden sollte, das wir mit f_d bezeichnen und als die Wahrscheinlichkeit definieren möchten, daß eine technologische Zivilisation den Wunsch haben wird, einen Kommunikationsversuch zu unternehmen.

Lebensdauer von kommunikationsfähigen Gesellschaften

Das letzte Glied in der Green Bank-Gleichung ist jenes, von dem wir am wenigsten wissen. Die Zahl, die wir genannt haben, kann zwischen 100 und einer Milliarde Jahren liegen, je nachdem, wie optimistisch wir sein wollen.

Der erste Versuch, die möglichen Werte für L systematisch zu untersuchen, wurde 1961 von Sebastian von Hoerner am National Radio Astronomy Observatory in der Zeitschrift «Science» unternommen. Er sieht vier verschiedene Wege, die eine Zivilisation gehen könnte, sobald die Stufe der Kommunikationsfähigkeit erreicht ist. Das sind

1. völlige Vernichtung, etwa durch einen Atomkrieg
2. Vernichtung nur der höheren Lebensformen
3. Verfall der Zivilisation
4. Nachlassendes Interesse

In der Tabelle führen wir diese vier Möglichkeiten mit von Hoerners Schätzungen für die Dauer der Kommunikations-

	L (Jahre)	Wahrscheinlichkeit
völlige Vernichtung	100	0,05
Vernichtung höheren Lebens	30	0,60
Verfall	30000	0,15
Nachlassendes Interesse	10000	0,20

zeit und den Wahrscheinlichkeitsgrößen für die einzelnen Möglichkeiten an.

Wie von Hoerner selbst betont, verbirgt sich hinter der Aufstellung solcher Zahlenreihen stets ein gewisses Maß an Subjektivität. Die hohe für Selbstvernichtung unterstellte Wahrscheinlichkeit, zum Beispiel, ist bei einem zu Anfang der sechziger Jahre geschriebenen Artikel begreiflich, weil der Kalte Krieg damals auf seinem Höhepunkt war. Heutige Autoren könnten auf unseren Erfolg verweisen, in den beiden letzten Jahrzehnten die atomare Vernichtung vermieden zu haben, und dieser Möglichkeit eine geringere Wahrscheinlichkeit beimessen. Übrigens muß es nach von Hoerners Meinung auch eine Grenze dafür geben, wie lange eine Zivilisation versuchen wird, Kontakt aufzunehmen; die Wahrscheinlichkeit, sie werde während der gesamten Lebensdauer eines Sterns Signale aussenden, wird mit Null angesetzt. Wir schließen uns dieser Meinung an, allerdings unter der Voraussetzung, daß niemals Antwortsignale eintreffen.

Einige einfache statistische Angaben führen zu von Hoerners Schätzung von L, der durchschnittlichen Kommunikationszeit, mit 6500 Jahren. Sollten wir in der Tat einen Kontakt herstellen, dann dürfte dies aller Wahrscheinlichkeit nach bei einer Zivilisation der Fall sein, die Signale seit 12000 Jahren aussendet. Die Wahrscheinlichkeit, daß diese Zivilisation aus einer ehemaligen Kultur wiedererstanden ist, die entweder verfiel oder vernichtet wurde, beträgt 75 Prozent.

Wir sollten noch auf eines verweisen: Der Unterschied zwischen dem Mittelwert für L und dem Alter der ersten Zivilisation, die Kontakt aufnimmt, rührt daher, daß wir

	L (Jahre)	Wahrscheinlichkeit
völlige Vernichtung	100	05
Vernichtung höheren Lebens	30	0,20
Verfall	30000	0,35
Nachlassendes Interesse	10000	0,40

wohl weit eher eine Zivilisation «hören» werden, die länger sendet, als das Mittel vorsieht. Diese Art von Effekt, daß nämlich die wahrscheinlichste Kontaktzivilisation älter sein wird als dem Mittel entspricht, kennt man aus der Statistik.

Wir tragen unsere eigene, ebenso subjektive, Ansicht zu den verschiedenen Wahrscheinlichkeitsgrößen in der obigen Tabelle vor.

Danach führt die statistische Annahme, von der von Hoerner ausging, zu einem Wert L = 14500 Jahre. Die erste Zivilisation, mit der Kontakt zustandekommt, ist demnach 23000 Jahre alt, die Wahrscheinlichkeit, daß sie eine «regenerierte» ist, beträgt 55 Prozent.

Wie man sieht, kann man gewisse Schätzungen zur Lebensdauer von Kommunikationsversuchen abgeben, so vage sie auch sein mögen.

Folgen für ETI

Den Verfassern fällt es schwer, sich eine Umwelt vorzustellen, in der Intelligenz keinen Überlebenswert besäße. Auf Anhieb würden wir deshalb sagen, die Wahrscheinlichkeit für f_i, daß Leben also Intelligenz entwickeln wird, entspricht 1. Der Sinn dieser Analyse besteht aber darin, die Zahl der Kommunikation anstrebenden Zivilisationen in der Galaxis zu schätzen. Demzufolge darf f_i sich nicht auf Intelligenz im allgemeinen beziehen, sondern nur auf eine Form von Intelligenz, die mindestens so fortgeschritten ist wie unsere eigene. Man kann sich mühelos einen Planeten vorstellen, auf dem die dominierende Lebensform dieses Attribut nicht besitzt. Bis vor ganz kurzer Zeit hat sich unser eigener Planet noch in diesem Zustand befunden. Wir können folgende Spekulation anstellen: Wären die Dinosaurier ein wenig klüger gewesen und hätten das Wetter (oder ein verirrter Asteroid) besser mitgespielt, dann gäbe es sie heute vielleicht immer noch.

Wir haben ferner behauptet, der Weg an Land sei für die Entwicklung von Intelligenz wichtig gewesen. Sollte aus irgendeinem Grund das Vorhandensein von Gezeitenbecken für diesen Prozeß entscheidend gewesen sein – vielleicht als eine Art Zwischenstufe – so könnte nur auf Planeten, die von einem großen Satelliten begleitet werden, hochintelligentes Leben entstehen. Diese Situation läßt sich vergleichen mit derjenigen, die wir im Rahmen der chemischen Evolution in Kapitel 5 besprochen haben.

Angesichts dieser Einwände setzen wir für f_i bei der optimistischen Betrachtungsweise einen Wert von 1, bei zurückhaltender einen von 0,5 und bei pessimistischer einen sehr niedrigen.

Ähnlich kann man f_c angehen, also die Wahrscheinlichkeit, daß eine Technologie in Erscheinung tritt, die zu interstellarer Kommunikation fähig ist. Vom optimistischen Standpunkt aus könnten wir behaupten, Technologie sei ein so hoher Überlebenswert, daß eine intelligente Lebensform sie stets entwickeln wird. Andererseits können wir uns aber auch intelligente Lebensformen vorstellen, die einfach keine Werkzeuge brauchen. Gäbe es, zum Beispiel, einen Planeten, völlig von einem Ozean bedeckt, auf dem die höchste Lebensform unserem großen Wal entspräche, so spricht wenig dafür, daß eine Technologie entstehen würde. Für das Überleben wäre sie einfach nicht erforderlich. Falls schließlich irgendeine unübliche Wettereigenschaft, etwa periodisch wiederkehrende Eiszeiten, unabdingbare Voraussetzung für technische Entwicklung sein sollten, könnte die Wahrscheinlichkeitsgröße sehr klein werden. Demzufolge unterstellen wir für f_c optimistisch einen Wert von 1, zurückhaltend einen solchen von 0,5 und pessimistisch einen sehr kleinen.

Wir bewerten den Wunsch zur Kommunikation, sobald eine Hochtechnologie besteht, wie folgt: Vom optimistischen

Standpunkt aus setzen wir $f_d = 1$. Das entspricht der Ansicht, daß jede fortgeschrittene Zivilisation zu irgendeinem Zeitpunkt interstellare Kommunikation versuchen wird. Der pessimistische Standpunkt würde $f_d = 0$ gebieten. Schließlich kennen wir keine zweite Zivilisation, die eine solche Kommunikation versucht hätte, und genau genommen steht immer noch nicht fest, ob überhaupt die unsrige es auf systematische Weise tun wird. Bei zurückhaltender Betrachtung ist f_d mit 0,5 zu bewerten. Das beruht auf unserer Meinung, eine vernünftige Wahrscheinlichkeit spreche dafür, daß eine fortgeschrittene Zivilisation letzten Endes zur Astronomie gelangen und über ETI nachdenken wird.

Letzter Punkt ist die Zeitspanne, die eine Gesellschaft für Kommunikationsversuche aufwenden wird. Optimistisch könnte man sagen: Falls Kommunikation versucht wird und sie Erfolg hat, wird man sie aufrechterhalten, solange die Zivilisation besteht. Vorausgesetzt, es gibt kein Gesetz, das diese Größe begrenzt, würde der Wert für L etwa 10^9 Jahre betragen – das ist die Lebenszeit des Sterns, der die Kommunikationswilligen mit Energie versorgt. Im Prinzip entspricht das der Behauptung, die bei den ersten Debatten über die Green Bank-Gleichung aufgestellt wurde.

Wir glauben allerdings, daß dabei ein wichtiger Faktor übersehen wird. Bei sehr langen Zeiträumen müssen wir die Möglichkeit bedenken, daß interstellare Raumfahrt eine geeignetere Form der Kommunikation wäre als Funkverkehr. In Kapitel 14 werden wir uns mit diesem Thema eingehender befassen. Hier nur der Hinweis, daß bei Anwendung voraussehbarer Technologie eine naheliegende Zeitspanne für die Menschheit, sich in der Galaxis auszubreiten, eine Million Jahre umfaßt. Es ist unwahrscheinlich, daß jemand eine Milliarde Jahre lang Signale aussendet, wenn er sein Ziel innerhalb einer Jahrmillion «in Person» erreichen kann. Wir setzen deshalb den optimistischen Wert für L mit 10^6 Jahren an.

Vom pessimistischen Standpunkt aus könnten wir behaupten, in der gesellschaftlichen Evolution gäbe es ein unauflösbares, eingebautes Dilemma. Nur jene Arten, die so aggressiv sind, daß sie ihre Konkurrenten beseitigen, werden überleben und Gesellschaften entwickeln, aber sobald sie das tun, müssen eben diese aggressiven Instinkte zur Selbstvernichtung führen. Ist das wirklich der Fall, dann können wir L mit 100 Jahren ansetzen, was ungefähr der Zeit entspricht, seit wir uns in einem hochtechnologischen Zustand befinden.

Für unsere zurückhaltende Betrachtung nehmen wir L = 10 000 Jahre. Das ist das Mittel zwischen den höchsten Werten von uns und denen von Hoerners.

Zusammengefaßt: Die drei Möglichkeiten für eine fortgeschrittene Zivilisation, Intelligenz, Technologie und den Wunsch zur Kommunikation zu entwickeln, sehen zusammen mit den wahrscheinlichen Zeitspannen für diese Kommunikation so aus:

Möglichkeit	f_i	f_c	f_d	L (Jahre)
optimistisch	1	1	1	10^6
zurückhaltend	0,5	0,5	0,5	10^4
pessimistisch	sehr klein	sehr klein	sehr klein	10^2

Intermezzo: Das galaktische Jahr

Den Sand die langen Stunden schoben hin und her
John Keats

Der Weg, den die Menschheit bis heute zurückgelegt hat, war lang und mühevoll. Den ganzen Prozeß kann man nach unserer Meinung am besten dadurch erfassen, daß man sich die gesamte Geschichte des Universums auf ein einziges Jahr zusammengedrängt denkt. Dabei findet der Urknall am 1. Januar Mitternacht statt. Den meisten Theorien zufolge entstehen bald danach die Galaxien – ganz gewiß, bevor der erste Tag abgelaufen ist.

Zu dieser Zeit ist unsere eigene Galaxis nichts als eine große Wolke aus «Raumschutt», zusammengehalten von wechselseitiger Anziehung durch die Gravitationskräfte. Sterne entstehen. Die größten davon verbrennen und explodieren innerhalb von 35 Minuten. Ihre schweren Elemente kehren in das Gas zurück, das dann neue Sterne hervorbringt.

Dieser recht eintönige Prozeß zieht sich über den ganzen Winter, Frühling und Sommer des galaktischen Jahres hin. Erst bis zum 11. September entstehen die Sonne und ihr Planetensystem. Der Vorgang selbst nimmt ungefähr eine halbe Stunde in Anspruch. Richten wir unsere Aufmerksamkeit auf die primitive Erde, sehen wir in der Atmosphäre den Urey-Miller-Prozeß beginnen. Es dauert ungefähr 7 Tage, also bis zum 18. September, bis die Ursuppe in den Erdmeeren entsteht.

Vom 18. September bis zum 14. Oktober reicht eine Zeit, über die unser Wissen unvollständig ist – die Periode, in der Polymerisation und Entwicklung einfacher Lebensformen stattfinden. Die fossilen Überreste lassen deutlich erkennen, daß es am 14. Oktober auf der Erde primitive Algen gegeben hat. Die Algen füllen die Meere und geben als Abfallprodukt

Sauerstoff ab. Bis zum 12. November tritt die Oxydierung der Atmosphäre ein, der große Umsturz hat begonnen. Die Erde entgeht um diese Zeit knapp der galoppierenden Vergletscherung, das Leben entwickelt sich weiter. Am 24. Dezember, Weihnachtsabend, verlassen die ersten Lebewesen das Meer und begeben sich an Land. Am 26. Dezember öffnet sich der atlantische Ozean, als Europa und Nordamerika auseinanderstreben.

Das Leben entwickelt seine Wirbeltierformen. Am 29. Dezember gegen Mittag beginnen riesige Reptilien die Erde zu bevölkern. Die Dinosaurier gibt es nur 25 Stunden lang; am 30. Dezember gegen Mittag sind sie ausgestorben. Der Morgen des 30. Dezember bringt auch das erste Auftreten warmblütiger Säugetiere.

Nun beschleunigt sich der Ablauf. Hier eine Liste wichtiger Vorkommnisse am 31. Dezember, Silvestertag unseres galaktischen Jahres.

14.00 Uhr	Der erste Affe steigt von den Bäumen, um sein Glück in der afrikanischen Savanne zu versuchen
15.00 Uhr	In Europa entstehen die Alpen
22.00 Uhr	Homo erectus, der erste Mensch, erscheint auf der Erde
22.12 Uhr	In der nördlichen Halbkugel beginnen die wiederkehrenden Vergletscherungsperioden, die Eiszeiten
23.57 Uhr	In Europa taucht der Neandertaler auf.

Während der Sekundenzeiger den letzten Umlauf auf dem Zifferblatt beginnt, nimmt die Welt ein vertrauteres Aussehen an. Nach achtunddreißig Sekunden der letzten Minute ziehen die Gletscher sich zurück, die Großen Seen entstehen. Zehn Sekunden vor Mitternacht errichtet eine große Schar Menschen am Nil hohe Steinpyramiden. Vier Sekunden vor Mitternacht wird Christus geboren.

Wir können uns die letzte Sekunde des Jahres als den Pendelschlag einer Standuhr vergegenwärtigen. Das Pendel setzt zum Abschwung an, als in Europa die großen Kathedralen erbaut werden. Während das Pendel fällt, leben und sterben Michelangelo, Shakespeare und Isaac Newton. Das

Pendel setzt zum Aufschwung an, während die Dampfmaschine erfunden wird und die industrielle Revolution beginnt. Männer und Frauen in Planwagen durchqueren Nordamerika, Millionen Einwanderer sehen zum erstenmal die Freiheitsstatue. Und während der Zeit, die das Pendel braucht, um das letzte Zehntel seines Bogens zu durchmessen, werden schließlich alle Menschen geboren, die dieses Buch lesen.

Das klingt alles reichlich ernüchternd, unterstreicht aber, was wir schon mehrmals betont haben. Es ist mehr als reichlich Zeit abgelaufen, damit alle Ereignisse, die wir für die Entwicklung von Leben als erforderlich bezeichnet haben, stattfinden konnten.

Am galaktischen Jahr kann man überdies erkennen, um welche Zeiträume es bei verschiedenen wichtigen Abläufen geht. Eine halbe Stunde entspricht der Lebensdauer eines großen Sterns, der Zeit, die das Sonnensystem für seine Entstehung brauchte, und ungefähr jener, seitdem die menschliche Rasse Werkzeuge besitzt. Die geschriebene menschliche Geschichte dagegen wird nach Sekunden gemessen. Mehrere Wochen umfaßt die Zeitspanne, die nötig war, damit sich auf der Erde einfaches und später intelligentes Leben entwickeln konnte. Die Lebensdauer von Sternen wie der Sonne bemißt sich nach Monaten. Unsere eigene Sonne existiert seit etwa vier Monaten und besitzt noch eine ebenso lange Lebenserwartung.

7
Chauvinismen

Chauvinismus: Der Glaube an die Überlegenheit der eigenen Gruppe
(aus einem englischen Wörterbuch)

Der arme, alte Nicolas Chauvin. Ein – gelinde gesagt – begeisterter Anhänger Napoleons, diente er lange und aufopferungsvoll in der kaiserlichen Armee und wurde siebzehnmal verwundet. Der Lohn für seinen Einsatz waren ein Ehrensäbel, ein rotes Ordensband, ein Ruhegehalt von 200 Franken und eine gewissermaßen negative Unsterblichkeit in mehreren Sprachen. Seit seiner Zeit ist sein Name mit allen möglichen, stark gefühlsbestimmten Ansichten verbunden, die vom Patriotismus bis zum Sexismus reichen.

Mancher Leser wird die Verfasser inzwischen selbst als Chauvinisten betrachten, weil wir die Aussichten, daß sich auf anderen Planeten Leben entwickelt, immer stärker einschränken. Unsere Ansichten zu Ursprung, chemischem Aufbau und örtlichem Auftreten von Leben sind in der Tat viel strenger als jene, die andere Autoren in der Literatur zu diesem Thema geäußert haben. Wir vertreten unsere aus Gründen, die weniger mit Emotion als mit der Schlußfolgerung zusammenhängen, daß diese Vermutungen uns von den Gesetzen der Physik aufgezwungen werden. In diesem Kapitel bringen wir einiges vor, um unsere chauvinistischen Anschauungen teilweise zu rechtfertigen.

G-Stern-Chauvinismus

Die Erkenntnisse aus den Kapiteln 2, 3 und 4 zwingen uns zu dem Schluß, daß das Leben nur in Sternsystemen auftreten wird, die einen einzelnen G-Stern besitzen. Entspringt

Leben nicht in irgendeinem Sternsystem selbst, sondern wird es dorthin verpflanzt, dann ist G-Stern-Chauvinismus allerdings ungerechtfertigt. Das gälte dann aber für viele andere Ansichten der herrschenden Lehre. Wir werden uns diese Möglichkeit in Kapitel 14 vornehmen.

Planetarischer Chauvinismus

Wir sind bei unserer Darstellung stillschweigend davon ausgegangen, daß die heute auf der Erde existierenden Lebensformen sich auch hier entwickelt haben, und daß jede ETI im Universum sich ganz unabhängig auf ihrem eigenen Planeten entwickeln müßte. Jedenfalls ist das die vorherrschende Meinung in der Wissenschaft.

Allerdings gibt es Alternativen. Wir können uns vorstellen, daß Leben oder seine Vorläufer irgendwo anders entstanden und später zur Erde gelangt sein könnten. Die älteste Theorie dieser Art wurde 1907 von dem schwedischen Chemiker und Nobelpreisträger S.A. Arrhenius aufgestellt. Nach seiner Meinung besteht die Möglichkeit, daß von Planeten, wo Leben sich entwickelt hatte, Sporen hinausgeschleudert worden sein könnten, um das Leben in der Galaxis zu verbreiten. Dabei würde die Ausbreitung zwischen den Sternen auf ganz ähnliche Weise wie bei Hefe- und Schimmelkulturen auf der Erde geschehen. Leben, das sich auf einem einzigen Planeten entwickelt hat, könnte somit andere Planeten «infizieren»; jeder Planet, auf dem eine Spore landet, würde Leben auf ganz dieselbe Weise entwikkeln, wie ein feuchtes Tuch, das man im Schrank liegenlässt, schimmelig wird. Wegen der für diesen Prozeß unterstellten Universalität spricht man von der Panspermie-Hypothese.

Wir wollen zu dieser Theorie einige Bemerkungen machen. Wenn sie zutrifft, ist die in der Green Bank-Gleichung stillschweigend enthaltene Annahme der unabhängigen Entwicklung von Lebensformen falsch, die gesamte Grundeinstellung der meisten Schriften zu ETI unzutreffend, dieses Buch eingeschlossen. Zweitens läßt diese Hypothese nicht den eindeutigen Gegenbeweis zu, noch nie sei eine Leben tragende Spore auf der Erdoberfläche gelandet.

Dagegen können wir eine Reihe von Punkten vorbringen, die darauf hinzudeuten scheinen, daß das Leben sich wohl kaum auf diese Weise in der Galaxis ausgebreitet hat. Erstens würde eine Spore, die von der Erde kommt, durch die Sonne angezogen werden. Die einzige vorhandene Kraft, die sie aus dem Sonnensystem hinausführen könnte, ist der Druck des Sonnenlichts. Wenn die Spore aber nicht einen Durchmesser unter 10^{-4} cm aufweist, wäre er dieser Aufgabe gar nicht gewachsen. Die Spore müßte also ungefähr zehnmal kleiner sein als die meisten terrestrischen Mikroorganismen. Allerdings gibt es Sporen und Viren, die tatsächlich so klein und sogar noch kleiner sind. Überdies würde jeder bekannte irdische Organismus von der ultravioletten Strahlung der Sonne im Verlauf etwa eines Tages abgetötet werden – mit dieser Strahlung werden in Krankenhäusern übrigens Instrumente sterilisiert.

Unterstellt man, daß eine Spore das Sonnensystem verlassen könnte, so wird sie durch eine Reihe von Zusammenstößen mit Staubpartikeln in der Galaxis weiterfliegen. Bei den Wissenschaftlern spricht man von der «Irrfahrt eines Teilchens». Ganz offensichtlich wird sie, falls ständig Kollisionen vorkommen, länger brauchen, um einen anderen Stern zu erreichen, als auf einer geraden Linie. Diese Tatsache hat zwei bedeutsame Folgen. Erstens würde die Spore rund 10^{11} Jahre brauchen, um die Galaxis zu durchqueren – eine Zeitspanne, länger als das Alter des Universums. Demnach kann der Gedanke, das Leben hätte sich von einem einzigen Zentralpunkt ausgebreitet, einfach nicht zutreffen. So schätzen etwa Shklovskii und Sagan, daß der Ursprungsplanet nicht weiter als 6000 Lichtjahre entfernt gewesen sein darf, wenn die Spore vor 4 Milliarden Jahren auf der Erde eingetroffen sein soll.

Was aber noch bedeutsamer ist: Die durch die Zusammenstöße verlängerte Reisezeit bedeutet, daß die Spore über außerordentlich lange Zeiträume hinweg den Strahlungsgefahren der Weltraumtiefen ausgesetzt ist. Bei einer Durchquerungszeit von, sagen wir, einer Milliarde Jahren würde die Spore kosmische Strahlung im Wert von 10^7 Röntgen aufnehmen. Das ist mehr als ausreichend, um selbst sehr strahlungsimmune Organismen auf der Erde abzutöten.

Nach diesen Einwänden können wir sicher sein, daß die Erde keine Lebensform entsendet, um andere Planeten zu bevölkern. Wir dürfen auch überzeugt sein, daß das andere, erdähnliche Planeten genausowenig tun. Danach bleibt nur noch die Frage, ob es irgendwo einen völlig exotischen Planeten geben könnte, der diese Funktion erfüllt. Auch hier können wir das Gegenteil nicht beweisen. Man muß aber bedenken, daß Organismen, die sich in einer von der Erde kraß verschiedenen Umwelt entwickeln, auf unserem Planeten wohl kaum überleben könnten. Selbst wenn also die Sporen durch den Weltraum die Erde erreichen könnten, würden sie bei ihrer Ankunft kaum eine gastfreundliche Aufnahme finden.

Als letztes erheben wir einen Einwand, der eher philosophischer als wissenschaftlicher Natur ist. Wie wir in den vorigen Kapiteln sehen konnten, gibt es im Rahmen der bekannten physikalischen Gesetze eine völlig vernünftige Erklärung für die Entwicklung von Leben auf der Erde. Es besteht gar keine Notwendigkeit für ein Drehbuch, wie die Panspermie es vorsieht. Und da keinerlei Indizien dafür vorliegen, die genannten Einwände ihr vielmehr in hohem Maße widersprechen, halten wir es für gerechtfertigt, sie unberücksichtigt zu lassen.

Eine Abart der Panspermie-Hypothese wurde vor kurzem von den Astronomen Sir Fred Hoyle und Chandra Wickramasinghe vorgetragen. Sie stützt sich auf eine der erregendsten Entdeckungen der modernen Astronomie in jüngster Zeit – nämlich darauf, daß in interstellaren Staubwolken organische Moleküle vorkommen.

Wie schon in Kapitel 5 festgestellt, zerstört ultraviolette Strahlung einfache organische Moleküle von der Art, wie sie bei Urey-Miller-Experimenten entstehen. Auf der Erde wurden diese Moleküle vom Ozean abgeschirmt und konnten so lange bestehen, daß es zur Polymerisation kam. Staubwolken im Weltraum müßten also höchst ungeeignete Orte für das Überleben solcher Moleküle sein. Wo könnten sie Schutz suchen?

Dennoch hat eine Gruppe von Radioastronomen in Green Bank Hinweise auf das Vorhandensein von Formaldehyd in einer Staubwolke des Orion-Nebels gefunden. Gegen alle Erfahrung konnte man schlüssig nachweisen, daß dieses Molekül in der Wolke wirklich vorhanden war. Seither sind buchstäblich Dutzende von anderen einfachen organischen Molekülen entdeckt worden. Manche Staubwolken tragen deshalb jetzt sogar den Namen Molekularwolken.

Das ist eine wahrhaft erstaunliche Entdeckung. Bei einer Tagung Anfang der siebziger Jahre erklärte Philip Morrison vom Massachusetts Institute of Technology Folgendes: Wenn er eine Wette angeboten hätte, daß die Mondoberfläche frei von organischen Stoffen sei, während man diese Stoffe frei im Weltraum schwebend finden könne, wäre er für verrückt erklärt worden. Genauso ist es aber gekommen.

Wie bei jeder Entdeckung von solcher Tragweite stellt man die Suche nach den ersten Beobachtungen nicht ein. Neben der Erforschung interstellarer Staubwolken durch Radioteleskope sind viele andere Untersuchungen erfolgt. Hoyle und Wickramasinghe legen das Hauptaugenmerk auf die Messungen von Infrarotstrahlung – «Licht», das unmittelbar an das sichtbare Ende des Spektrums anschließt. Infrarot-Photographie ist heute eine hochentwickelte Kunst und kommt auf vielen Gebieten zur Anwendung – etwa, um Wärmeverluste an Gebäuden festzustellen oder bei Nacht feindliche Truppen ausfindig zu machen. Die Infrarot-Messungen, von denen wir sprechen wollen, werden bei Sternen hinter Staubwolken vorgenommen. Mißt man, wieviel Licht absorbiert oder «ausgelöscht» wird, wenn es durch die Wolke dringt, so erhält man Hinweise auf die Zusammensetzung der Wolke. Solche Messungen sind schwierig, weil die Erdatmosphäre den größten Teil der auftreffenden Infrarotstrahlung absorbiert. Überdies zeichnen sich die Merkmale der Infrarotspektren fester Körper nicht so deutlich ab wie die von atomaren Spektren.

Hoyle und Wickramasinghe betonen, daß man einige Merkmale der Absorption infraroten Lichts in interstellaren

Wolken dann verstehen könne, wenn man unterstellt, daß die Wolken Zellulosemoleküle enthalten. Zellulose ist ein sehr häufig vorkommender Stoff in Pflanzen auf der Erde – ein Polymer von der Art, wie wir sie in Kapitel 5 besprochen haben. Abgesehen von den Infrarotdaten gibt es aber keine Hinweise darauf, daß im Weltraum große organische Moleküle existieren könnten.

Hoyle und Wickramasinghe behaupten ferner, das Vorhandensein von Zellulose in Wolken lege die Vermutung nahe, in Kometenkernen könnten organische Stoffe enthalten sein, dort könnten sich also primitive Lebensformen entwickeln. Nach ihren Vorstellungen regnete während der Urstadien planetarischer Entwicklung Leben auf Planeten von der Art der Erde buchstäblich in Kometenschauern herab.

Wie die Versionen der Panspermie davor, kann eine solche Hypothese nicht widerlegt werden. Es gibt aber eine Reihe von Punkten, die diese Idee zu einer höchst unwahrscheinlichen stempeln:

1. Die Infrarotdaten lassen sich ebenso durch die Annahme erklären, daß die Wolken ganz gewöhnliche, nichtorganische feste Stoffe, etwa mit Eis überzogene Siliciumkörnchen, enthalten. Mit anderen Worten: Vielleicht gibt es da draußen gar keine Zellulose.
2. Polymere, die aus dem Weltraum auf die Erde herabregnen, würden denselben Problemen begegnen, wie wir sie in Kapitel 5 besprochen haben. Im Wasser würden sie dazu neigen, in ihre Bestandteile zu zerfallen; in der Luft würden sie durch ultraviolette Strahlung aufgespalten werden.
3. Vom biologischen Standpunkt aus ist es äußerst unwahrscheinlich, daß Organismen mit einer Entwicklung, die den Bedingungen in einem Kometenkern entspricht, eine plötzliche Versetzung auf die Erde überleben könnten. Der umgekehrte Vorgang, also von der Erde zum Kometen, würde sich, wie man weiß, fast mit Sicherheit als tödlich erweisen.

Wir sehen also, daß die Idee eines extraterrestrischen Ursprungs von Leben auf der Erde – und damit, logisch weitergedacht, auch von Leben anderswo – einer strengen Beurteilung kaum standhält. Aus diesem Grund halten wir den «planetarischen Chauvinismus» für die beste der vorhandenen Hypothesen. Wir gehen weiterhin davon aus, daß intelligentes Leben sich unabhängig auf dem Ursprungsplaneten entwickeln muß.

Kohlenstoff-Chauvinismus

Die zweite stillschweigende Voraussetzung für unsere Theorien war bislang die, daß Leben auf Kohlenstoffchemie beruhen muß. Wie wir sehen konnten, führt das zu einigen sehr strengen Forderungen sowohl, was die Art des Planeten angeht, der Leben tragen kann, wie auch die der Umwelt, in der die frühe chemische Entwicklung vor sich geht. Wäre es im Prinzip nicht sogar wahrscheinlich, daß die Möglichkeiten für Leben größer wären, wenn wir andere Arten von chemischem Aufbau berücksichtigen würden?

Wir könnten uns eine ganze Reihe von Forderungen vorstellen, die mit jedem Element verbunden sind, das als Grundlage für lebende Systeme dienen soll. Erstens muß es in der Galaxis in solcher Menge vorhanden sein, daß die Zufallsbegegnungen, aus denen die frühen Stufen der chemischen Evolution bestehen, nicht in hohem Maß unwahrscheinlich wären. Damit scheidet Leben aus, das auf so exotischen Elementen wie Ytterbium und Gadolinium beruht.

Als nächstes sollte der chemische Aufbau des Elements solcher Art sein, daß es lange Molekülketten bilden kann. Der Grund dafür ist der, daß jedes lebende System irgendein Mittel benötigt, Informationen von Zelle zu Zelle und von Generation zu Generation weiterzureichen. Bei terrestrischem Leben findet diese Informationsübertragung durch die DNA statt. Auch jede andere Lebensform ist auf irgendein Molekül angewiesen, das eine vergleichbare Rolle spielt. Wegen dieser Voraussetzung scheiden die meisten Elemente des periodischen Systems einfach schon deshalb aus, weil ihre chemischen Eigenschaften eine solche Struktur gar nicht zulassen.

Vielmehr ist das einzige Element, das die beiden genannten Forderungen erfüllt, Silicium – immer vom Kohlenstoff abgesehen, versteht sich. Silicium kommt in vielen Mineralen auf der Erde vor und ist in der ganzen Galaxis verbreitet anzutreffen. Müssen wir also, wenn wir uns mit ETI befassen, auf Silicium beruhendes Leben berücksichtigen?

Damit wir diese Frage beantworten können, ist erforderlich, sich den Informationsgehalt des genetischen Materials genauer anzusehen. Bei menschlichen Wesen wird diese Information von den Genen getragen. Sie bestimmen, ob das Kind braune oder blaue Augen bekommt, ob es männlich oder weiblich sein, welche Größe es erreichen wird; die Gene enthalten alle anderen Befehle, die eine Gruppe von sich teilenden Zellen zuletzt in einen erwachsenen Menschen verwandeln. Wie in Kapitel 6 besprochen, ist die Informationsmenge, die befördert werden muß, wahrhaftig erstaunlich groß.

Diese Menge an Information benötigt eindeutig Moleküle – wie die DNA – die Millionen Atome enthalten. Könnte eine Siliciumkette diese Funktion übernehmen? Bei Zimmertemperatur umfaßt die längste Kette von Siliciumatomen, die aneinandergereiht werden kann, lediglich dreißig bis vierzig Atome. Sie könnte also nur aufnehmen, was einigen Informationswörtern entspricht, statt eines Inhalts von 10000 Büchern, den die DNA speichert.

Wenn wir auf Silicium beruhendes Leben unterstellen, und wenn wir verlangen, daß Silicium Moleküle bilden können soll, die genug Informationen befördern, um als genetisches Material für selbst mäßig komplizierte Lebensformen dienen zu können, müssen wir zu niedrigen Temperaturen übergehen. Bei Temperaturen unter ca. minus 200 °C vermag Silicium in der Tat lange Molekülketten zu bilden. Das Informationserfordernis sagt uns deshalb, daß Siliciumleben sich nur auf sehr kalten Planeten entwickeln könnte – auf Planeten, wo Stickstoff beispielsweise nicht gasförmig, sondern flüssig wäre.

Sobald wir uns das klargemacht haben, stoßen wir jedoch auf ein anderes Problem. Die Geschwindigkeit, mit der chemische Reaktionen ablaufen, hängt sehr stark von der Umwelttemperatur ab. Über den Daumen gepeilt, wird eine chemische Reaktionsgeschwindigkeit halbiert, das heißt, die für die Reaktion erforderliche Zeit verdoppelt sich, sobald die Temperatur um 10 °C sinkt. Das gehört zu unserer Alltagserfahrung. Wenn wir eine chemische Verbindung, etwa eine ärztlich verschriebene Medizin, aufbewahren wollen, stellen wir sie in den Kühlschrank. Eine Substanz, die bei Zimmertemperatur nach wenigen Tagen zerfällt, hält sich im Kühlschrank einen Monat oder noch länger. Vom chemischen Standpunkt aus führt die Senkung der Temperatur zu einer verzögerten Reaktionsgeschwindigkeit bei dem Prozeß, der für den Zerfall der Medizin verantwortlich ist.

Die Temperaturen eines Kühlschranks liegen im allgemeinen 20 °C unter der des Zimmers, in dem der Kühlschrank steht. Nach unserer Faustregel von vorhin sollten wir annehmen, daß die Reaktionsgeschwindigkeit für den Zerfall im Kühlschrank $\frac{1}{2} \times \frac{1}{2} = \frac{1}{4}$ derjenigen beträgt, die im Zimmer stattfindet. Tatsächlich entspricht das ungefähr unseren Feststellungen.

Wollen wir die Medizin noch länger aufbewahren, so müssen wir sie in eine Tiefkühltruhe stellen. Ein Tiefkühlgerät ist in der Regel 40 °C kälter als die Umgebung, so daß wir die Reaktionsgeschwindigkeit um einen Faktor von $\frac{1}{2} \times \frac{1}{2} \times \frac{1}{2} \times \frac{1}{2}$ herabgesetzt erwarten, also auf $\frac{1}{16}$. Eine Medizin, die bei Zimmertemperatur eine Woche hält und im Kühlschrank einen Monat, würde demnach in einer Tiefkühltruhe vier Monate überstehen.

Die Reaktionen, die zu einer Synthese von chemischen Stoffen führen, wie sie für Leben notwendig sind – etwa bei einem Urey-Miller-Experiment – sind ebenfalls temperaturabhängig. Wie schon in Kapitel 5 erwähnt, sind die zuletzt entstehenden Polymere nicht die Folge einer einzigen Reaktion, sondern Endprodukt einer langen Kette von Reaktionen. Jede davon läuft mit einer Geschwindigkeit ab, die von der Temperatur abhängt.

Als konkretes Beispiel denke man sich die Bildung eines bestimmten Moleküls durch einen Prozeß, der zehn einzelne Schritte umfaßt. Wird die Reaktionsgeschwindigkeit für jeden Schritt infolge gesenkter Temperaturen halbiert, so verringert sich die Geschwindigkeit, mit der das bewußte Molekül schließlich entsteht, um einen Faktor von $2^{10} = 1024$. Als Beispiel für die Folgen dieser Tatsache kann man die Erde nehmen. Wir haben gesehen, daß es rund 10^8 Jahre dauerte, um in den Ozeanen die «Ursuppe» entstehen zu lassen. Wäre die Temperatur nur um 10 °C niedriger gewesen, dann hätte es $10^8 \times 1024 = 10^{11}$ Jahre gedauert – länger, als das Universum besteht.

Aus diesem Beispiel folgern wir, daß jede Reaktion, die zur Bildung langer Molekülketten führt, bei niedrigen Temperaturen außerordentlich lange dauert. Obwohl man solche Ketten aus Silicium im Labor herzustellen vermag, würde es also länger dauern, als das Universum existiert, damit sie in einer natürlichen Umwelt entstehen könnten.

Wir kommen deshalb zu dem Schluß: Daß die herrschende Lehre allein von Leben auf Kohlenstoffbasis ausgeht, ist nicht nur vernünftig, sondern wird von den Gesetzen der physikalischen Chemie vermutlich sogar gefordert. Das ist kein Chauvinismus im üblichen Sinn des Wortes.

Naturgesetz-Chauvinismus und die Hartsche Theorie

Man kann in der Tat Wahrscheinlichkeitsvermutungen wie die oben geschilderten zur Entstehung von Leben auf der Erde anstellen. In letzter Zeit ist das durch Michael Hart geschehen, also durch den Mann, der den Begriff einer ständig bewohnbaren Zone entwickelt hat. Er spricht von einer anderen Möglichkeit, die noch unsere pessimistischen Schlüsse zu ETI im Vergleich als geradezu euphorisch erscheinen läßt. Er hat die Wahrscheinlichkeit berechnet, daß ein selbstreproduzierendes Molekül oder Gen, des notwendigerweise eine große Informationsmenge speichert, sich spontan aus zufälligen Zusammenstößen von Aminosäuren in der Ursuppe bildet. Die Fähigkeit, große Informationsmengen zu speichern, verlangt soviel Komplexität, daß die Chance, sie könnte durch Zufall entstehen, unendlich klein ist. Hart sagt denn auch, daß der angemessene Wert für f_1, die Wahrscheinlichkeit für die Entwicklung von Leben, bei etwa 10^{-30} liegt – eine so kleine Zahl, daß die Erde demnach sehr wohl der einzige lebentragende Planet nicht nur in der Galaxis, sondern im ganzen Universum sein könnte!

Eine derartige Behauptung wird in der Regel widerlegt durch die Frage, warum, wenn Leben so unwahrscheinlich sei, es ausgerechnet hier aufgetreten ist. Wodurch sind wir etwas so Besonderes?

Hart beantwortet solche Kritik mit einem Vergleich aus der Wahrscheinlichkeitstheorie. Wenn wir dreißigmal eine Münze werfen, beläuft sich die Aussicht, daß bei jedem Wurf «Zahl» kommt, auf etwa eins zu einer Milliarde. Anders ausgedrückt: Wenn wir eine Milliarde mal dreißig Würfe ausführen würden, könnten wir nur einmal damit rechnen, daß dreißigmal hintereinander «Zahl» kommt. Würden wir einen Film sehen, in dem jemand eine Münze dreißigmal wirft und bei jedem Wurf «Zahl» kommt, würden wir wohl zunächst vermuten, daß mit der Münze etwas nicht stimmen kann. Sie muß entweder auf beiden Seiten eine Zahl haben oder auf irgendeine Weise falsch gewichtet sein. Würde uns aber jemand mitteilen, daß er eine Milliarde Versuche gefilmt und diesen einen Ausschnitt für die Vorführung ausgesucht hat, weil er eben dieses Ergebnis hatte, läge alles klar. Die Gesetze der Wahrscheinlichkeit wären nicht verletzt, wenn der Ausschnitt nach diesem Kriterium ausgesucht worden wäre.

Dementsprechend meint Hart, die Natur hätte auf Milliarden Planeten Münzen geworfen. Auf fast allen verliert sie. Überdies: Wenn auf einem Planeten sich kein Leben entwickelt, ist ja niemand da, der das beobachten könnte. Nur an den wenigen Orten, wo die Natur beim Auslosen gewinnt, entwickelt sich intelligentes Leben und fängt an, Fragen danach zu stellen, wie DNA oder ihre Entsprechung entstehen. So gesehen, bedeutet die Tatsache unserer Frage nach Leben im Universum, daß wir den einen Versuch von allen, der geglückt ist, schon ausgesucht haben.

Wir sind der Meinung, daß das eine sehr vernünftige Antwort auf die üblichen Einwände gegen die Theorie von Michael Hart ist. Unser Hauptvorbehalt richtet sich gegen etwas anderes. Bei Wahrscheinlichkeitsberechnungen dieser Art wird stillschweigend unterstellt, daß das ins Auge gefaßte Ereignis auch wirklich zufällig ist und es keine Naturgesetze gibt, die das System zwingen, sich auf eine ganz bestimmte Art zu verhalten. Ein banales Beispiel: Es hat keinen Sinn, die Wahrscheinlichkeit dafür zu berechnen, daß ein Ball zu Boden fallen wird, wenn man ihn losläßt, gestützt auf die Vermutung, er könnte ebensogut nach oben wie nach unten fallen. Ein Ball wird dreißigmal hintereinander zu Boden fallen, obwohl die Chancen einer solchen Folge eins zu einer Milliarde stehen, wenn man von der Vermutung der Zufälligkeit ausgeht. Der Grund dafür ist naheliegend. Es gibt ein Gesetz – das Gesetz der Schwerkraft – das den Ball jedesmal dazu zwingt, zu Boden zu fallen. Sobald ein Naturgesetz auf den Plan tritt, scheidet die Vermutung der Zufälligkeit eben aus.

Auf ähnliche Weise könnten wir die Wahrscheinlichkeit berechnen, daß an irgendeinem Punkt der Erde genug Goldatome zusammenkommen werden, um ein Nugget zu bilden. Diese Wahrscheinlichkeit wäre winzig, aber auch hier gibt es chemische Gesetze, die der Vermutung zufälligen Verhaltens widersprechen und die Goldsuche zu einem lohnenden Vorhaben machen. Ebenso könnte es aber – noch unbekannte – Gesetze der Biochemie geben, die für das Entstehen von genetischem Material Gültigkeit haben. In diesem Fall wären alle Berechnungen, die sich auf zufällige Kombinationen von Aminosäuren stützen, falsch, die Hartsche Theorie hätte keine Gültigkeit.

Daß solche Gesetze bestehen könnten, ohne daß wir sie kennen, mag im ersten Augenblick überraschen. Nahezu alles von dem, was wir über die chemischen Ursprünge des Lebens wissen, ist jedoch erst in den vergangenen zwei Jahrzehnten und in nicht mehr als einem Dutzend Laboratorien auf der Welt in Erfahrung gebracht worden. Dafür, was mit derart bescheidenen Mitteln erreicht werden kann, gibt es einfach Grenzen, so begabt die beteiligten Personen auch sein mögen. Es ist viel zu früh für die Behauptung, wir verstünden mehr als einen Bruchteil dieser Dinge. Mit anderen Worten: Bis wir mehr Filmschnipsel auf dem Boden des Schneideraums sehen, werden wir die Münze weiterhin im Verdacht behalten.

Und schließlich: Für diejenigen, die aus philosophischen oder religiösen Erwägungen heraus dagegen sind, über Leben in Wahrscheinlichkeitsbegriffen zu sprechen, erinnern wir an einen berühmten Wortwechsel zwischen Albert Einstein und Niels Bohr, einem der Begründer der Quantenmechanik. Einstein hatte seinen berühmten Ausspruch wiederholt, Gott würfle mit dem Universum nicht. Bohr fuhr ihn erbost an: «Albert, hör auf, dem lieben Gott vorzuschreiben, was er tun soll.»

Antichauvinismus-Chauvinismus: Feinberg und Shapiro

Eine viel stärker verallgemeinerte Ansicht zum Leben wird in einem kürzlich erschienenen Buch des Physikers Gerald Feinberg und des Chemikers Robert Shapiro mit dem Titel «Leben außerhalb der Erde» vertreten. Kurz zusammengefaßt, erklären sie, Argumente für Kohlenstoff-Chauvinismus, wie wir sie anführen, beruhten auf einer zu engen Sicht zur Idee des Lebens. Sie halten ein System dann für ein lebendes, wenn es zwei Kriterien erfüllt:

1. Es gibt eine Quelle freier Energie, die das System nutzen kann.
2. Es gibt einen Mechanismus, der für ein hohes Maß an Ordnung zu sorgen vermag.

Mit Hilfe dieser Definition untersuchen sie die Möglichkeit vieler verschiedener Arten von Systemen, die des Lebens fähig sind. Eine interstellare Staubwolke, in der Materiekörnchen geordnet sind, das heißt, Informationen enthalten, könnte nach dieser Definition ebenso lebendig sein wie ein Kristall, in dem die Spin-Richtung der Atome auf eine bestimmte Weise geordnet ist. Überdies gäbe es, wie sie meinen, chemische Möglichkeiten außerhalb von Kohlenstoff und Silicium, chemisches Leben hervorzubringen. Mit einem Wort, Feinberg und Shapiro vertreten den Standpunkt, nicht nur Kohlenstoff-Chauvinismus sei falsch, sondern chemischer Chauvinismus überhaupt, also der Gedanke, daß Leben auf Chemie beruhen müsse.

Man kann sich auf diese Streitfrage nicht einlassen, ohne sofort auf die Frage zu stoßen, die wir gerade vermeiden wollten – die Definition, was Leben sei. Wenden wir jedoch das intuitive Kriterium an, das wir in Kapitel 5 erwähnt haben – «Ich erkenne es, wenn ich es sehe» – würden wir sagen müssen, daß eine geordnete Staubwolke uns als nicht offenkundig lebendig erscheinen würde, selbst wenn sie die oben genannten Voraussetzungen erfüllt. Außerdem erfordert die wahrscheinlichste chemische Lebensform, die man zur Diskussion stellt – eine auf Silikaten aufgebaute – derart hohe Temperaturen, nämlich solche über 1000 °C, daß wir es für außerordentlich unwahrscheinlich halten, Lebensformen dieser Art könnten bei einer Erwägung von ETI eine Rolle spielen.

Schließlich sollten wir noch eines bedenken: Wir befassen uns in diesem Buch durchwegs mit intelligenten Wesen und technischen Zivilisationen, nicht mit der Frage nach dem «Leben» an sich. Deshalb wird sich das, was Feinberg und Shapiro zu den Möglichkeiten exotischer Lebensformen sagen, kaum auf unsere Schlußfolgerungen auswirken, selbst wenn sie recht haben sollten. Eine «lebende» Staubwolke etwa dürfte kaum ein Radioteleskop bauen und Botschaften zur Erde senden. Ähnliches könnte man gegen «lebende» Systeme im Innern von Planeten oder in Sternhüllen vorbringen. Wir landen also doch wieder bei der Tatsache, daß Extraterrestrier, die von Belang wären, also solche, mit denen wir in Beziehungen treten könnten, sehr wahrscheinlich chemische Wesen sein würden, deren genetischer Code in Kohlenstoffketten geschrieben ist.

Die Standpunkte von Hart einerseits und Feinberg und Shapiro andererseits bezeichnen die beiden extrem gegensätzlichen Positionen, die man zur Rolle der Naturgesetze für die Entwicklung von Leben vertreten kann. Hart sagt: Wenn wir die relevanten Naturgesetze heute nicht kennen, müssen wir davon ausgehen, daß alle Ereignisse im Lebensprozeß allein vom Zufall bestimmt werden. Feinberg und Shapiro setzen dagegen: Wenn unser heutiges unvollständiges Wissen irgendeine bestimmte Art von System nicht ausschließen kann, dann sollte es dieses System auch geben dürfen, mindestens theoretisch.

Unser eigener Standpunkt: Es ist durchaus wahrscheinlich, daß man Naturgesetze analog der mit der Gravitation zusammenhängenden finden wird, sobald wir mehr über die Prozesse in Erfahrung bringen, die bei der Entstehung von Leben eine Rolle spielen. Wie alle anderen Naturgesetze werden aber auch sie ziemlich strenge Grenzen aufweisen. Viele der Lebensformen, die Feinberg und Shapiro unterstellen, werden, logisch betrachtet, Vorgängen entsprechen, bei denen Gegenstände nach oben fallen, sobald man sie losläßt. Wir wissen mit Bestimmtheit, daß auf Kohlenstoff aufgebautes Leben möglich ist, und wir wissen, daß es eine unendliche Zahl möglicher Formen davon gibt. Wir halten aber ein gewisses Maß an Zurückhaltung für angebracht, wenn man darüber hinausgehen will, und sei es nur deshalb, weil alle Hinweise darauf fehlen, daß eine solche Zurückhaltung unangebracht sei.

Rationalistischer Chauvinismus und die Gaia-Hypothese

Der Vollständigkeit halber müssen wir noch eine Idee anführen, die vor einigen Jahren durch Lynn Margolis von der Universität Boston und James Lovelock von der Universität Reading vorgetragen wurde. Sie betrachten die Biosphäre der Erde als einen lebenden Organismus und nennen ihre Vermutung nach der griechischen Erdgöttin Gaia-Hypothese. Dabei handelt es sich in der Hauptsache um Folgendes: Auf irgendeine unklare Weise verursacht das «Leben» Veränderungen in der Umwelt, die dem Leben als solchem günstig sind.

In einer Beziehung ist gegen diese Behauptung gar nichts einzuwenden. Die Grün- und Blaualgen, die es vor 3 Milliarden Jahren auf der Erde gab, haben die Atmosphäre in der

Tat verändert, und mit ihr die gesamte Umwelt. Lebende Organismen auf der Erde mußten sich den neuen Bedingungen anpassen. Wir sehen keinen Anlaß, diesem Teil der Hypothese zu widersprechen. In vielen Zeitungsartikeln und Büchern nimmt die Hypothese jedoch beinahe mystische Züge an, und man spricht vom «Leben», als sei es wie eine Atmosphäre um die Erde gehüllt und greife in die alltäglichen Abläufe unmittelbar ein. Es ist genau diese Sicht von Gaia, die wir für albern halten.

Der Übergang zu einer oxydierenden Atmosphäre – siehe dazu Kapitel 4 – ist ein geeigneter Punkt, die Hypothese genauer unter die Lupe zu nehmen. Ein Mystiker würde sagen, das «Leben» habe den Sauerstoff hervorgebracht, weil er als Energiespender für fortgeschrittene Systeme gebraucht wurde. Zur Erwiderung würden wir auf folgende Tatsachen verweisen:

1. Sauerstoff war zur Zeit der Umstellung für die meisten Lebensformen auf der Erde giftig. Der zunehmende Sauerstoffgehalt der Atmosphäre stellte die ärgste Umweltverschmutzung dar, die man sich damals vorstellen konnte. Wenn man nicht behaupten will, Lebensformen aus der Zukunft hätten auf irgendeine Weise ihre eigene Vergangenheit beeinflußt, ist schwer einzusehen, in welcher Weise diese Umstellung für das Leben zu dem Zeitpunkt, als sie eintrat, von Vorteil gewesen sein soll.
2. Die Umstellung führte, wie wir gesehen haben, beinahe dazu, die Erde völlig gefrieren zu lassen. Das würden wir bei jeder Art von System für eine überaus riskante Methode halten, Veränderungen herbeizuführen.

Auch wenn wir manche Naturvorgänge heute noch nicht verstehen, sind wir doch der Meinung, daß sie von bestimmten physikalischen Grundregeln beherrscht sein müssen. Mystische Erklärungsversuche von der Sorte Gaia sind einfach nicht erforderlich, das zu erläutern, was wir kennen.

8
Zusammenfassung und Kritik der Green Bank-Gleichung

Leben ist die Kunst, aus unzureichenden Prämissen zureichende Schlüsse zu ziehen.
Samuel Butler

Wir haben der Reihe nach alle Faktoren untersucht, die bei unseren Schätzungen zur Zahl kommunikationsfähiger Zivilisationen in der Galaxis eine wichtige Rolle spielen. Nun müssen wir die Einzelerwägungen zu einem vollständigen Bild zusammenfügen.

Wie bisher wird das Instrument die Green Bank-Gleichung sein, die den Wert von N, der Zahl kommunikationsbereiter Zivilisationen in der Galaxis zum jetzigen Zeitpunkt angibt mit

$$N = R f_p n_e f_l f_i f_c f_d L$$

Um noch einmal kurz zusammenzufassen: R ist die Geschwindigkeit der Sternentstehung, f_p die Wahrscheinlichkeit, daß ein Stern Planeten besitzen wird, n_e die Zahl der Planeten pro Stern, die Leben tragen können, f_l die Wahrscheinlichkeit, daß sich Leben entwickelt, f_i die Wahrscheinlichkeit, daß Intelligenz entsteht, f_c die Wahrscheinlichkeit, daß eine Kultur Mittel zur Kommunikation erwirbt, f_d die Wahrscheinlichkeit, daß sie das auch will, und L der Zeitraum, über den hinweg man die Kommunikationsversuche unternehmen wird. In Kapitel 1 haben wir gesehen, daß N zwischen eins und einer Milliarde liegen kann, je nachdem, von welchen Vermutungen man ausgeht.

In den Kapiteln 2 bis 7 konnten wir jedoch feststellen, daß neue Erkenntnisse unser Vermögen, für Glieder der

Green Bank-Gleichung jede Zahl einzusetzen, die uns genehm ist, stark einschränken. Wir sind jetzt in der Lage, zusammenzufügen, was wir gelernt haben, und für N neue Schätzungen anzubieten. In Tabelle 1 auf Seite 149 fassen wir die neuen Einblicke zusammen. Für jeden Fall geben wir eine optimistische, eine zurückhaltende und eine pessimistische Beurteilung. Zu jedem Glied in der Tabelle geben wir die Haupteinschränkung an, die sich aus unserer Sicht der Natur ergibt. Die Ergebnisse von Tabelle 1 werden dann mit den Werten für N in Tabelle 2 auf Seite 150 zusammengefaßt. Zum Vergleich führen wir in Tabelle 2 auch die Ergebnisse unserer Voruntersuchung in Kapitel 1 an.

Eines der auffälligsten Merkmale dieser beiden Tabellen ist, daß die revidierten Schätzungen der Häufigkeit extraterrestrischer Intelligenz viel niedriger sind, als man bisher angenommen hat. Die optimistische Schätzung, die sich aus der Verwertung unseres neuen Wissens gegenüber der Green Bank-Gleichung ergibt, ist tatsächlich tausendmal kleiner als die zurückhaltende Schätzung, die sich aus der Green Bank-Tagung von 1961 ergeben hatte. Es ist buchstäblich so, daß alles, was wir in den vergangenen zwei Jahrzehnten entdeckt haben, dazu angetan ist, die Möglichkeit einer Berührung mit anderen Lebensformen zu verringern.

Ein zweiter und außerordentlich wichtiger Punkt ist, daß die drei Möglichkeiten sich gegenseitig nicht unbedingt ausschließen müssen. Die zurückhaltende Schätzung stellt unser begründetes Urteil zum wahrscheinlichsten Wert aller Punkte in der Tabelle dar. Wenn in unserer Einschätzung ein Fehler liegt, könnte die richtige Zahl mit ebensolcher Wahrscheinlichkeit beim pessimistischen wie beim optimistischen Wert liegen. Man stelle sich die Entwicklung kommunikationsbereiter Zivilisationen als eine Serie von Engpässen vor, wie Abbildung 8.1 sie zeigt. Jede Engstelle ist eine Hürde, die genommen werden muß, wenn das Ziel erreicht werden soll. Damit der pessimistische Standpunkt sich durchsetzt, braucht einer der Engpässe nur wirklich sehr eng zu sein. Soll das optimistische Ergebnis sich aber durchsetzen, dann müssen *sämtliche* Engpässe so weit wie nur irgend möglich sein.

8.1
Die Entwicklung einer kommunikationsfähigen Zivilisation läßt sich als eine Folge von Engpässen betrachten.

Ein Beispiel: Sollten sich die optimistischen Zahlen für G-Stern-Entstehung und Planetenbildung als richtig erweisen, sich aber gleichzeitig herausstellen, daß das Vorhandensein von Gezeitenbecken notwendig ist, damit die Ursuppe Polymere bilden kann, könnte es in der Galaxis viele Planeten geben, deren Meere voll von Aminosäuren sind, ohne daß irgendein anderer als die Erde selbst lebende Systeme aufweist. Weiter: Wenn die optimistischen Zahlen bis hin zu f_c richtig sind, es aber bestimmter Wetterbedingungen, etwa der Eiszeiten, bedarf, damit intelligentes Leben Technologie entwickeln kann, dürfte es zwar viele Planeten mit intelligentem Leben geben, aber nicht einer davon wird den Versuch unternehmen, sich mit uns in Verbindung zu setzen.

Bei der Abfassung des optimistischen Drehbuchs sind wir sehr großzügig vorgegangen. Wir halten es deshalb für sehr unwahrscheinlich, daß *alle* diese großzügigen Einschätzungen richtig sind. Folglich lautet die Schlußfolgerung aus Tabelle 2 so:

Die Gesamtzahl fortgeschrittener Zivilisationen in der Galaxis ist klein, und es könnte sehr wohl nur eine einzige geben.

Tabelle 1: Schlußfolgerungen zur Green Bank-Gleichung

Glied	optimistisch	zurückhaltend	pessimistisch
R Geschwindigkeit der Sternbildung	0,15 Nur G-Sterne können ständig bewohnbare Zonen besitzen	0,05	0,005
f_p Planeten-entstehung	0,3 Nur Einzelsterne können bewohnbare Planeten besitzen: Sonnensysteme entstehen vielleicht nur durch Supernovae	0,1	sehr klein
n_e bewohnbare Planeten je Stern	0,2 Nur Planeten in der ständig bewohnbaren Zone können fortgeschrittenes, kommunikationsfähiges Leben entwickeln.	0,05	sehr klein
f_l Entwicklung von Leben	0,5 Die Vereinigung von Aminosäuren zu langen Ketten verlangt vielleicht besondere Bedingungen wie einen großen Mond.	0,01	sehr klein
f_i Entwicklung von Intelligenz	1,0 Der Übergang auf das Land verlangt vielleicht Gezeitenbecken.	0,5	sehr klein
f_c Entwicklung von Kommunikations-technologie	1,0 Die Entwicklung von Technologie erfordert vielleicht periodisch wiederkehrende Eiszeiten oder Entsprechendes.	0,5	sehr klein
f_d Wunsch zur Kommunikation?	1,0 Wer kennt die Wünsche anderer?	0,5	0,5
L Dauer der Kommunikation (in Jahren)	10^6 Eine Million Jahre ist die Regelzeit für ein Raumschiff, um die ganze Galaxis zu durchfliegen.	10^4	10^2

Hinweis: Der Vermerk «sehr klein» soll so verstanden werden: Die Zahl ist so klein, daß die Erde der einzige Ort für eine fortgeschrittene Zivilisation ist.

Tabelle 2: Abschließende Resultate für N

optimistisch	zurückhaltend	pessimistisch
Neu: 5×10^3	0,003	sehr klein
Vorher: 2×10^8	10^6	4

Die zurückhaltende Bewertung in Tabelle 2 gibt N mit 0,003 an. Das heißt nicht, wir wären der Meinung, in der Galaxis gäbe es nur eine Möglichkeit von 1:300 für eine Zivilisation. Zur Erläuterung dieses Punktes wollen wir sagen: Wenn ein Jahr lang gelauscht wird, ob Kommunikationsversuche von irgendeinem Ort der Galaxis kommen, stehen die Aussichten dafür, daß wir jemand hören werden, der sendet, nur 1 zu 300. Anders ausgedrückt: Wenn wir die Jahre seit der Entstehung der Galaxis zählen würden, in denen irgendwo irgend jemand gesendet haben könnte, würden wir feststellen, daß die Zeiträume, in denen Signale ausgeschickt wurden, nur $^1/_{300}$ von der Lebensdauer der Galaxis ausmachen.

Wir schließen diesen Abschnitt mit einer Beobachtung ab, die auf unsere Erfahrung im Umgang mit der Green Bank-Gleichung zurückgeht. Bei genauer Betrachtung jedes Einzelelements fühlten wir uns veranlaßt, es in mehrere Unterglieder aufzuspalten. Statt etwa über die Entwicklung des Lebens als einem einzigen Schritt zu sprechen, wollten wir sie als eine Reihe von Schritten behandeln, von denen jeder einzelne abgeschlossen sein muß, bevor ein lebendes System auftreten kann. Als wir uns mit jedem einzelnen Schritt genau befaßten, wurde uns klar, wo etwas vom rechten Weg abirren konnte – Vorgänge, die imstande waren, den Fortschritt aufzuhalten. Demzufolge wurde beinahe aus jedem Glied eine eigene kleine Green Bank-Gleichung, und für jedes Unterglied konnte eine von drei verschiedenen Situationen auftreten: Entweder wußten wir genug, um eine vernünftige Vermutung, gestützt auf die Extrapolierung vorhandener Daten, aufzustellen, oder soviel, um zu behaupten, ein Prozeß müßte wahrscheinlich oder unwahrscheinlich sein, ohne ihm einen bestimmten Wert beimessen zu können, oder aber wir sahen keinen Grund, einen Wert gegenüber irgendeinem anderen zu bevorzugen.

Beispiele dafür, wo man genug weiß, um eine vernünftige Vermutung aufzustellen, sind die Geschwindigkeit der G-Sternentstehung und die Wahrscheinlichkeit, daß sich in der Uratmosphäre Aminosäuren bilden. In diesen Fällen ist es vergleichsweise leicht, eine zahlenmäßige Wahrscheinlichkeit anzugeben. Ein Beispiel dafür, wo genug bekannt ist, daß man beurteilen kann, wann ein Prozeß wahrscheinlich oder unwahrscheinlich wäre, ist jener Vorgang, bei dem in isolierten Systemen lange Ketten von Aminosäuren entstehen. Hier verfügen wir über wenig konkret anwendbares Wissen, können aber erkennen, daß der Prozeß schnell ablaufen dürfte, so daß wir für die betreffende Wahrscheinlichkeit einen Wert von 1 einsetzen können. Sollte der Einwand naheliegen, daß der Vorgang auf Schwierigkeiten stoßen könnte, nehmen wir eine Zahl von 0,1. Wo es dagegen durch heutiges Wissen überhaupt keine Orientierung mehr gibt, etwa bei der Einschätzung zum Kommunikationswunsch, haben wir einen Wert von 0,5 genommen.

Wir können zwar zu einem einzelnen Glied der Gleichung feststellen, daß wir darüber nichts wissen, und ihn mit 0,5 einschätzen. Andererseits ließe sich einwenden, der Schritt bestehe in Wahrheit aus vier Einzelschritten, von denen wir jedem eine Wahrscheinlichkeit von 0,5 beimessen. Das Gesamtglied in der Green Bank-Gleichung wird dann aber mit $(1/2)^4 = 1/16 = 0{,}08$ zu bewerten und damit viel niedriger sein als bei der ursprünglichen Schätzung.

Angesichts dieser Tatsache wird man Folgendes unterstellen dürfen: Je mehr wir über die durch diese Gleichung dargestellten Prozesse lernen, auf desto mehr Punkte werden wir stoßen, wo etwas schiefgehen könnte. Wir sagen deshalb voraus, daß in den nächsten Jahrzehnten, wie schon in den vergangenen, der optimistische Wert für N ständig sinken wird.

Ob das bedeutet, daß wir im Universum allein sind, oder ob wir ein paar Nachbarn haben, ist eine Frage, in der die beiden Verfasser sich nicht einig sind. Aus diesem Grund werden die Kapitel 16 und 17 unsere unterschiedlichen Ansichten zur Möglichkeitsspanne von N enthalten.

Ist die Erde doch ein Sonderfall?

Seit der kopernikanischen Umwälzung zielte die Hauptstoßrichtung der Wissenschaft darauf, die Vermutung der Durchschnittlichkeit immer wahrscheinlicher werden zu lassen. Die Erde befindet sich nicht im Mittelpunkt des Universums, sie dreht sich um die Sonne. Die Sonne ist ein Einzelstern in einer Galaxis von 10 Milliarden Sternen, die Galaxis wiederum nur eine von Millionen im gesamten All. Darwin hat uns gezeigt, daß sich die Menschheit ebenso entwickelt hat wie andere Tierarten, und Sigmund Freud, daß in unserer Natur mehr Primitives steckt, als wir angenommen haben. Je mehr wir über uns erfuhren, desto durchschnittlicher schienen wir zu werden.

Zum erstenmal seit fünfhundert Jahren scheint es nun in die entgegengesetzte Richtung zu gehen. Im Verlauf der beiden letzten Jahrzehnte stellte sich heraus: Je mehr wir über uns erfahren, desto deutlicher können wir die Erde als einen Sonderfall erkennen. Zur Vereinfachung folgt eine Zusammenfassung der Besonderheiten der Erde:

1. Die Erde ist ein Planet im System eines einzelnen G-Sterns.
2. Sie befindet sich in dem schmalen Korridor um diesen einzelnen G-Stern, wo während der Milliarden Jahre, die notwendig sind, um Leben hervorzubringen, Wasser weder siedet noch gefriert.
3. Sie besitzt einen großen Mond. Das heißt, es gibt nennenswerte und *unterschiedliche* Gezeiten, die zahlreiche Gezeitenbecken entstehen lassen.
4. Die Neigung der Erdachse ist gerade so groß, daß im Zusammenspiel mit dem Einfluß der anderen Planeten periodische Klimawechsel eintreten.

Die Bedeutung jedes einzelnen dieser Punkte ist bereits besprochen worden. Hier möchten wir nur auf eines hinweisen: Obwohl die Wahrscheinlichkeit, daß irgendeines dieser Merkmale auf einem Planeten vorhanden ist, nicht unendlich klein sein mag, so ist es doch die Wahrscheinlichkeit, daß alle vier zugleich vorhanden sind. Die Erde könnte also *doch* ein Sonderfall sein.

9
Elektromagnetische Wellen

Mit Draht und Funk in vielen schlechten
Übertragungen
vermitteln sie der Welt der Menschen schlichtes Gut.
W. H. Auden
«It's No Use of Raising a Shout»

Unser gesamtes Wissen über andere Welten erreicht uns in der einen oder anderen Form durch elektromagnetische Wellen. Wir geben diesen verschiedene Namen – Licht, Radio, Mikrowellen, Gammastrahlen – aber im Grunde sind sie alle gleich, unterscheidbar in Einzelheiten, aber nicht im Prinzip. Dagegen sind die Unterschiede, die es zwischen ihnen gibt, für unsere Fähigkeit, ETI zu entdecken, außerordentlich wichtig.

Abbildung 9.1 zeigt eine typische Welle. Sie besteht aus einer Reihe von Kämmen und Tälern, die sich fortlaufend

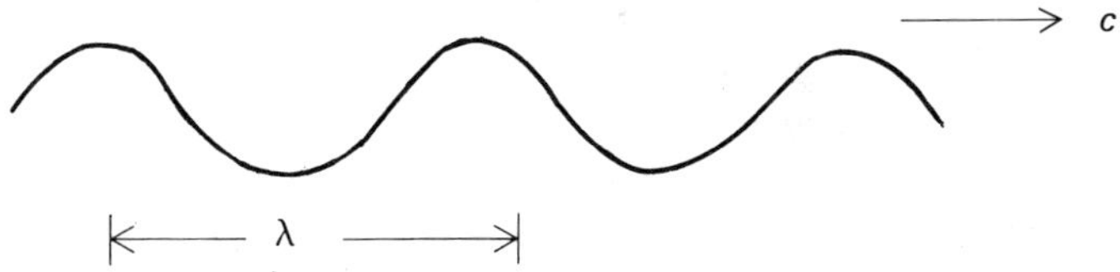

9.1
Eine typische Welle – eine Folge von Kämmen und Tälern, die sich nach rechts fortsetzen.

nach rechts bewegen. Die Entfernung zwischen den Wellenkämmen heißt Wellenlänge und wird allgemein mit dem griechischen Buchstaben lambda (λ) bezeichnet. Die Zahl der Kämme, die in jeder Sekunde an einem Punkt vorbeilaufen, heißt Frequenz. Sie wird durch den griechischen Buchstaben nu (ν) wiedergegeben. Die Einheit der Frequenz ist das Hertz (Hz). Ein Hertz entspricht dem Vorbeilaufen eines Kammes an einem Punkt in der Sekunde. Die Geschwindigkeit schließlich, mit der sich das Ganze nach rechts bewegt, wird Wellengeschwindigkeit genannt, die wir mit dem Buchstaben c bezeichnen wollen. Aus diesen Definitionen läßt sich etwas Wichtiges ableiten. Die Entfernung zwischen Wellenkämmen, multipliziert mit der Zahl von Kämmen, die pro Sekunde an einem Punkt vorbeilaufen, sollte uns mitteilen, wie schnell jeder Kamm sich bewegt. Symbolisch wird das durch die Gleichung

$$c = \lambda\nu$$

ausgedrückt.

Das elektromagnetische Spektrum

Eine Welle ist in einer Substanz wie Wasser leicht vorstellbar. Möchte man sich aber ein Bild von Wellen machen, die sich im Vakuum des Weltraums fortpflanzen, so fällt das schon schwerer. Bis zum Beginn dieses Jahrhunderts waren die Wissenschaftler deshalb der Meinung, der interstellare Raum müßte von einem Stoff ausgefüllt sein, den man Äther nannte, damit es für Lichtwellen ein Trägermedium gab, in dem sie sich fortzupflanzen vermochten.

Das moderne Bild elektromagnetischer Wellen sieht ein wenig anders aus. Wir wissen heute, daß die Ähnlichkeiten zwischen diesen Wellen und solchen im Wasser – eben jene, die zur Vorstellung eines Äthers führten – im Grunde mathematischer Natur sind. Wasser- und Lichtwellen unterliegen denselben mathematischen Gleichungen. Das bedeutet aber nicht, daß sie ihrer Beschaffenheit nach identisch wären, so wenig, wie ein künstlicher Satellit und ein Planet, beide den Gesetzen der Himmelsmechanik unterworfen, dasselbe sind.

Eine typische elektromagnetische Welle zeigt Abbildung 9.2. Man nimmt an, daß die Welle aus zwei Komponenten besteht. Ein elektrisches (E) und ein magnetisches Feld (B) stehen zueinander im rechten Winkel. Die Welle verläuft rechtwinklig zu der Ebene, die aus beiden Feldern gebildet wird. Elektrisches Feld und Magnetfeld sehen jeweils aus wie die einfache Welle von Abbildung 9.1. Wellenlänge und Frequenz sind genau definiert. Wie Abbildung 9.2 zeigt, ist λ für die elektrischen und magnetischen Bestandteile der Welle gleich.

Was elektromagnetische Wellen von anderen Wellen unterscheidet, ist ihre Ausbreitungsgeschwindigkeit. Ohne Rücksicht auf Wellenlänge oder Frequenz breitet sich jede elektromagnetische Welle in einem Vakuum stets mit derselben Geschwindigkeit aus. Diese Geschwindigkeit hat den Wert

$$c = 2{,}998 \times 10^8 \text{ m/sec} = 299\,792{,}5 \text{ km/sec}.$$

Der Leser wird das sicherlich als die sogenannte «Lichtgeschwindigkeit» kennen. Zwar breitet sich Licht mit dieser Geschwindigkeit aus, aber das tun auch Radiowellen, Röntgenstrahlen, Mikrowellen und alle anderen Arten elektromagnetischer Strahlung. Wir wollen uns an die Gewohnheit halten und beziehen uns auf die Lichtgeschwindigkeit, wenn wir von dieser Zahl sprechen, aber richtiger wäre die Bezeichnung «Geschwindigkeit elektromagnetischer Wellen».

Der Unterschied zwischen den verschiedenen Arten elektromagnetischer Wellen, die wir nannten, liegt darin, daß sie verschiedene Frequenzen und daher verschiedene Wellen-

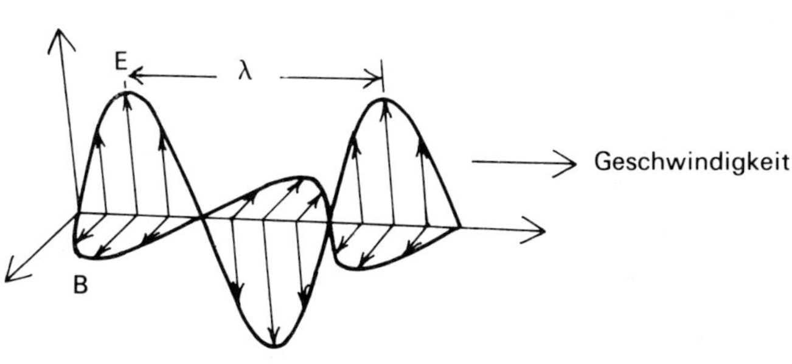

9.2
Man geht davon aus, daß ein typisches elektromagnetisches Feld aus zwei Komponenten besteht – aus einem elektrischen Feld (E) und einem magnetischen Feld (B).

längen aufweisen. Bildlich gesehen, besitzen sowohl Licht- als auch Radiowellen jene elektrischen und magnetischen Felder, die Abbildung 9.2 zeigt. Sie unterscheiden sich darin, daß Radiowellen zwischen mehreren Metern und Kilometern lang sind, während Lichtwellen in der Regel Wellenlängen um 5×10^{-5} cm aufweisen – das ist die mehrtausendfache Größe eines Atoms.

In der nachfolgenden Tabelle nennen wir alle Wellenlängen und Frequenzen, die allgemein mit elektromagnetischen Wellen in Verbindung gebracht werden, dazu die Bezeichnungen, wie sie für Wellen des angegebenen Typs gebräuchlich sind.

ν	λ (cm)	Welle
10^6	3×10^4	Mittelwelle
10^7	3×10^3	Kurzwellenradio
10^8	3×10^2	UKW-Radio und Fernsehen
10^{10}	3	Mikrowelle
3×10^{13}	10^{-3}	Infrarot
$3{,}8 \times 10^{14}$	$7{,}8 \times 10^{-5}$	sichtbares rotes Licht
$7{,}9 \times 10^{14}$	$3{,}8 \times 10^{-5}$	sichtbares violettes Licht
3×10^{17}	10^{-7}	Ultraviolett
3×10^{19}	10^{-9}	Röntgenstrahlen
3×10^{20}	10^{-10}	Gammastrahlen

Da es viele verschiedene elektromagnetische Wellen gibt, sprechen wir, wenn wir den gesamten Bereich der hier aufgeführten Wellen meinen, manchmal vom elektromagnetischen «Spektrum».

Elektromagnetische Wellen entstehen, wenn eine elektrische Ladung beschleunigt wird. Jagt man also Elektronen in großer Zahl an einem Metallstab hinunter, dann geben sie Strahlung ab, die aus derartigen Wellen besteht. Wellenlänge und Richtung der entstehenden Wellen können dadurch gesteuert werden, daß man auf die Ausbreitung der Elektronen und die Form des Metallstabs Einfluß nimmt. Auf genau diese Weise arbeitet ein Fernseh- oder Funksender.

Auf dieselbe Art werden Wellen absorbiert und Elektronen beschleunigt, sobald elektromagnetische Wellen auf einen Metallstab treffen, der Elektronen enthält. Die Elektronenbewegung tritt als elektrischer Strom im Stab auf und kann verstärkt und gemessen werden. Der Stab heißt dann Antenne, der Apparat als ganzer ist ein Empfangsgerät für elektromagnetische Signale.

Phase und Interferenz

Die Wirkungsweise von Radio- und optischen Teleskopen besteht darin, daß sie Strahlung einfangen und an einem Brennpunkt bündeln. Um zu verstehen, wie wir natürliche oder künstliche Signale aus dem Weltraum wahrnehmen können, müssen wir wissen, was geschieht, wenn zwei elektromagnetische Wellen zusammentreffen – eine Erscheinung, die Interferenz genannt wird.

Betrachten wir zunächst nur das elektrische Element der Wellen. Was tritt ein, wenn zwei Wellen zusammentreffen, wie Abbildung 9.3 zeigt, wobei Wellenkämme und Täler sich genau decken? Wir wissen, daß jede Welle für sich genommen in der Empfangsantenne ein Elektron zur Bewegung veranlassen würde. Wenn sich die beiden Wellen decken, sollte es also nicht verwunderlich sein, daß das Elektron im Detektor von den vereinigten Wellen doppelt so

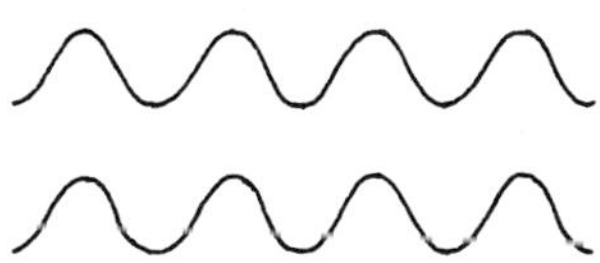

9.3
Zwei elektromagnetische Wellen, bei denen Kämme und Täler parallel verlaufen.

9.4
Zwei Wellen symbolisch vereinigt. Hier sind die Wellen phasengleich und kohärent.

stark beschleunigt wird wie von jeder einzelnen allein. Wir können das darstellen, indem wir die Kombination der beiden Wellen so vorführen, wie das Abbildung 9.4 tut. Hier sagen wir, die Wellen seien phasengleich und kohärent.

Treffen die beiden Wellen dagegen wie auf Abbildung 9.5 so aufeinander, daß die Wellenkämme der einen mit den Wellentälern der anderen zusammentreffen, sieht die Sache anders aus.

In diesem Fall nimmt das Elektron in der Antenne zwei widersprüchliche Signale auf. Während die obere Welle allein das Elektron veranlassen würde, sich aufwärts zu bewegen, würde die untere Welle für sich allein das Gegenteil bewirken. Tatsächlich aber bewirken beide Wellen gemeinsam, daß das Elektron sich gar nicht bewegt und die Empfangsantenne sich so verhält, als wären keine Wellen vorhanden. Das nennt man Inkohärenz. Man sagt, die beiden Wellen seien phasenungleich. Der Prozeß wird in Abbildung 9.6 schematisch dargestellt.

Die häufigste Art von Interferenz oder Überlagerung ist die, daß beide Wellen weder ganz phasengleich noch völlig phasenungleich sind. Wie in Abbildung 9.7 können wir uns das so vorstellen, daß eine Welle hinter der anderen um eine Entfernung d zurückbleibt. Wir sagen, zwischen den Wellen besteht ein Phasenunterschied. Aus Abbildung 9.7 ergibt sich: Kohärenz besteht dann, sobald d Null, λ, 2λ oder irgendein anderes ganzzahliges Vielfaches von λ beträgt. Inkohärenz dagegen ist gegeben, sobald d einen Wert von $\lambda/2$, $3\lambda/2$, $5\lambda/2$ und so weiter hat. Die häufigste Methode, Wellen mit einem relativen Phasenunterschied hervorzubringen, ist die, eine Welle in zwei Teile zu spalten und jeden auf dem Weg zum Empfänger einen anderen Weg durchlaufen zu lassen. Man stelle sich zum Beispiel vor, daß Sonnenlicht auf eine Pfütze mit einer dünnen Ölhaut trifft. Im reflektierten Licht sieht man schillernde Farbstreifen, die Oberfläche der Pfütze scheint zu schimmern.

Das wird in Abbildung 9.8 dargestellt. Wenn Sonnenlicht einer bestimmten Farbe auf das Öl trifft, wird ein Teil davon zurückgespiegelt, der andere dringt durch die Ölhaut. Mit anderen Worten: Der Strahl wird gespalten. Jener Teil,

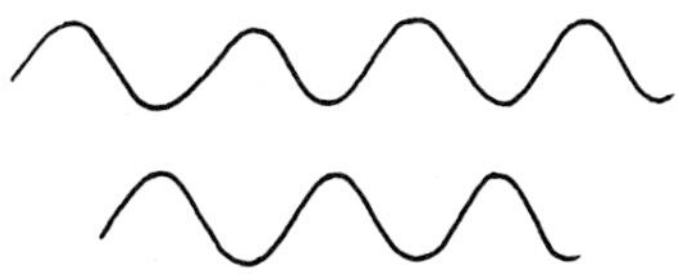

9.5
Zwei Wellen, wo die Kämme der einen den Tälern der anderen entsprechen.

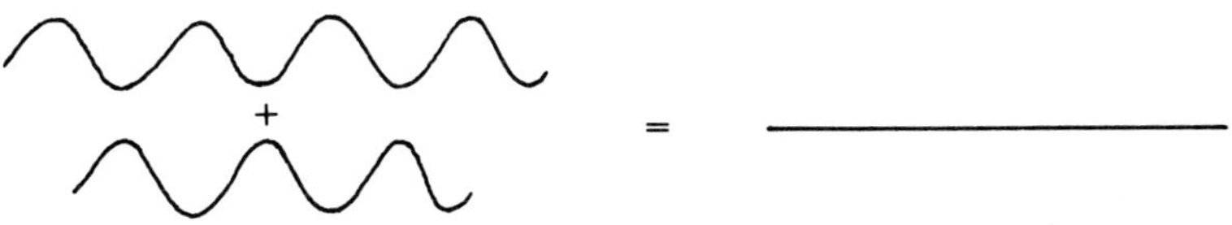

9.6
Die Kombination von zwei inkohärenten Wellen.

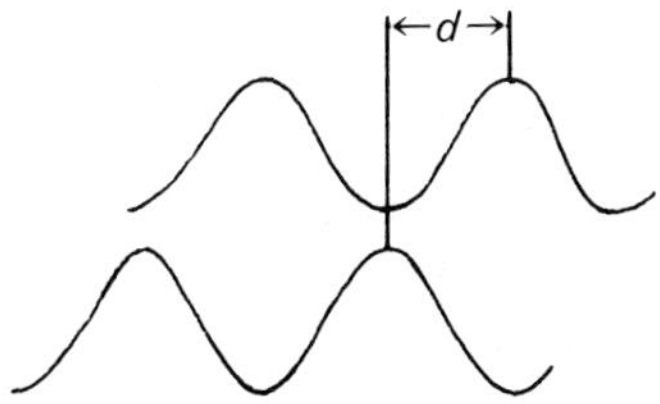

9.7
Die häufigste Art der Überlagerung findet statt, wenn zwei Wellen weder ganz phasengleich noch genau phasenungleich sind. Wir können uns diese Situation so vorstellen, daß eine Welle um die Entfernung (e) hinter der anderen zurückbleibt.

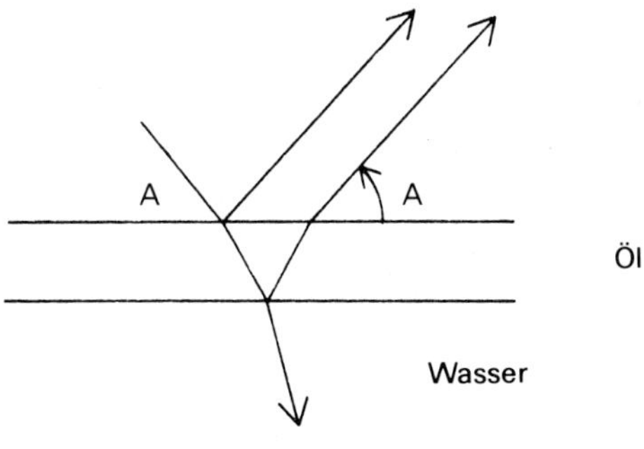

9.8

der das Öl durchdringt, trifft an der Wasseroberfläche auf und wird erneut gespalten – ein Teil des Strahls wird zurückgeworfen, ein anderer durchgelassen. Der zurückgespiegelte Teil trifft dann wieder die Öloberfläche, und ein Teil tritt so aus, wie man es unten sehen kann. Wir können uns die beiden Wellen – die eine, ursprünglich zurückgeworfen, die andere zunächst durchgelassen, dann zurückgeworfen und wieder an die Luft hindurchgelassen – als jene beiden Wellen vorstellen, die, sobald sie das Auge des Beobachters erreichen, sich endlich überlagern werden. Die Größe *d*, die Entfernung, um welche die zweite Welle hinter der ersten zurückbleibt, ist also die zusätzliche Entfernung beim Hin und Zurück durch den Ölfilm. Beträgt diese Entfernung ein ganzzahliges Vielfaches der Wellenlänge jener Farbe, mit der wir es zu tun haben, so tritt Kohärenz ein; das Auge nimmt eben diese Farbe als im Ölfilm vorhanden wahr.

Da jede Farbe eine andere Wellenlänge hat, tritt Kohärenz in jeder Farbe beim eigenen bestimmten Wert der zusätzlichen Entfernung ein, die von der zweiten Welle zurückgelegt wird. Da diese Entfernung aber vom Sehwinkel abhängt – das ist der Winkel A in Abbildung 9.8 – weisen verschiedene Farben bei unterschiedlichem Winkel Kohärenz auf. Der Beobachter sieht im Ölfilm Streifen von verschiedenen Farben.

Zu diesem Beispiel noch eine letzte Bemerkung. Wenn die zweite Welle an der Oberfläche auftrifft, wird, wie schon erwähnt, ein Teil davon durchgelassen. Ein anderer Teil dagegen wird zurückgeworfen, und der ganze Prozeß von Reflektion und Weiterleitung wiederholt sich, wie Abbildung 9.9 erkennen läßt, viele Male. Was am Auge des Beobachters eintrifft, sind daher nicht bloß zwei Wellen mit einer ganz bestimmten relativen Phasenverschiebung, sondern eine große Zahl solcher Wellen, jede von der Vorgängerin durch dieselbe Entfernung getrennt. Das kann man aus Abbildung 9.10 erkennen.

Beträgt die Entfernung *d* also eine Wellenlänge, so sind alle diese Wellen kohärent. Weicht der Wert *d* dagegen von einem ganzzahligen Vielfachen gering ab, so haben alle diese Wellen die Wirkung, sämtliche Signale auszulöschen. Die

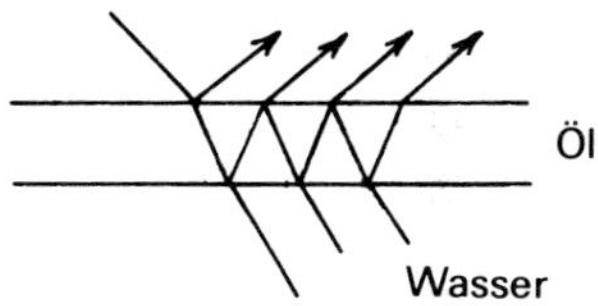

9.9

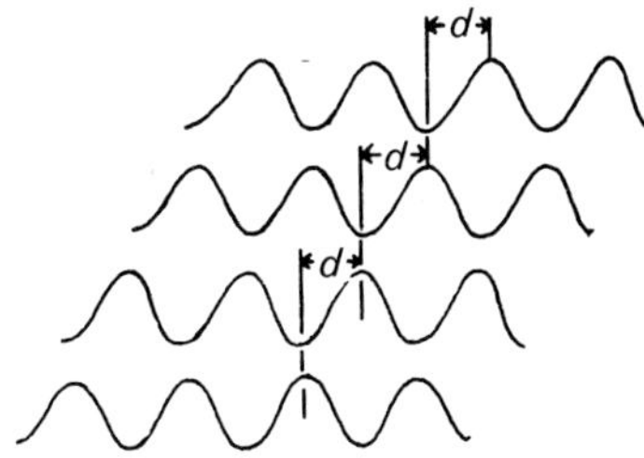

9.10

Folge: Im Empfänger beträgt die Bewegung von Elektronen Null oder erreicht nur einen geringen Wert, obwohl die Voraussetzung für Inkohärenz nicht gegeben ist. Auf diese Weise können viele untereinander leicht verschobene Wellen ein Signal ergeben, das zwei Wellen entspricht, die völlig phasenungleich sind.

Der Parabolspiegel

Die beste Methode, Signale zu bündeln und zu verstärken, ist die, einen Reflektor oder Spiegel zu benützen. Solche Reflektoren bedürfen einiger Grundvoraussetzungen. Erstens muß das Material die Wellen zurückwerfen. Zweitens muß die Spiegelgröße mindestens mehrere Wellenlängen betragen. Das gilt für alle Wellen. Ein einzelner Pfahl im Wasser wird Meereswellen nicht zurückwerfen oder brechen; es bedarf eines Wellenbrechers vom Mehrfachen der Wellenlänge.

Die meisten Instrumente, die für die Suche nach ETI in Frage kommen, sind mit einem Parabolreflektor ausgerüstet – ein gutes Beispiel für die Grundsätze der Interferenz, wie wir sie eben geschildert haben. Die wesentlichen Merkmale eines Parabol- oder Hohlspiegels zeigt Abbildung 9.11.

Wie schon der Name sagt, hat der Reflektor die Form einer Parabel und ist hohl. Er besitzt die Eigenschaft, daß er alles Licht, das im Hohlspiegel parallel zur Achse auftrifft, wie das die Strahlen A und B tun, an einem einzigen Punkt, Brennpunkt genannt, bündelt.

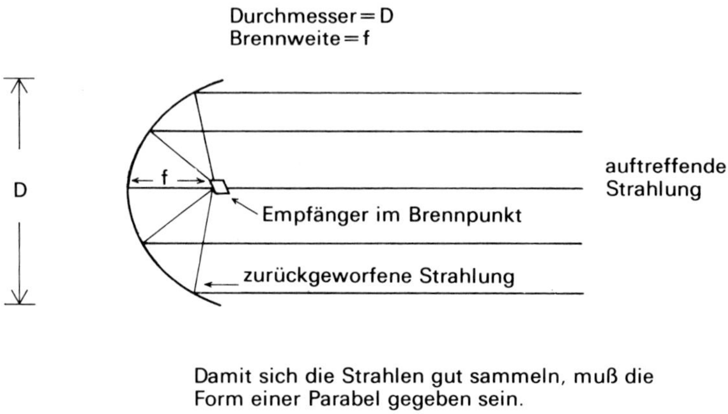

9.11
Die meisten Instrumente, die für SETI Verwendung finden, sind mit einem Hohlspiegel ausgerüstet.

So sammelt sich die gesamte Strahlung, die von einer fernen Quelle aus in den Hohlspiegel gelangt, im Brennpunkt. Das ist der Grund, weshalb Radio- und optische Teleskope, die schwache Himmelssignale einfangen und verstärken müssen, fast stets in dieser Form gebaut werden.

Halten wir uns an das Interferenzbild. Da alle Wellen, die im Brennpunkt eintreffen, genau dieselbe Entfernung zurückgelegt haben, sind sie phasengleich. Damit tritt im Brennpunkt maximale Kohärenz ein. An einem Punkt ganz in der Nähe des Brennpunkts, aber nicht *in* ihm, haben dagegen Wellen, die von verschiedenen Punkten des Spiegels reflektiert werden, leicht unterschiedliche Entfernungen zurückgelegt und sind daher untereinander ein wenig phasenungleich. Viele Wellen, von denen jede an einem Punkt in Brennpunktnähe eintrifft, allesamt den Nachbarinnen gegenüber ein wenig phasenungleich, werden praktisch ausgelöscht, wie das auch beim Ölfilm der Fall war. Damit entsteht eine Art blinder Stelle.

Wollen wir die Stärke der Strahlung entlang der geraden Linie – durch den Brennpunkt und rechtwinklig zur Achse – graphisch darstellen, gelangen wir zu Abbildung 9.12.

Der Scheitelwert am Brennpunkt entspricht der maximalen Kohärenz, von der oben die Rede war. Man nennt

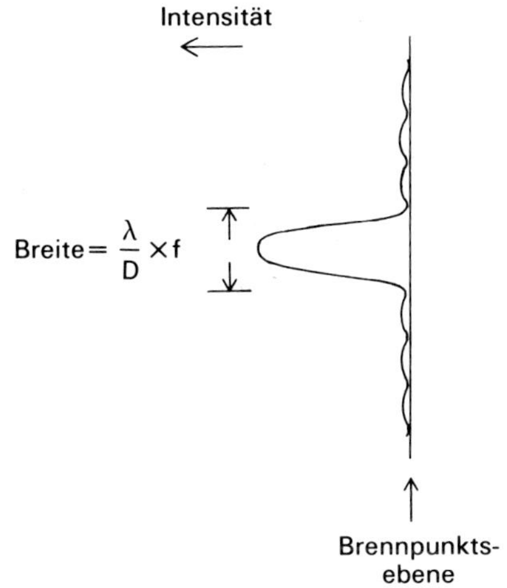

9.12

ihn den «zentralen Spitzenwert». Seine Bandbreite wird annähernd angegeben durch die Formel

$$\text{Bandbreite: } \frac{\lambda}{D} \times f$$

Dabei ist D der Durchmesser des Kollektors, f die Entfernung bis zum Brennpunkt (Brennweite). Außerhalb des zentralen Spitzenwerts nimmt die Helligkeit stark ab. Mit anderen Worten: Der Hohlspiegel bündelt fast die gesamte Energie der auftreffenden Welle im zentralen Spitzenwert. Genauso wird der größte Teil der achsenfern in das Teleskop eindringenden Strahlung im selben Spitzenwert gebündelt, solange der Winkel zur Achse kleiner ist als λ/D. Bei Systemen, die sehr schwache Signale empfangen sollen, ist das ein naheliegender Vorteil.

Die Dopplerverschiebung

Eine außerordentlich wichtige Erscheinung in der modernen Astronomie – die Dopplerverschiebung – verleiht uns die Fähigkeit, festzustellen, ob eine Strahlungsquelle näher kommt oder sich von uns entfernt, und ihre Geschwindigkeit zu bestimmen. Den meisten von uns ist diese Erscheinung durchaus vertraut. Steht man an einem Eisenbahngleis, während ein vorbeifahrender Zug sein Pfeifsignal ertönen läßt, so fällt auf, daß die Tonhöhe sich im Vorbeifahren ändert. Sie ist höher als normal, wenn der Zug sich nähert, und niedriger als normal, sobald er sich entfernt. Diese Frequenzveränderung nennt man Dopplerverschiebung. Sie ist eine Eigenschaft sämtlicher Wellen, nicht nur der Schallwellen.

Den Dopplereffekt können wir dann verstehen, wenn wir uns vergegenwärtigen, was geschieht, wenn eine Welle entsteht. Die Quelle kann eine Pfeife sein, dann sind es Schallwellen, oder auch ein Stern, dessen Welle elektromagnetisch ist. In beiden Fällen entfernt sich die Welle von der Quelle zeitlich und bleibt eine Kugel genau zum Zentrum der Quelle. Damit wir eine regelmäßige Welle sehen können, muß die Quelle in festen Zeitabständen Wellenkämme mit gleichen Abständen aussenden. Sie breiten sich dann als eine Folge von Kugeln mit gleichen Abständen aus, allesamt mit einem Mittelpunkt im Zentrum der Quelle. Das läßt sich aus Abbildung 9.13 erkennen.

Ist die Quelle aber in Bewegung, dann verändert sich die Sachlage In diesem Fall verlagert sich der Ort der Quelle in der Zeit zwischen dem Austritt von Wellenkämmen. Im unteren Teil von Abbildung 9.13 bewegt sich die Quelle mit der halben Geschwindigkeit nach rechts, mit der die Wellenfront sich ausbreitet. Eine Sekunde vorher befand sich die Quelle an dem mit 1 bezeichneten Punkt und sandte die Wellenfront 1 im Zentrum von Punkt 1 aus. Davor befand sich die Quelle noch weiter links, etwa in Punkt 4, und sandte die Wellenfront 4 vom Zentrum des Punkts 4 aus.

Nimmt jemand die ausgesandte Welle an einem Punkt vor der Quelle wahr, so sieht er eine Folge von Wellenkämmen an sich vorbeiziehen und kann feststellen, daß die Quelle tatsächlich eine Welle aussendet. In jeder Sekunde werden aber mehr Wellenkämme vorbeiziehen, als zu dem Zeitpunkt, in dem die Quelle stationär war. Daraus wird der Beobachter schließen, daß die Wellenlänge kleiner ist als bei der stationären Quelle. Bei einer Schallwelle hört man dann

Doppler-Effekt

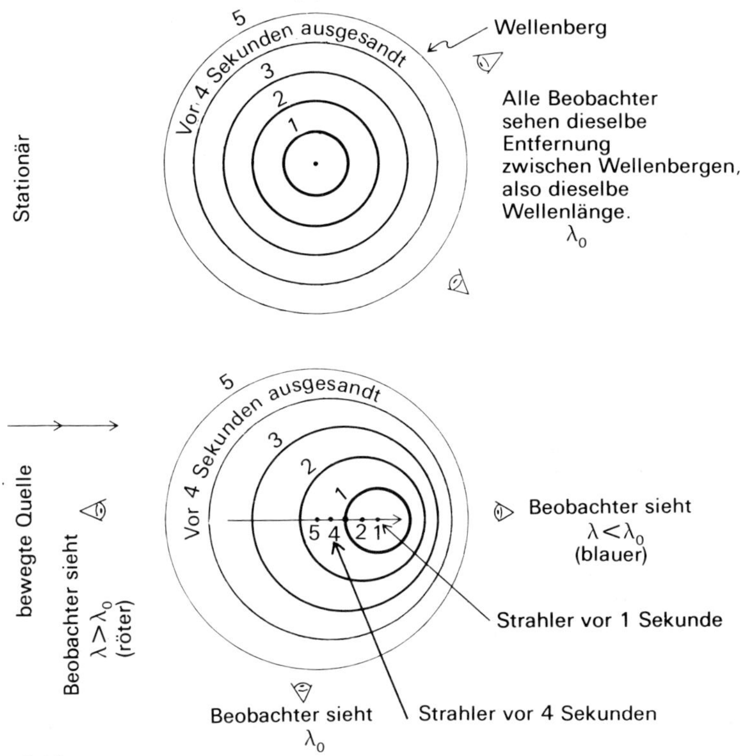

9.13

einen höheren Ton, bei Licht dagegen erscheint die Quelle blauer, als sie in Wirklichkeit ist.

Führt man diesen Gedankengang weiter, so ergibt sich: Entfernt sich eine Quelle vom Beobachter, dann sieht er eine niedrigere Frequenz oder größere Wellenlänge als normal. Handelt es sich um Licht, erscheint die Quelle röter. Wenn wir etwa ferne Galaxien betrachten, sehen wir elektromagnetische Strahlung zu niedrigeren Frequenzen hin verschoben, als wir erwarten würden. Das ist die berühmte «Rotverschiebung», von der wir auf fortwährende Ausdehnung des Universums schließen.

Aus der Richtung, nach der hin die Frequenz der Quelle verschoben ist, können wir demnach die Richtung folgern, in welche die Quelle sich bewegt. Obwohl wir hier darauf verzichtet haben, läßt sich leicht beweisen, daß das Ausmaß der Frequenzverschiebung der Geschwindigkeit der Quelle proportional ist. Aus diesem Grund kann uns die Dopplerverschiebung über jede Strahlungsquelle vieles mitteilen. Die wohl bekannteste praktische Anwendung der Dopplerverschiebung findet beim Polizeiradar statt, wo die Geschwindigkeit des Reflektors, hier also des Autos, durch die Frequenzverschiebung der zurückgestrahlten Strahlen gemessen wird.

Das Photon

Obwohl wir von der elektromagnetischen Strahlung so gesprochen haben, als sei sie eine fortlaufende Welle in der Art der Meereswellen, trifft das dann nicht mehr genau zu, wenn wir uns mit der Strahlung genauer und in einem Maßstab befassen, der sehr klein ist. Strahlen Atome Licht ab, so breitet sich das Licht nicht kontinuierlich aus, sondern vielmehr in Teilchen, die man Quanten nennt. Die Untersuchung dieser Quanten durch Max Planck Ende des 19. Jahrhunderts war der erste Schritt auf dem Weg zur Quantenmechanik – der Wissenschaft davon, wie Materie sich im subatomaren Bereich verhält.

Ein typisches Strahlungsquant wird in Abbildung 9.14 gezeigt. Man nennt es Wellenpaket. Als solches gleicht es eher einer vereinzelten Welle im Wasser in der Art einer Flutwelle, als einer fortlaufenden. Gewöhnlich gibt eine Lichtquelle so viele Quanten ab, daß das tatsächliche Ausmaß des Wellenpakets völlig bedeutungslos ist. So strahlt eine gewöhnliche 100 Watt-Birne, die weniger als 90 Prozent ihrer Leistung erbringt, in jeder Sekunde mehr als 10^{19} Strahlungsquanten ab.

Das Strahlungsquant hat einen eigenen Namen erhalten, weil es in physikalischen Problemen so oft auftaucht. Es heißt Photon. In der Regel sprechen wir von Photonen bei harter Strahlung wie Röntgenstrahlen oder bei sichtbarem Licht, aber man kann mit demselben Recht den Ausdruck Photonen in Verbindung mit Radio- oder Mikrowellenstrah-

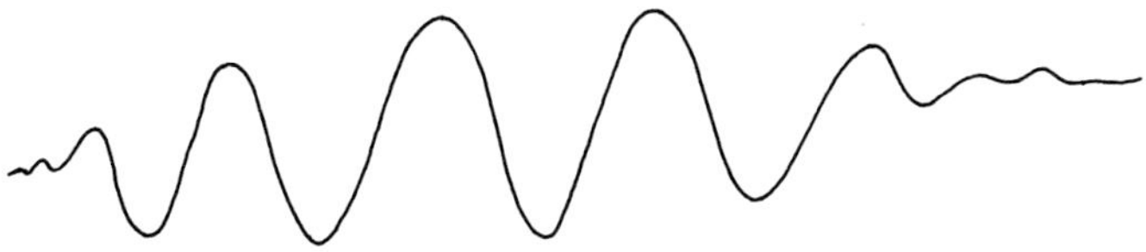

9.14
Ein typisches Strahlungsquant – ein Wellenpaket.

lung verwenden. Die Existenz des Photons setzt, wie wir sehen werden, der Empfindlichkeit von Teleskopen eine Grenze. Strahlt eine Quelle nämlich innerhalb eines bestimmten Zeitraums dem Empfänger weniger als ein Photon zu, so ist das eindeutig eine absolute Grenze dafür, wie gut die Quelle wahrgenommen werden kann.

Nachweis elektromagnetischer Strahlung und seine Grenzen

Elektromagnetische Wellen sind nur dadurch zu erkennen, daß man Materie betrachtet, wo die Wellen einwirken. So bewirken Wellen, daß Moleküle in der Netzhaut des menschlichen Auges vibrieren, ein Vorgang, der letztlich dazu führt, daß wir die Strahlungsquelle sehen. Begegnen Radiowellen dem Metall einer Antenne, so lösen sie Elektronenbewegung aus. Das erzeugt einen Strom, der nach Verstärkung dazu dient, Radio- oder Fernsehgeräte zu betreiben. Detektoren wie das Auge oder eine Radioantenne müssen einer Welle deshalb nur in den Weg gestellt werden, damit sie wahrgenommen werden kann.

Die Größe, die am unmittelbarsten auf die Nachweisbarkeit einer elektromagnetischen Welle Einfluß hat, ist die Stärke des Signals, die sie im Detektor hervorruft. Bei Radiowellen wird sie nach der in der Antenne hervorgerufenen Stromstärke gemessen. Nähert sich eine Welle auf breiter Front – was bei Signalen von anderen Sternen gewiß der Fall ist – kann man das Signal nicht zuletzt dadurch verstärken, daß einfach die Reflektorfläche vergrößert wird. Durch einen Hohlspiegel kann man die gesamte auf der Reflektorfläche auftreffende Welle zu einer einzigen Antenne im

Brennpunkt lenken. Auf diese Weise ist eine Welle selbst dann noch nachzuweisen, wenn sie im übrigen so schwach ist, daß die Antenne allein sie nicht wahrnehmen könnte.

Die Flächengröße eines Detektors hat offenbar mit dem Nachweis der Strahlungsquelle nichts zu tun. Aus diesem Grund mißt man in der Regel die wahre Signalstärke in Energieeinheiten, die pro Zeiteinheit auf eine bestimmte Kollektorfläche treffen. Das wird als Energiefluß im Empfänger bezeichnet. Energie pro Sekunde mißt man üblicherweise in Watt. Eine typische Signalstärke kann deshalb in Watt/cm^2 ausgedrückt werden.

Ob ein Signal nachweisbar ist oder nicht, hängt von zwei Dingen ab – einmal von der Signalstärke im Empfänger und ferner von der Bauart des Empfängers selbst. Eine zusätzliche Komplikation – das Rauschen – besprechen wir später in diesem Kapitel.

Man denke sich das menschliche Auge als bloßes Empfangsgerät. Wir wissen, daß das bloße Auge kaum einen Stern sechster Größe erkennen kann. Das heißt, das Auge vermag einen Energiefluß von unter 10^{-14} Watt/cm^2 nicht wahrzunehmen. In diesem Fall treffen pro Sekunde 10^4 Photonen auf der Netzhaut auf. Zum Vergleich: Ein kleiner Mittelwellensender erzeugt in der Radioantenne einen Energiefluß von 10^{-9} Watt/cm^2 – rund das Hunderttausendfache der Energie eines Sterns sechster Größe. Letzten Endes kann man alle Empfänger nach dem kleinsten Energiefluß einstufen, den sie noch wahrnehmen können.

Der Energiefluß, mit dem ein Empfänger arbeiten muß, hängt von der Entfernung zur Strahlungsquelle und der Energiemenge ab, die von der Quelle ausgeht. So liefert etwa eine gewöhnliche 100 Watt-Glühbirne eine Energieleistung von 100 Watt. Bestünde diese ganz aus Licht, was nicht der Fall ist, dann entspräche das ungefähr 2×10^{20} Photonen in der Sekunde. Diese Photonen fliegen natürlich in alle Richtungen hinaus. Die Photonen, die in jedem Augenblick die Quelle verlassen, kann man sich als eine Kugel vorstellen, deren Ausbreitungsradius mit Lichtgeschwindigkeit zunimmt.

Die Oberfläche einer Kugel vom Radius R beträgt $4\pi R^2$. Die Zahl der Photonen, die auf einem Reflektor der Fläche A bei der Entfernung R zur Quelle auftreffen, beläuft sich daher auf

$$N = N_S \frac{A}{4\pi R^2}$$

Dabei ist N_s die Zahl der Photonen, die von der Quelle pro Sekunde abgestrahlt werden. Je größer die Entfernung des Detektors, desto weniger Photonen kommen an und umso schwerer fällt es, die Quelle zu «sehen».

Wir können die 100 Watt-Glühbirne erneut als Beispiel nehmen. Ein Empfänger von Augengröße, der von der Glühbirne dreißig Zentimeter entfernt ist, nimmt pro Sekunde rund 10^{16} Photonen auf. Das liegt weit über der Aufnahmegrenze des Auges – eine brennende Glühbirne aus dieser Entfernung anzustarren, wäre wohl auch ein wenig schmerzhaft. Bei einer Entfernung von einer Meile – das sind rund 1609 Meter – würden etwa 10^9 Photonen in der Sekunde das Auge treffen. Auch das liegt immer noch weit über der Wahrnehmungsschwelle. Jeder, der nachts schon einmal ländliches Gebiet überflogen hat, weiß, daß eine einzige Glühbirne, die in einem Gehöft brennt, von einem Flugzeug in mehreren Kilometern Höhe aus deutlich sichtbar ist. Erst wenn wir uns von der Glübirne ein paar hundert Meilen entfernen, wird die Wahrnehmungsschwelle des Auges – 10^4 Photonen in der Sekunde – erreicht.

Bleiben wir noch bei unserem Beispiel. Angenommen, wir entfernen uns von der 100 Watt-Birne 30000 Meilen, also über 48000 Kilometer. Auf diese Entfernung würde nur noch ein Photon pro Sekunde das Auge erreichen. Das ist ein sehr schwacher Energiefluß. In Kapitel 10 werden wir sehen, daß damit eine ganz entscheidende Grenze verbunden ist.

In der Praxis wird die Grenze für Teleskope und andere Detektoren in der Regel durch etwas anderes bestimmt, das man «Rauschen» nennt. Bei unserem Beispiel mit der Glühbirne haben wir die Zahl der Photonen errechnet, die von ihr aus das Auge treffen. Dabei ist die Möglichkeit völlig außer acht geblieben, daß auch Photonen von anderen

Quellen gleichzeitig das Auge erreichen können. Die zusätzlichen Photonen nennt man «Rauschen», die der Glühbirne dagegen sind das «Signal». Der entscheidende Faktor dafür, ob man die Glühbirne sehen kann, ist das Verhältnis der Anzahl beider Photonenarten – der sogenannte Rauschabstand, abgekürzt SNR.

Für den Empfänger sind alle Photonen gleich. Wenn das Signal also nicht erheblich mehr Photonen enthält als das Rauschen, geht das Signal einfach verloren. Man könnte eine 100 Watt-Birne bei Tag vom Flugzeug aus nicht wahrnehmen, weil die Photonen der Glühbirne mit weitaus mehr Photonen von anderen Strahlungsquellen vermischt wären. Bei Nacht werden diese anderen Quellen um vieles schwächer, deshalb wird die Glühbirne sichtbar. Das Beispiel ist deshalb interessant, weil es eines zeigt: Selbst wenn Stärke der Quelle und Bauart des Empfängers feststehen, hängt die Frage, ob ein Signal wahrgenommen werden kann oder nicht, von der Stärke des Hintergrundrauschens ab.

In der Fachsprache heißt es, der Rauschabstand vergrößert sich bei Nacht, weil die Rauschstärke nachläßt. Als Faustregel kann man einen Rauschabstand von 1, nämlich einen Zustand, bei dem Rauschen und Signal sich die Waage halten, als etwa die Grenzschwelle betrachten, an der wir die Quelle vom Hintergrund noch unterscheiden können.

Es gibt ein paar Tricks, um im Detektor den Rauschabstand zu verringern. Beschattet man die Augen vor der Sonne, so schaltet man eine Rauschquelle aus, um besser sehen zu können. Ähnlich kann man bei Teleskopen vorgehen, bei denen man bekannte Interferenzstörungen auszuschalten vermag. Auch die Übertragung des Signals von einer Antenne aus kann so erfolgen, daß das Rauschen praktisch verringert wird. Am besten geschieht das dadurch, daß man das Signal über lange Zeiträume hinweg aufzeichnet und das Mittel daraus gewinnt. Da Rauschen statistisch ist, also ganz zufallsbestimmt – man spricht auch von weißem Rauschen – hat es im Gegensatz zum Signal die Neigung, im Mittel auf Null abzusinken. So kann das Rauschen den Strom in einer Antenne ebensogut in die eine wie in die andere Richtung lenken. Über lange Zeit hinweg tendiert deshalb der durch Rauschen entstandene Gesamtstromfluß zum Nullwert. Das Signal hingegen erzeugt einen ganz spezifisichen Strom, der sich im Lauf der Zeit regelmäßig wiederholt und deshalb nicht verschwindet, wenn das Mittel genommen wird. Das führt dazu, daß der Verhältniswert Signal zu Rauschen im Mittel hoch angesetzt werden kann, selbst wenn das beim Verhältnis Signal/Rauschen im einzelnen nicht zutrifft.

Um festzustellen, wie wirksam dieser Vorgang ist, kann man mit einer Polaroidkamera einen Versuch anstellen. Man benötigt ein Fernsehbild mit «Schnee». Dazu muß man vielleicht die Fernsehantenne herausziehen. Der Schnee auf dem Bild und das Brummen im Lautsprecher sind Rauschen. Eine Photographie, die mit 1/30 Sekunde bei Blende 4 aufgenommen wird, zeigt ein Fernsehbild, auf dem es «schneit». Eine Belichtungszeit von einer Sekunde bei Blende 22 entspricht einem Mittel von etwa 30 Fernsehbildern. Dann sollte Wim Toelke aus dem Schnee auftauchen, falls man den «Großen Preis» eingeschaltet hat. Hat Toelke sich in diesem Augenblick gerade bewegt, erscheint er natürlich verschwommen; von seiner Bewegung ist wenig zu erkennen. Der Schnee verschwindet, weil die weißen und schwarzen Punkte in der Fernseh-Bildröhre sich bewegen und im Mittel grau ergeben, also verschwimmen. Das Signal für die Studiobauten bleibt konstant. Sie treten umso klarer hervor, je länger man belichtet.

Die moderne Astronomie und viele andere Wissenschaftszweige verwenden viel Mühe darauf, schwache Signale aus «verrauschten» Daten auszusondern. Von SETI aus gesehen, wird das Vermögen, das schwache Signal eines sehr weit entfernten Sterns nachzuweisen, begrenzt durch das Rauschen, von dem es unausweichlich begleitet wird. Wie so oft in der Wissenschaft verringern sich die großen philosophischen Fragen – hier die nach ETI – auf die eher prosaische, wie sich besseres elektronisches Gerät entwickeln läßt.

10
SETI:
Die Suche nach extraterrestrischer Intelligenz

Die Wahrscheinlichkeit für einen Erfolg (bei SETI) ist schwer zu schätzen, aber die Erfolgsaussicht ist Null, wenn wir überhaupt nicht suchen.
Philip Morrison und Giuseppe Cocconi

Eine Untersuchung, wie es anzustellen sei, Signale von anderen Welten aufzufangen, beginnt am besten mit der Frage, wie wir selbst vorgehen würden, um Signale hinauszuschicken. Auf den ersten Blick mag das als antropomorphe Einstellung erscheinen. Dem ist aber gar nicht so. Sämtliche Wesen, die Signale senden wollen, würden sie in eben die Galaxis richten, die wir beobachten, und müßten deshalb ungefähr zu denselben Schlußfolgerungen wie wir darüber gelangen, wie sie sich bemerkbar machen sollen. Wir nehmen ferner an, daß sie versuchen würden, die größtmögliche Informationsmenge bei niedrigsten Energiekosten zu senden. Dabei darf man davon ausgehen, daß jede fortgeschrittene Gesellschaft ihre Energiereserven bis zum Äußersten nutzt und, wenn möglich, versuchen wird, jede Verschwendung zu vermeiden.

Faktoren für planvolles Vorgehen beim Senden

Wenn unser Ziel darin besteht, größtmögliche Informationsmengen zu fixen Energiekosten zu senden, wird unser Vorgehen von einer Reihe Faktoren beeinflußt werden. Dazu gehören die Bauart der Sendeanlage und wohl auch die des

Empfängers, ferner das interstellare Medium, das die Signale durchdringen müssen.

Wir können mit einem einfachen Beispiel beginnen. Angenommen, man besitzt eine Radiostation mit einer Sendeleistung von 1000 Watt und erreicht dabei sämtliche Hörer in einem Radius von 16 Kilometern. Jeder Hörer könnte den gesendeten Informationen dieser einen Station lauschen – etwa einem Schlager. Nehmen wir weiter an, man möchte mehr Information verbreiten, ohne jedoch 1000 W zu überschreiten. Eine Möglichkeit wäre die, zwei Stationen von je 500 Watt nebeneinander zu errichten und, um Überlagerung zu vermeiden, sie auf verschiedenen Frequenzen senden zu lassen. Dann könnte man das Doppelte an Information senden – also zwei Schlager. Der Bereich der Hörer, die diese Sendungen empfangen könnten, würde sich dagegen um einen Faktor von $\sqrt{2}$ auf rund 11 km verringern, weil jeder Sender nur noch die halbe Leistung der ersten Station erbrächte. Würde man diesen Prozeß, die Leistung auf mehrere Sender aufzuteilen, weiter fortsetzen, dann könnte eine Situation entstehen, in der die glücklichen Hörer im Umkreis von zweieinhalb Kilometern rund um die Sender alle 40 Tophits auf einmal empfangen könnten. Wir sind uns nicht sicher, ob das wirklich zu einem Qualitätsverlust führen würde.

Die Tatsache, daß die vielen Sender unseres Beispiels auf gering gegeneinander verschobenen Frequenzen senden müßten, bedeutet, daß der gesamte Sendeaufwand ein ganzes Frequenzband statt nur eine einzige Frequenz umfaßt. Die Sender könnten auf der Mittelwellenskala etwa von 900 bis 910 Kilohertz reichen. Diesen Frequenzbereich nennt man die Bandbreite der Sendungen.

Statt eine große Zahl verschiedener Sender zu errichten, baut man in der Regel einen einzigen, der auf dem gesamten Frequenzbereich der Bandbreite sendet. Aus unserem Beispiel wird jedoch klar: Je größer die Bandbreite, desto höher der Informationsgehalt des Signals. Ebenso steht fest, daß zwischen der Zahl von Hörern, die erreicht werden kann, also der Reichweite, und der Informationsmenge, die jeder zu empfangen vermag, ein wechselseitiges Verhältnis besteht. Je mehr Information, desto weniger Hörer.

Um mit der Erklärung der Bandbreite auf vertrauteren Boden auszuweichen: Mittelwellensender haben in der Regel eine Bandbreite von 5000 Hz. Das führt bei der Wiedergabe zu einer recht niedrigen Tonqualität. Der UKW-Funk dagegen verfügt in der Regel über eine Bandbreite von 100000 Hertz, so daß viel mehr Information gesendet werden kann. Viele UKW-Sender strahlen denn auch in Stereo aus, wozu zwei Kanäle erforderlich sind. Schließlich erfordern die ungeheuren Informationsansprüche von Bildwiedergaben, daß Fernsehstationen noch viel größere Bandbreiten benötigen. Sie werden in der Praxis auch verwendet. Der typische Fernsehsender umfaßt eine Frequenzbreite von etwa 6 Millionen Hz.

Allgemein zu beurteilen, wieviel Information auf einem bestimmten Band gesendet werden kann, ist ein wenig kompliziert und hängt unter anderem sowohl vom Rauschabstand, als auch davon ab, in welcher Weise das Signal verarbeitet wird. Es gibt aber eine grobe Faustregel: Wenn wir an die äußerste Empfangsgrenze geraten, wo der Rauschabstand etwa 1 beträgt, kann ein Signal mit einer Bandbreite von 1 Hz pro Sekunde ein Informationsbit je Sekunde übertragen. Wir wollen das als unser Kriterium für den Rest unserer Beschäftigung mit SETI übernehmen. Dieses Ergebnis ist ein besonders vorteilhaftes, weil nämlich 1 Hz ungefähr die minimale Frequenzdehnung ist, die ein Signal besitzen kann, nachdem es durch das interstellare Medium gelangt und davon verzerrt worden ist.

Eine vernünftige Sendemethode wäre demnach die, einen Leitstrahlsender von außerordentlich schmaler Bandbreite zu benützen, der eine Sendung von viel größerer Bandbreite mit Informationen ergänzt. Die einzige Information im Leitstrahl wäre die Mitteilung, wo die Breitband-Sendung zu finden ist. Er würde also eine Art Programmzeitschrift darstellen. Unsere Aufgabe muß demnach zunächst darin bestehen, einen Leitstrahl zu finden, und zwar einen, der so angelegt ist, daß man ihn so leicht wie möglich finden kann.

Die Wahl der Frequenz

Die nächste Frage lautet: Wie findet man die geeignetste Kommunikationsfrequenz? Man geht grundsätzlich davon aus, daß sowohl wegen der Kosten, als auch wegen der Rücksichtnahme auf das Hintergrundrauschen interstellare Kommunikation im Radiowellenbereich stattfinden wird.

Im Hochfrequenzbereich des elektromagentischen Spektrums erfordert die Erzeugung jedes Photons eine große Energiemenge. Eine Maschine, die Röntgenstrahlen hervorbringt, kostet weit mehr als eine Taschenlampe, die nur dazu da ist, sichtbares Licht zu liefern. Man braucht mindestens ein Photon, um ein Bit Information zu befördern. Die Kosten je Bit sind bei Röntgen- und Gammastrahlen, ja sogar bei sichtbarem Licht, viel höher als eine Übertragung des Bits durch Radio- oder Mikrowellen.

Wenn wir das Rauschen bedenken, das den Empfang unseres Signals wohl erschweren dürfte, kann die Wahl noch genauer bestimmt werden. Wir müssen die Galaxis absuchen, um festzustellen, bei welcher Frequenz ein Radiosignal sich von den Störgeräuschen im Hintergrund abhebt.

Bei niedrigen Frequenzen ist die Galaxis selbst eine starke Rauschquelle. Das rührt in erster Linie von energiereichen Photonen kosmischer Strahlung her, die in das interstellare Magnetfeld auf Spiralbahnen hineinfliegen. Bei hohen Frequenzen stoßen wir wieder auf das Ein-Photon-Limit von Kapitel 9. Wenn ein Detektor genug Empfindlichkeit besitzt, kann ein einziges Hochfrequenz-Photon soviel Energie enthalten, daß es eine Reaktion auslöst. Die Mathematik zum Nachweis einzelner Photonen sagt, daß es bei diesem Prozeß einen Fehler – «Zählfehler» genannt – gibt, der die Fähigkeit einschränkt, ein Signal selbst dann nachzuweisen, wenn jedes Rauschen fehlt. Da diese Art von Fehler auf den Prinzipien der Quantenmechanik beruht, nennt man das «Quantenrauschen».

Bei Empfangsanlagen auf dem Erdboden ist die Hochfrequenz-Grenze in Wahrheit eine noch stärkere Einschränkung als die der Quantenwirkungen. Die Moleküle in der Atmosphäre, die für die Treibhauswirkung sorgen, besitzen die Eigenschaft, Infrarotstrahlung absorbieren und wieder abstrahlen zu können. Das hält uns zwar warm, sorgt aber auch dafür, daß wir Wellenlängen von weit unter 1 cm nicht werden wahrnehmen können.

Das verbleibende Grundrauschen in der Galaxis zeigt Abbildung 10.1. Das Hintergrundrauschen besitzt eine ziemlich breite Mindeststärke, zu finden auf den Wellenlängen ungefähr zwischen 3 und 30 cm. Ein Außerirdischer, der den Wunsch hätte, von der Oberfläche eines Planeten aus mit Wesen unserer Art auf der Oberfläche eines anderen Planeten in Verbindung zu treten, würde sehr wahrscheinlich eine Frequenz in diesem Bereich wählen. Befinden sich dagegen sowohl Sender als auch Empfänger im Weltraum, dann könnte das naheliegende Wellenband bis zu etwa 1 mm hinabreichen.

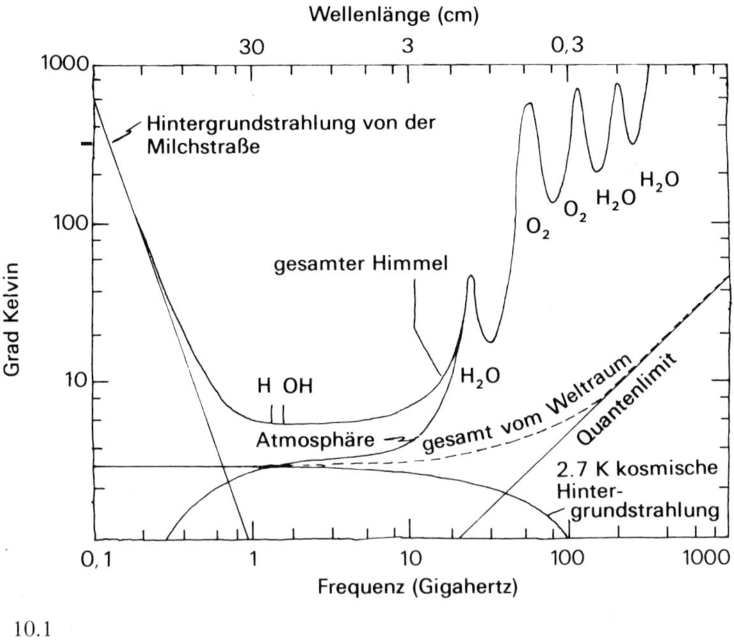

10.1
Die Grundstrahlung in der Galaxis.

Radioteleskope

Radioteleskope, wie sie derzeit in Gebrauch sind, kann man ebensogut dazu verwenden, Botschaften von außerirdischen Wesen aufzufangen, wie die natürliche Radiostrahlung, die sie in der Regel beobachten. Die meisten Radioteleskope sind Hohlspiegel von der in Kapitel 9 beschriebenen Art. Soll ein Teleskop bei einer bestimmten Wellenlänge λ benützt werden, muß seine Oberfläche der angestrebten Parabel mit einer Genauigkeit entsprechen, die viel kleiner ist als λ. Die im Brennpunkt auftreffenden Strahlen werden sonst nicht unbedingt phasengleich sein, Interferenz würde das Signal dämpfen. Bei einem Teleskop, das auf einer Wellenlänge von 21 cm empfängt, muß die Oberfläche auf etwa 2 cm genau gearbeitet sein. Das Material für den Reflektor braucht nicht vollwandig zu sein – es kann Löcher aufweisen, solange diese viel kleiner sind als die Wellenlänge. Maschendraht ist für 21 cm-Strahlung ein durchaus brauchbarer Reflektor.

Das Hauptproblem, ein Radioteleskop zu konstruieren, besteht also darin, einen möglichst großen Hohlspiegel zu bauen, gleichzeitig aber auch dafür zu sorgen, daß das Teleskop bis zu einem Bruchteil der Wellenlänge, die es auffangen soll, seine Form behält. Soll das Teleskop beweglich sein, damit es in verschiedene Richtungen gedreht werden kann, bestimmt sich die Größengrenze nach dem Ausmaß, in dem die Stützen unter ihrem Eigengewicht nachgeben, sobald man das Instrument dreht. Um damit Strahlung im Bereich von Zentimeterwellen auffangen zu können, bedeutet das, daß der Durchmesser des Kollektors – der «Schüssel» – auf annähernd 30 Meter beschränkt ist.

Sebastian von Hoerner hat einen klugen Vorschlag dazu gemacht, wie man diese Grenze umgehen kann: Man baut ein Teleskop nicht starr, sondern vielmehr so, daß es auf berechenbare Weise durchsackt und in dieser Form stets eine Parabel bleibt. Das größte steuerbare Teleskop der Erde gehört dem Max Planck-Institut für Radioastronomie bei Effelsberg in der Bundesrepublik Deutschland. Das Teleskop weist einen Durchmesser von 100 m auf und hängt, wenn es

10.2
Das 100 m-Radioteleskop bei Effelsberg in der Bundesrepublik wird betrieben vom Max Planck-Institut für Radioastronomie in Bonn. Es ist das größte, voll steuerbare Einzelspiegel-Teleskop der Welt. Das Gebäude links davon ist zweistöckig.

sich vom Zenith zum Horizont dreht, um ca. 20 cm durch, behält aber seine Form innerhalb einer Maßgenauigkeit von etwa 0,1 cm.

Das Teleskop mit der größten Kollektorfläche der Welt steht bei Arecibo in Puerto Rico. Es hat einen Durchmesser von 304 m und ist in eine natürliche Bodensenke eingelassen. Man kann es nicht steuern – nur die Brennweite ist verstellbar – und es muß in die Richtung zeigen, die von der Erddrehung vorgeschrieben wird. Man kann es für Wellenlängen bis herunter zu ca. 10 cm verwenden.

Eine Vorstellung von der Größe moderner Radioteleskope vermitteln die Abbildungen 10.3. und 10.4.

10.3
Das Radioteleskop bei Arecibo, Puerto Rico, ist der größte Einzelspiegel auf der Erde und besitzt einen Durchmesser von 304 m. Die Tragsäule rechts hat etwa die Höhe des Washingtondenkmals, das 170 m erreicht. Da die Antenne in einer natürlichen Bodensenke fest verankert ist, wird sie durch die Erddrehung und in einem geringeren Maß dadurch «gezielt», daß man den Empfänger auf dem dreieckigen Gebilde über dem Spiegel bewegt. Das Arecibo-Observatorium gehört zum National Astronomy and Ionosphere Center. Es wird durch einen Vertrag mit der National Science Foundation von der Cornell-Universität betrieben.

10.4
Diese Teilansicht des Teleskops von Arecibo ist von der Empfängerstütze mehr als 120 m über dem Spiegel aus aufgenommen. Sie zeigt die enorme Größe des Spiegels im Hintergrund.

Methoden der Suche und magische Frequenzen

Nehmen wir an, wir hätten den Wunsch, auf die geeignetste Weise nach Leitstrahlen für ETI zu suchen. Wir würden alle naheliegenden Frequenzen im rauscharmen Bereich absuchen wollen. Die Suche müßte sich also auf Wellenlängen von 3 cm bis 30 cm oder auf die entsprechenden Frequenzen von 10^9 bis 10^{10} Hz erstrecken. Da wir Leitstrahlen suchen, müssen wir eine Bandbreite von 1 Hz unterstellen.

Zuerst muß die Frequenz gesucht werden. Das ist so, als drehe man den Sendersuchknopf eines Radioapparats, um in einer fremden Stadt einen Sender zu finden. Der Mittelwellenbereich erstreckt sich von 0,55 bis 1,6 Millionen Hz, die Empfänger-Bandbreite beträgt 10000 Hz. Deshalb erfordert ein Absuchen des Mittelwellenbandes

$$\frac{1{,}6 \times 10^6 - 0{,}55 \times 10^6}{10^4}$$

oder ungefähr 100 Striche. Man könnte jeden Strich eine Sekunde lang abhören. Ein sorgfältiges Absuchen des Mittelwellenbandes würde dann 100 Sekunden dauern. Nun wollen wir aber von 10^9 bis 10^{10} Hz in Schritten von je 1 Hz suchen, das sind 9×10^9 Schritte. Heutige Instrumente können 1000 Frequenzen zugleich erfassen, so daß in Wahrheit nur 9×10^6 Schritte erforderlich sind. Bei einer Sekunde pro Schritt erfordert das ungefähr 3 Monate.

Wir müssen aber auch in verschiedene Richtungen blikken. Nehmen wir an, wir wollten den ganzen Himmel absuchen. Bei Verwendung des 100 m-Teleskops sind auf 21 cm 3 Millionen voneinander unabhängige Richtungen vorhanden. Bei einer Suchzeit von 1 Sekunde würde eine den ganzen Himmel auf sämtlichen Frequenzen erfassende Suche mit dem 100 m-Teleskop etwa 10 Millionen Jahre in Anspruch nehmen. Solche Langzeitprojekte finanziert der Staat nur selten.

Ganz klar, daß das Ausmaß der Suche verringert werden muß. Der größte Teil der Überlegungen zu diesem Problem konzentrierte sich darauf, den abzusuchenden Frequenzbereich einzuschränken. Im allgemeinen weisen verschiedene Befürworter von SETI darauf hin, daß diese oder jene Frequenz diese oder jene Eigenschaft besitze, die sie heraushebt, und daß jeder wissenschaftlich interessierte Außerirdische sehr wahrscheinlich genau diese Frequenz für seine Sendungen benützen würde. Das kennt man inzwischen als das Argument der «magischen Frequenz», und man kann verstehen, daß es Anklang findet. Statt bei unserer Suche den gesamten Bandbereich durchzugehen, würden wir uns lediglich mit einem schmalen Band rund um die magische Frequenz befassen müssen.

Die erste – immer noch bekannteste – Frequenz dieser Art war die seinerzeit von Morrison und Cocconi vorgeschlagene. Das ist Strahlung auf der Wellenlänge 21 cm, die berühmte 21 cm-Wasserstofflinie. Man hält sie deshalb für «magisch», weil sie von interstellarem Wasserstoff ausgestrahlt wird und Wasserstoff das weitestverbreitete Element im Universum ist. Damit liefert 21 cm-Strahlung so etwas wie einen umfassenden Hintergrund für alle Vorgänge in der Galaxis, und man darf davon ausgehen, daß alle fortgeschrittenen Zivilisationen darüber unterrichtet wären. Außerdem liegt sie auch im rauscharmen Bereich des Frequenzspektrums und läßt sich mit modernen Radioteleskopen leicht auffangen.

Seit diesem ersten Vorschlag hat man jedoch eine ganze Reihe anderer «magischer» Frequenzen vorgeschlagen, von denen jede a priori so wahrscheinlich ist wie die andere. Jede entspricht der Strahlung bei einem fundamentalen atomaren oder molekularen Prozeß im interstellaren Raum. In Tabelle 3 findet man eine Teilliste dieser «magischen» Frequenzen.

Aus dieser Tabelle geht zweierlei hervor. Erstens scheint «Magie» im selben Maß wie Schönheit vor allem im Auge des Betrachters zu liegen, also Geschmacksfrage zu sein. Was der eine als Rauschen empfindet, ist dem anderen magische Frequenz, und wir können sehr wenig unternehmen, um uns zwischen den verschiedenen Vorschlägen sinnvoll zu entscheiden. Zum anderen wollen die Astronomen sich heute offenbar stärker mit den Wellenlängen unter 3 cm befassen.

Tabelle 3. Magische Frequenzen

Wellenlänge (cm)	Prozeß
21	Strahlung von Wasserstoffatomen
18	Strahlung von Hydroxyl (OH)-Radikalen
11,7	Frequenz in Verbindung mit der Zeit, die Licht braucht, um ein Elektron zu durchlaufen
6	Strahlung von interstellarem Formaldehyd
0,17	Spitzenwert der Hintergrundstrahlung, die noch vom Urknall herrührt
0,15	Strahlung eines «Atoms» aus einem Elektron und einem Positron

Diese betreffen Strahlung, die von der Atmosphäre absorbiert wird, mit einem Weltraum-Teleskop aber leicht festzustellen wäre. Durch die Entwicklung von Weltraum-Teleskopen werden diese kürzeren Wellenlängen für SETI bald zugänglich werden. Diese Entwicklung wird wohl zu noch mehr magischen Frequenzen führen.

Nebenbei sollte noch erwähnt werden, daß Astronomen das Wellenlängen-Intervall zwischen 18 und 21 cm als «Wasserloch» zu bezeichnen pflegen, weil es den Wasserstoff und das OH-Radikal betrifft, die zusammen Wasser – H_2O – ergeben.

Suchaktionen

Seit Projekt Ozma haben mehrere Suchaktionen nach ETI stattgefunden. Die wohl umfassendste haben Ben Zuckerman von der Universität Maryland und Patrick Palmer von der Universität Chicago geleitet. Man beobachtete durch 21 cm-Wellen ungefähr 600 Sterne vom Typ unserer Sonne. Interessanterweise hat in den eineinhalb Jahrzehnten zwischen Projekt Ozma und den Suchaktionen von Zuckerman und Palmer die Elektronik solche Fortschritte gemacht, daß das moderne System bei der Datenbeschaffung 10 Millionen mal leistungsfähiger war. Trotzdem konnte man nichts finden.

Es hat noch eine Reihe anderer Versuche gegeben, zumeist bei 18 und 21 cm. Man entdeckte keinerlei Hinweise auf ETI.

Wir sollten hier darauf hinweisen, daß diese Suchaktionen nicht von sehr großer Empfindlichkeit oder Beharrlichkeit geprägt waren. Wenn an einem Tag 10 Minuten und an einem anderen Tag der darauffolgenden Woche 15 Minuten lang keine 21 cm-Strahlung von Tau Ceti festzustellen ist, besagt das noch lange nicht, von Tau Ceti her würde nicht gesendet werden. Die Suchaktionen sind fast immer nur «Füller», wenn in den Einsatzplänen der Radioteleskope Lücken auftreten. Empfänger und Teleskope nach dem neuesten Stand der Technik bleiben stets für Vorhaben reserviert, die den Wissenschaftlern bedeutsamer erscheinen. Es wäre ein Wunder gewesen, wenn man bei den bis heute ausgeführten Suchaktionen ETI entdeckt hätte.

Cyclops

Die Überlegung, was bei SETI zu erreichen wäre, wenn wir die größtmögliche Anstrengung unternehmen könnten, dürfte nützlich sein. In diesem Rahmen hat die NASA eine Entwurfsstudie angefertigt, um festzustellen, was heute erreichbar wäre. Das empfohlene System heißt Projekt Cyclops. Cyclops würde bestehen aus einem kreisförmigen Feld von 1500 Antennen, jede mit einem Durchmesser von 100 m. Das Feld besäße einen Gesamtdurchmesser von 8 km und würde Ähnliches leisten wie ein Einzelspiegel-Teleskop dieses Durchmesseres. Es gäbe 1500 Empfänger, jeder vielleicht um einen Faktor 2 besser als die besten, die heute zur Verfügung stehen, und 1500 Frequenzanalysatoren, von denen jeder eine Million Frequenzen auf einmal abhören kann. Das ist praktisch 1000mal besser als der heutige Stand der Technik. Die Kosten würden sich auf ca. 20 Milliarden Dollar belaufen.

Mit einer 1000-Sekunden-Überwachung könnte das vollständige Cyclops-Feld einen eher bescheidenen Leitstrahlsender von 1000 Megawatt und einer Bandbreite von 1 Hz noch auf eine Entfernung von einigen tausend Lichtjahren wahrnehmen.

Cyclops wäre eine riesige Investition in den Gedanken, daß fortgeschrittene Zivilisationen auf jeden Fall versuchen werden, mit anderen Zivilisationen im Anfangsstadium ihres Interesses an SETI Verbindung aufzunehmen. Auf der Erdoberfläche stationiert, könnte Cyclops nicht bei Wellenlängen suchen, die unter 1 cm liegen. Der Haken bei der Sache: Selbst wenn Außerirdische versuchen sollten, uns zu erreichen, könnten sie ihr Signal durchaus so ausgelegt haben, daß wir es erst nach Überwindung irgendeiner Technologieschwelle entdecken können. Falls sie etwa auf Millimeter-Wellenlängen senden, sorgen sie damit dafür, daß wir nicht mehr auf dem Planeten festsitzen, wenn der Kontakt einmal hergestellt wird.

Sollten wir beschließen, SETI in größerem Ausmaß fortzusetzen, so würde sich als Ausgangspunkt der Weltraum wohl am besten eignen. Die kleinere Antennengröße, die dann nur noch nötig wäre, scheint die Millimeter-Wellenlängen zu logischen Kandidaten zu machen. Blickt man jedoch zwanzig Jahre in die Zukunft voraus, spricht allerdings viel dafür, daß dann irgendein anderes Kriterium über die Auswahl entscheiden wird. Eine große Investition in stationäre Technologie zu diesem Zeitpunkt könnte demnach falsch sein.

Was die Botschaft enthalten könnte

Sollten wir von ETI eine Botschaft erhalten, könnten wir sie dann auch übersetzen? Mit diesem Problem hat man sich ausführlich befaßt. Frank Drake und Carl Sagan haben gezeigt, wie man eine sehr große Informationsmenge durch eine kleine Zahl von Bits übermitteln kann. Man ordnet sie zu einem zweidimensionalen Pictogramm und verläßt sich darauf, daß der Empfänger zu einer vernünftigen Auslegung fähig sein wird. Wir sind allerdings der Meinung, daß jede Zivilisation mit den Mitteln, so lange zu senden, bis man sie hört, sich kaum große Gedanken über die Länge der gesendeten Botschaft machen wird.

Man hat oft angenommen, der Leitstrahl werde uns zu einem Breitbandsignal führen, das ein «galaktisches Großlexikon» mit dem gesammelten Wissen aller galaktischen Zivilisationen enthält. Uns leuchtet nicht auf Anhieb ein, daß das der Fall sein wird oder daß es selbst dann von Nutzen wäre, wenn es zuträfe. Wir werden in den abschließenden Kapiteln vortragen, welche Auswirkungen es nach unserer Vorstellung hätte, falls man auf ein ETI-Signal stoßen würde, möchten hier aber auf eines hinweisen: Wäre die Botschaft nicht bewußt auf eine Zivilisation zurechtgeschneidert, die eben im Begriff steht, in den Weltraum zu gelangen, dann könnten wir ein außerirdisches Buch so wenig verstehen wie ein Wilder den Schaltplan eines Radiogeräts.

Man hat wiederholt behauptet, das wichtigste Ergebnis eines erfolgreichen SETI-Programms sei einfach die Erkenntnis, daß sich dort draußen jemand befindet. Diesen Zweck würde *jedes* Signal erfüllen. So hat etwa Sebastian von Hoerner die Meinung vertreten, die interstellaren Signale könnten anstelle von Mathematik auch Musik sein. Wenn man es genau nimmt, wären wir beide durchaus damit einverstanden, das Auftreten der Menschheit in der Galaxis durch eine Mozart-Sonate oder eine von Luciano Pavarotti gesungene Arie anzukündigen.

11
Gibt es intelligentes Leben auf der Erde?

Suchet und ihr werdet finden
Lukas, 11, 9

Dann schlich Holmes zur Schlafzimmertür und blieb mit schiefgeneigtem Kopf stehen, um zu lauschen. Im Zimmer war kein Laut zu hören.
A. Conan Doyle
«Sherlock Holmes kehrt zurück»

Im vorigen Kapitel haben wir uns mit Aspekten der Suche nach Außerirdischen befaßt, die möglicherweise versuchen, mit uns in Verbindung zu treten. Wie steht es mit solchen, die nicht bewußt Kommunikation anstreben, so, wie es bei uns der Fall ist? Dem Problem nähert man sich am besten vielleicht so, daß man die Frage stellt: Wenn wir auf einem Planeten lebten, der eine andere Sonne umkreist, und die Geräte besäßen, die den Radioastronomen heute zur Verfügung stehen, könnten wir dann das Vorhandensein fortgeschrittenen Lebens auf der Erde feststellen? Wenn das zu bejahen ist, dürfen wir weitergehen und ein paar andere interessante Fragen stellen, wie etwa:

1. Wie groß ist die höchste Entfernung, aus der man diese Feststellung noch treffen könnte?
2. Was würden wir wirklich entdecken, wenn wir unsere Teleskope auf die Erde richten würden?
3. Was könnten wir aus solchen Messungen über die Erde erfahren?

In der Januarausgabe der Zeitschrift «Science» von 1978 erschien einer der klügsten Aufsätze, die je über SETI geschrieben worden sind. Er stammte von W. T. Sullivan, einem Astronomen an der Universität Washington, und zwei noch nicht graduierten Studenten, S. Brown und C. Wetherill. Der Aufsatz befaßt sich mit den von uns eben gestellten Fragen und gelangt zu einigen recht überraschenden Antworten. Kurz zusammengefaßt: Nach Ansicht der Verfasser könnten Beobachter bis auf eine Entfernung von 25 Lichtjahren auf der Erde nicht nur Leben entdecken, sondern sogar eine Karte zeichnen, auf der die wichtigsten Massierungspunkte der Technologie zu sehen sind.

Die Strahlenkennung der Erde

Um zu begreifen, wie eine derart verblüffende Schlußfolgerung gezogen werden kann, müssen wir uns ein wenig mit der Art der Signale befassen, die wir in den Weltraum aussenden. Mit Ausnahme einiger Signale, die im Rahmen bestimmter wissenschaftlicher Programme hinausgeschickt werden, ist jede Strahlung, die von der Erde ausgeht, als «Streuverlust» zu werten. Strahlt etwa ein Sendemast ein Fernsehsignal aus, dann wird ein Teil des Signals von Antennen aufgefangen und genutzt, um in einem Fernsehgerät ein Programm wiederzugeben. Ein beträchtlicher Bruchteil des Signals geht jedoch an allen Antennen vorbei und fliegt in den Weltraum hinaus. Mit anderen Worten: Es entsteht Streuung. Unsere erste Aufgabe besteht also darin, festzustellen, wieviel Streuverlust auftritt, den Außerirdische entdecken könnten.

Da die meisten unserer Signale auf der Erdoberfläche entstehen, müssen sie, bevor sie in den Weltraum entweichen können, erst die Erdatmosphäre durchdringen. Wir kennen alle die weitreichenden Empfangsmöglichkeiten bei Mittelwellen- und Kurzwellenempfang. Sie rühren daher, daß die obere Atmosphäre, die Ionosphäre also, Strahlung auf diesen Wellenlängen reflektiert und sie so einfängt, daß sie um die Erde herumhüpft. Da sie zurückgestrahlt wird, entsteht keine Streuung. Nur für Strahlung kürzerer Wellenlänge, unter einigen Metern, ist die Atmosphäre stets durchlässig. Sullivan und seine Mitarbeiter haben die wichtigen Quellen

Sendeart	Maximale Sendeleistung in Watt	Leistung aller Sender im Zeitmittel in Watt/Hertz
CB	5	2×10^5
nichtmilitärisches Radar	10^4–10^6	2×10^5
Frühwarnradar	2×10^{11}	2×10^8
UKW-Radio	4×10^3	4×10^8
TV-Trägerwelle	5×10^5	10^{10}

solcher Strahlung ebenso angegeben wie Schätzungen für die abgestrahlte Energieleistung.

Aus Kapitel 9 wird man sich erinnern, daß abgestrahlte Leistung nicht der einzige Faktor ist, der die Wahrnehmungsreichweite beeinflußt. Die entscheidende Größe ist die Leistung, geteilt durch die Bandbreite. Ferner: Wenn die im Signal verschlüsselte Botschaft nicht entschlüsselt werden soll, wirkt sich die Leistung im Zeitmittel auf die Wahrnehmungsfähigkeit aus. Aus diesem Grund dürfte die stärkste Streuungsquelle von Strahlung, nämlich Radar für militärische Zwecke, von ETI kaum erfaßt werden, weil Radar aus Sicherheitsgründen gepulst und in der Frequenz ständig verändert wird.

Das Fernsehen erscheint zunächst nicht als guter Kandidat, weil seine große Übertragungsgeschwindigkeit für Informationen eine große Bandbreite erfordert. Beim amerikanischen Fernsehen sind das 6×10^6 Hz. In der Praxis liegt jedoch ein großer Teil der ausgestrahlten Leistung eines Fernsehsenders in einer unmodulierten Trägerwelle von einer Bandbreite unter 1 Hz. Verbunden mit der großen Zahl von Fernsehsendern auf der Erde und der Tatsache, daß sie auf einer verhältnismäßig genau definierten Frequenz mehr oder weniger ununterbrochen senden, bedeutet das, daß der größte Teil der Streustrahlung, die durch außerirdische Beobachter aufgefangen werden könnte, von Fernseh-Trägerwellen stammen würde.

Da nur die Schmalband-Trägerwelle erfaßt werden könnte, ginge der gesamte Programminhalt – wenn es denn wirklich einen gibt – verloren. Wir können uns nur damit trösten, daß der Alptraum der Intellektuellen, die Menschheit könnte der Galaxis ihr Vorhandensein durch alte Fernsehsendungen bekanntgeben, kaum Wirklichkeit werden wird. Unser extraterrestrischer Astronom wird in seinem Teleskop nicht plötzlich die «Astro-Show» entdecken.

Wie weit entfernt?

Für die Streustrahlung gelten dieselben Erwägungen über Signal und Rauschen wie in Kapitel 9. Ihre Stärke verringert sich natürlich im Quadrat der Entfernung zur Erde. Die Entfernung, über die unsere Streustrahlung trotz des Rauschens wahrgenommen werden kann, hängt von der Art des verwendeten Geräts ab. Je größer die Antennenfläche, desto größer die Aussicht, aus dem Rauschen ein Signal herauszuhören. Wir wollen zwei Möglichkeiten in Betracht ziehen:

1. Unser hypothetischer Astronom ist mit dem besten Radioteleskop ausgestattet, das heute auf der Erde zur Verfügung steht.
2. Er verfügt über einen Empfänger des Typs, der für Projekt Cyclops – ein in Kapitel 10 beschriebenes SETI-Programm – vorgesehen wurde.

Im ersten Fall wollen wir das Radioteleskop bei Arecibo als Maßstab nehmen; die Fläche beträgt dort rund 30000 Quadratmeter. Das setzt voraus, daß unser Astronom einer Zivilisation angehört, die so fortgeschritten ist wie unsere eigene.

Im zweiten Fall gehen wir davon aus, daß er über ein Feld von 1000 Antennen gebietet, jede mit einem Durchmesser von 100 m. Eine solche Anlage könnte heute in den Vereinigten Staaten gebaut werden, wenn das Geld dafür da wäre. Technische Hürden sind dabei nicht zu überwinden. Wir gehen hier also davon aus, daß der Astronom einer so

Quelle/Detektor	Arecibo	Cyclops
Fernseh-Trägerwelle	1,8	25
Frühwarnradar	20	250

fortgeschrittenen Zivilisation wie der unsrigen angehört, die seine aber mehr Interesse für den Kontakt mit Extraterrestriern aufbringt.

Für diese beiden Fälle vergleichen Sullivan, Brown und Wetherill die Stärke der Streustrahlung von der Erde mit dem bekannten galaktischen Radiorauschen, um zu den Wahrnehmungsentfernungen in Lichtjahren zu gelangen, die Tabelle auf Seite 190 zeigt.

Wir sehen, daß Fernseh-Trägerwellen mit Geräten, die schon auf dem Reißbrett stehen und heute auf der Erde gebaut werden könnten, bis zu einer Entfernung von 25 Lichtjahren erfaßbar wären. Innerhalb dieser Entfernung von der Erde gibt es etwa 300 Sterne, darunter einige einzelne G-Sterne.

Das militärische Radar könnte auf viel größere Entfernungen wahrgenommen werden, aber es erscheint fraglich, ob es ein unzweideutiger Anzeiger für intelligentes Leben wäre. Schließlich handelt es sich dabei um eine pulsierende Radioquelle, deren Frequenz nach dem Zufallsprinzip verändert wird. Wir können uns mühelos Astronomen auf einem fernen Planeten vorstellen, die Modelle entwerfen, um ein solches Signal unabhängig von der Annahme einer ETI zu erklären. Militärisches Radar könnte ferne Astronomen also zwar dazu veranlassen, schärfer in unsere Richtung zu blicken, aber es drängt sich keinesfalls auf, daß das, für sich allein genommen, schon ein klarer Hinweis auf intelligentes Leben wäre.

Was könnte man über uns in Erfahrung bringen?

Bei Fernsehsignalen, die von einem Sendemast ausgestrahlt werden, weist die dabei entstehende Welle ungefähr die in Abbildung 11.1 dargestellte Form auf. Wir können uns die Welle als ein pfannkuchenförmiges Gebilde vorstellen, das sich vom Sendemast aus tangential zur Erde ausbreitet. Der Rand dehnt sich dabei mit Lichtgeschwindigkeit aus. Da die Erde um ihre Achse rotiert, wird die pfannkuchenförmige Scheibe alle 24 Stunden einmal den ganzen Himmel bestreichen, ganz ähnlich dem Lichtstrahl eines Leuchtturms, der

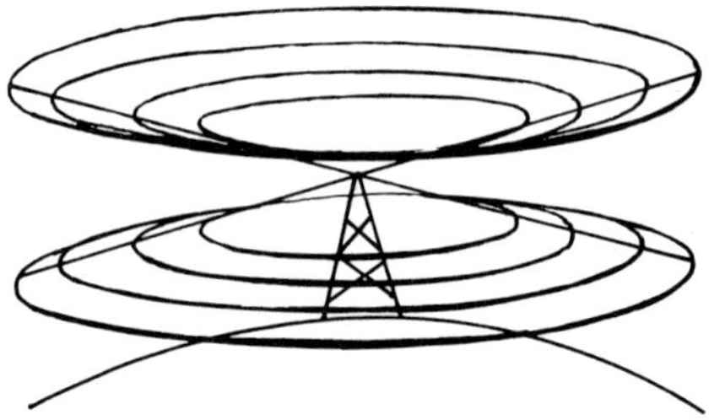

11.1
Wellen von Fernsehfrequenzen, ausgesandt von einem Turm, sehen ungefähr so aus.

im Abstand von einigen Minuten eine Drehung von 360° vollführt. Abbildung 11.2 verdeutlicht das.

Wenn der ferne Beobachter aus irgendeinem Grund die Erde über einen langen Zeitraum hinweg beobachtet hat, würde ihm an diesem Signal eine drastische Veränderung auffallen. Zwischen 1940 und 1970 – nach allen geologischen oder astronomischen Zeitmaßstäben eine sehr kurze Zeit – hat nämlich die Radio-Sendeleistung der Erde um das Tausendfache zugenommen. Dieses plötzliche «Aufleuchten» der Erde würde gewiß dazu führen, daß man unsere Himmelsregion genauer unter die Lupe nimmt und schon von daher Spekulationen über intelligentes Leben anstellt. Aber sogar ein Astronom, der ohne Kenntnis der Vorgeschichte auf unsere heutigen Signale stieße, würde daraus sehr viel lernen.

Das Auffälligste an solchen Signalen wäre vielleicht die Feststellung, daß jeder Sender auf einer anderen Frequenz ausstrahlt. Die Signalstärke auf jeder Frequenz würde sich im Tagesverlauf ändern, wenn nämlich die einzelnen Sender «auf- und untergehen». Abbildung 11.3 zeigt die Schwankungen bei einer Frequenz, auf der zwei verschiedene Stationen senden.

Die Auf- und Untergangszeiten geben die Längengrade der Sender an. Wegen der Rotationsgeschwindigkeit der Erde ist überdies die TV-Trägerwelle «blauverschoben», sobald der Sender aufgeht, und «rotverschoben», wenn er untergeht. Dazu verweisen wir noch einmal auf Abbildung 11.2. Da die Erddrehung einen Sender in Äquatornähe

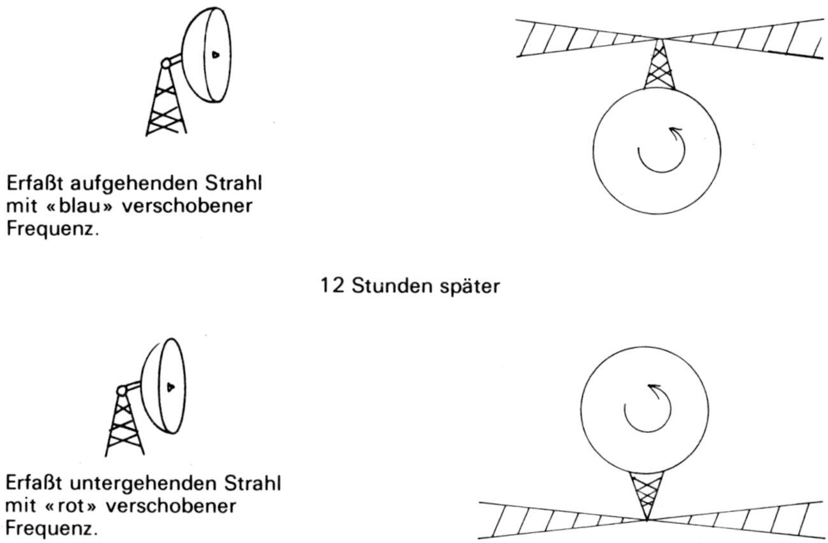

11.2
Wir können uns die von Fernsehsignalen erzeugte Welle vorstellen als pfannkuchenförmige Scheibe, die alle 24 Stunden den Himmel einmal bestreicht.

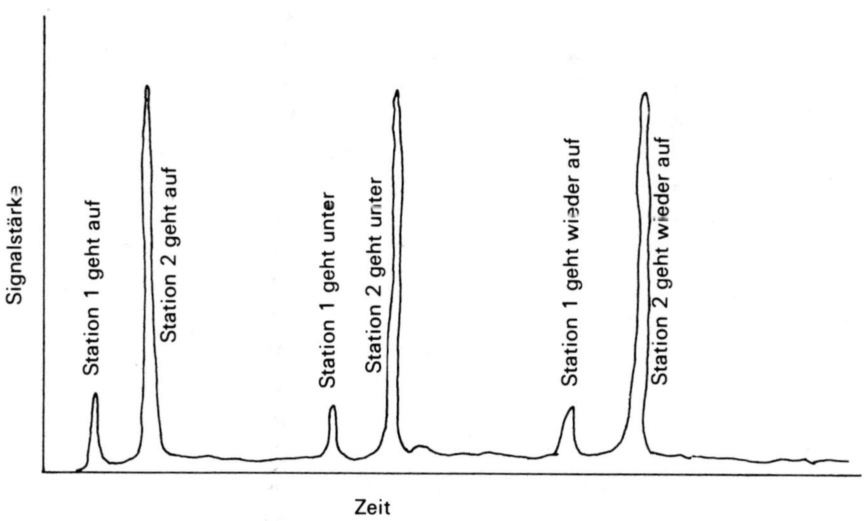

11.3
Die Signalstärke bei jeder Frequenz verändert sich im Lauf des Tages, wenn die verschiedenen Stationen auf- und untergehen.

rascher bewegt als einen an den Polen, verändert sich die Größe der Dopplerverschiebung mit dem Breitengrad. Der Fernsehsender WCBS auf Kanal 2 in New York bewegt sich wegen der Erddrehung mit einer Geschwindigkeit von über 1100 km in der Stunde und ist deshalb im Tag-Nacht-Wechsel Rot- und Blauverschiebungen von etwa 700 Hz ausgesetzt. Ein Sender, der in Quito, Ekuador – also in Äquatornähe – auf Kanal 2 ausstrahlt, wird mit einer Geschwindigkeit von mehr als 1600 km in der Stunde gedreht und unterliegt einer Dopplerverschiebung von 1000 Hz. Solche Meßergebnisse zeigen nicht nur den Breitengrad des Senders an, man könnte auch die Größe der Erdkugel daraus berechnen. Mit ganz bescheidenen Ansprüchen an Gerät, das durchaus im Bereich unseres eigenen Leistungsvermögens liegt, könnte die tatsächliche Lage jedes einzelnen Senders mit Abweichungen von nur wenigen Kilometern errechnet werden. Das ergäbe eine Erdkarte mit ihrem Bestand an Fernsehsendern in der Art von Abbildung 11.4.

Weitere Untersuchungen würden ergeben, daß alle Signale sich im Verlauf eines Erdjahres in der Frequenz regelmäßig nach oben und unten verschieben, wie man aus Abbildung 11.5 auf Seite 195 ersehen kann. Das ist die Dopplerverschiebung infolge des Laufs der Erde um die

11.4
Eine Karte der Erde, die ihre «Bevölkerung» mit Fernsehsendern zeigt.

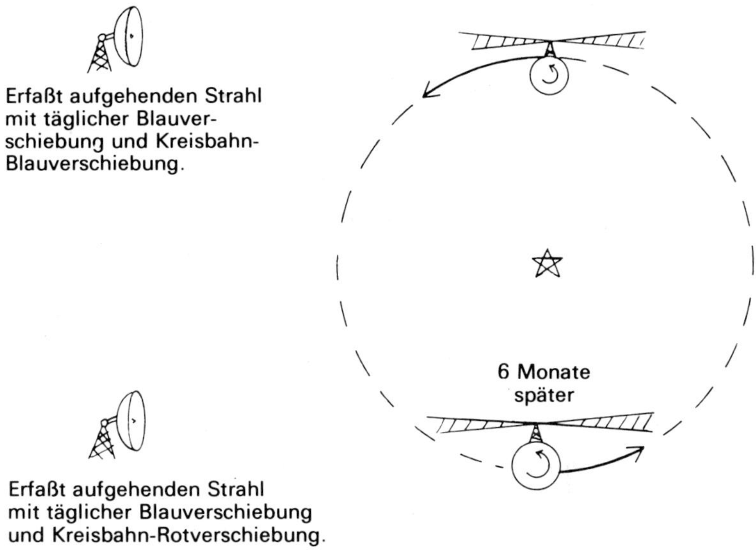

11.5
Eine Untersuchung von Fernsehsignalen würde zeigen, daß die Signale sich im Verlauf eines Jahres in der Frequenz nach oben und unten verschoben haben.

Sonne. Aus diesen Daten könnte der Astronom schließen, daß seine Signalquelle den Stern umkreist, den wir Sonne nennen.

In der Tat ist das Problem, Strahlung einer Quelle, die sich in einer Umlaufbahn befindet, zu analysieren, der Astronomie gut bekannt, weil es bei der Untersuchung von Doppelsternsystemen oft auftritt. Nachdem unser Astronom nun den Dopplereffekt ungefähr ein Jahr lang beobachtet hat, kann er daraus nicht nur die Länge des Erdjahres, sondern auch die Form ihrer Ellipsenbahn sowie Zeitpunkt und Position der größten Sonnennähe errechnen. Aus diesen Daten und direkten Beobachtungen der Sonne könnte er schließen, daß die Strahlungsquelle ein Körper sein muß, der sich innerhalb der ständig bewohnbaren Zone des Sterns befindet.

Eine zweite wichtige Information ergäbe sich aus der Tatsache, daß Sender keineswegs ununterbrochen ausstrahlen, sondern viele in den frühen Morgenstunden abgeschaltet werden. Während der Zeit des Erdjahres, in der die Aufgangszeit des Senders mit diesen Stunden zusammenfällt, würde der ferne Beobachter kein Signal des aufgehenden Senders wahrnehmen. Ebenso gäbe es einen Zeitraum, in dem das untergehende Signal fehlen würde. Die beiden Perioden müßten übrigens nicht übereinstimmen, weil der Sender zwischen Auf- und Untergang ab- oder einschalten könnte. Mit etwas Glück könnte der Astronom sogar sehen, wie seine Quelle ab- oder eingeschaltet wird, während sie an seinem Teleskop vorbeigeht. Aber selbst ohne eine solche direkte Beobachtung wäre eine Schwankung der Signale mit derselben Taktdauer wie bei der durch Dopplerverschiebung entdeckten Bahnbewegung sichtbar. Durch den Vergleich der Zeitspanne zwischen Auf- und Untergang eines Senders mit dem Ein-Aus-Takt wäre erkennbar, daß das entscheidende Element für die Sendungen die Länge des Sonnentags sein muß. Das ist die Zeit zwischen zwölf Uhr mittags an zwei aufeinanderfolgenden Tagen, in der Tat die Grundeinheit unseres internationalen Zeitsystems. Es unterscheidet sich von der siderischen oder Sternzeit, also der Periode der Erdrotation, gemessen an den Fixsternen, am Tag um etwa 4 Minuten. Daß unser Zeitsystem sich, statt nach den Sternen, nach der Sonne richtet, könnte beim Beobachter zu dem Schluß führen, daß die für die Signale verantwortlichen Wesen die Oberfläche des Planeten bewohnen, statt darunter oder in Raumkolonien.

Man könnte noch andere, eingehendere Informationen erlangen. Zum Beispiel könnte ein genaues Studium des Strahlungsdiagramms innerhalb der pfannkuchenförmigen Scheibe zu der Erkenntnis führen, daß die Antennen 15 bis 20 m lang sind. Daraus wiederum ließe sich auf die Größe von Bauwerken auf der Erde schließen, übrigens auch auf unsere Fähigkeit, sie zu errichten. Noch erstaunlicher: Die leichten Schwankungen, hervorgerufen durch die Verbiegungen von Fernseh-Sendemasten bei starkem Wind, könnten als unregelmäßige Verschiebung der Signalrichtung erkannt werden. Ein scharfsinniger Beobachter, der zwanzig Lichtjahre entfernt ist, könnte sogar erkennen, was für ein Wetter bei uns herrscht!

Über die technischen und physikalischen Fakten hinaus könnte unser ferner Astronom sich auch soziologisch betätigen. Durch die schlichte Tatsache, daß wir in enormem Maß Energie versickern lassen, könnte er zu dem Schluß kommen, daß wir entweder technisch naiv sind, es also nicht besser verstehen, oder daß wir sehr verschwenderische Leute sein müssen. Daraus, daß kleine Gruppen von Sendern verschiedene Ein- und Abschaltzeiten haben, vor allem in Westeuropa, könnte er folgern, daß es bei unserer Bevölkerung regional unterschiedene Gruppierungen gibt. Und aus der Tatsache, daß in einer verhältnismäßig kurzen Zeitspanne die Leistungsabgabe so kraß gestiegen ist, könnte er entnehmen, daß wir uns in einem Stadium schneller technologischer Expansion befinden.

Schlußfolgerung

Die Arbeit von Sullivan, Brown und Wetherill zeigt: Mit Gerät, das heute auf der Erde herstellbar ist, könnten Beobachter in einer Entfernung bis zu 25 Lichtjahren nicht nur erkennen, daß auf der Erde eine fortgeschrittene technische Zivilisation besteht, sondern auch sehr viel über den Planeten Erde und seine Bewohner in Erfahrung bringen. Selbst wenn Kommunikation also nicht bewußt angestrebt wird, senden technische Zivilisationen offenbar also Hinweise aus, die Beobachter mit nicht größeren Fähigkeiten als unseren eigenen wahrnehmen und interpretieren können.

12
Aussichten für den Menschen

*Ich glaube, ich darf zwei Postulate aufstellen.
Erstens, daß Nahrung für das Fortbestehen
des Menschen notwendig ist. Zweitens,
daß die Anziehung zwischen den Geschlechtern
notwendig ist und fast auf dem
heutigen Stand bleiben wird.*
Thomas Malthus
Versuch über das Bevölkerungsgesetz

Mit diesen Worten legte Malthus im Jahr 1801 eine Analyse des Weltwirtschaftswachstums vor, die seitdem mit seinem Namen verbunden geblieben ist. Im Wesentlichen geht Malthus davon aus, daß die Erdbevölkerung mit einer Geschwindigkeit wächst, die den Subsistenzmitteln, die sie braucht, davoneilen muß, so daß zuletzt eine große Katastrophe, etwa in der Art einer weltweiten Hungersnot, eintreten wird.

Diese Vermutung läßt sich leicht in mathematische Form bringen. Die Zunahme der Zahl der Menschen in jeder Generation hängt ab von der Zahl der Angehörigen der vorangegangenen Generation. Diese Behauptung entspricht dem Satz, die Menschen existierten durch das Handeln ihrer Eltern. Unterstellt man, daß jeder Angehörige einer Generation mehr als nur einen Nachkommen für die nächste hervorbringt, so wird die Bevölkerung zunehmen. Ein Beispiel: Gehen wir von einer Bevölkerung aus, die 100 Paare umfaßt, von denen jedes drei Kinder zur Welt bringt, die erwachsen werden, umfaßt die nächste Generation 150 Paare, die übernächste 225, die danach 337, und so weiter.

Bei einem derartigen Wachstum bleibt die prozentuale Steigerung von einer Generation zur anderen konstant; in diesem Beispiel sind es 50 Prozent. Damit diese Art von Wachstum aufrechterhalten bleibt, muß aber die tatsächliche Zahl von Paaren zunehmen, die von einer Generation zur nächsten der Bevölkerung hinzugefügt werden. In unserem Beispiel kamen beim erstenmal 50 hinzu, dann 75, das nächstemal 112, und so weiter. Je größer also die Bevölkerung zu irgendeinem bestimmten Zeitpunkt, desto größer die Zunahme in der nächsten Generation.

Eine Bevölkerung, die auf diese Weise wächst, vermehrt sich, wie man sagt, in geometrischer Progression. Dieser mathematische Begriff bezieht sich auf die Tatsache, daß die Funktion für die Bevölkerungszahl, bezeichnet durch P, zu einer Zeit T

$$P(T) = P_O e^{IT}$$

ist. Dabei stellt P_O die ursprüngliche Bevölkerungsanzahl dar, I die prozentuale Zunahme von einer Generation zur anderen, und e eine Zahl, die man als «Basis natürlicher Logarithmen» kennt und annähernd 2,718 entspricht. Wachstum in geometrischer Progression läßt sich vielleicht eher begreifen, wenn man es graphisch darstellt. Führen wir die Bevölkerungszahl P als eine Funktion der Zeit ein, dann erhalten wir eine Kurve wie in Abbildung 12.1. Die Bevölkerung wächst zunächst langsam, aber im Lauf der Zeit wird die Zahl der Menschen, die hinzukommen muß, damit die prozentuale Steigerungsrate erhalten bleibt, sehr groß. Es kommt dabei nicht sonderlich darauf an, wie hoch die Steigerungsrate ist – eine Wachstumsrate von 1 Prozent führt zu einer ebenso großen Bevölkerung wie eine von 50 Prozent. Der einzige Unterschied besteht darin, daß es dann eben viel länger dauert, den gleichen Pegel zu erreichen.

Die malthusanische Lehre folgert weiter: Da die Gesamtbevölkerung, die von einem bestimmten Sockel an Subsistenzmitteln ernährt werden kann, eine endliche Größe darstellt, muß eine in geometrischer Progression wachsende Bevölkerung schließlich diesen Pegel erreichen, und zwar mit katastrophalen Folgen. Mit Hilfe unseres Diagramms kann man diese Behauptung auch anders ausdrücken. Die für eine Gruppe von Menschen verfügbaren Subsistenzmittel sind notwendigerweise begrenzt, so daß es für die mögliche

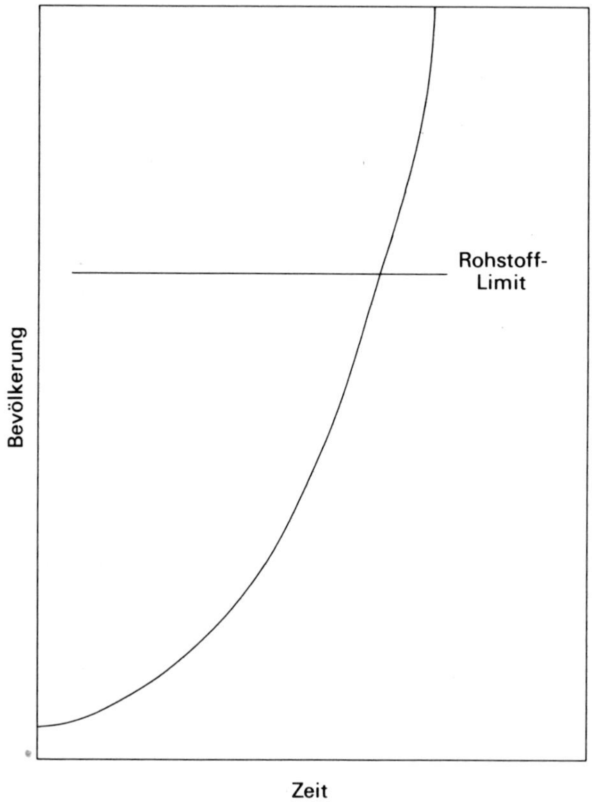

12.1

Bevölkerungszahl eine Obergrenze geben muß. Diese Obergrenze wird im Bevölkerungsdiagramm dargestellt durch eine horizontale Linie, über die eine Bevölkerung nicht hinausgelangen darf. Solange die Wachstumsrate der Bevölkerung aber über Null liegt, wird die sich daraus ergebende Exponentialkurve dann, wenn man ihr nur genügend Zeit gibt, diese Linie stets überschreiten. Demzufolge wächst eine Bevölkerung stets über ihren Subsistenzsockel hinaus.

Der Legende nach war der erste Mensch, der begriffen hat, daß eine Exponentialfunktion sehr rasch wächst, der Mann, der das Schachspiel erfunden hatte. Das Spiel gefiel seinem Herrscher so gut, daß er dem Mann einen Wunsch freistellte. Der Mann bat darum, der Herrscher möge ihm für das erste Feld des Schachbretts ein Weizenkorn geben, für das zweite zwei, das nächste vier, und immer so weiter. Bei uns stehen die Weizenkörner für eine Bevölkerung, die sich mit jeder Generation verdoppelt, also eine Steigerungsrate von 100 Prozent aufweist. Ein Griff nach dem Taschenrechner zeigt sofort, daß beim letzten Feld des Schachbretts die erforderliche Weizenmenge größer ist als der gesamte Weltertrag der Landwirtschaft.

Wie die Legende weiter behauptet, soll der Sultan auf diesen Beweis mathematischer Begabung so erzürnt reagiert haben, daß er dem weisen Mann den Kopf abschlagen ließ. Übermäßig klug zu sein, ist eben nicht in jeder Lage empfehlenswert.

Seit Malthus' Zeiten ist die Tatsache, daß eine Exponentialkurve jede auf einem Diagramm horizontal gezogene Linie überschreiten wird, in regelmäßigen Abständen von Leuten wiederentdeckt worden, die sich bemühen, die wirtschaftliche Zukunft vorherzusagen. Die neueste Wiederentdeckung von Malthus geschah durch Wissenschaftler, die für den Club of Rome tätig sind. Bei dem Club handelt es sich um eine Gruppe internationaler Geschäftsleute, die Systemanalytiker am MIT damit beauftragen, Computermodelle zu entwickeln, die heutige Wirtschaftstrends in die Zukunft verlängern. 1972 unter dem Titel «Die Grenzen des Wachstums» veröffentlicht, stellte der Bericht eine durch nichts gemilderte Untergangsprophezeiung dar. In praktisch sämtlichen Zukunftsmodellen wird der Punkt, an dem die wachsende Bevölkerung auf feststehende Grenzen der Subsistenzmittel stößt, in den Anfang des kommenden Jahrhunderts verlegt. Die Verfasser bezeichnen die Folgen zu Recht als eine Katastrophe – der Subsistenzsockel geht auf Null zurück, das Nahrungsangebot pro Kopf sinkt, die Weltbevölkerung verringert sich auf einen Bruchteil ihres Höchstwerts. Beim Blick in die Geschichte ist das einzige Ereignis, mit dem wir die vorausgesagte Katastrophe vergleichen können, die Pest im Europa des Mittelalters. Die Bevölkerung ging durch den Schwarzen Tod um 50 Prozent zurück.

Seit 1972 ist eine Reihe kritischer Äußerungen zum Club of Rome-Bericht veröffentlicht worden. Danach muß die vorausgesagte Zukunft keineswegs unausweichlich oder auch nur wahrscheinlich sein. Wir werden auf einige kritisierte Punkte im nächsten Abschnitt näher eingehen.

Der entscheidende Punkt von Malthus bis zum Club of Rome behält jedoch seine Gültigkeit. Die Erde ist ein endliches, begrenztes System; früher oder später werden die darin enthaltenen Subsistenzmittel verbraucht sein. Ob das, wie der Club of Rome meint, schon im nächsten Jahrhundert eintritt, oder, wie wir es für wahrscheinlicher halten, erst einige Jahrhunderte danach – es bleibt eine simple mathematische Tatsache, daß die Exponentialkurve die horizontale Linie *irgendwann* schneiden wird. Früher oder später ist das Spiel zu Ende.

Wann der Augenblick der Wahrheit nun genau eintreten wird, hängt von zwei Dingen ab. Einmal davon, wie rasch die Bevölkerung wächst, also von der Höhe der prozentualen Zunahme jeder Generation, und zweitens vom Bevölkerungslimit, das durch die vorhandenen Subsistenzmittel gesetzt wird.

Von diesen beiden Faktoren ist der zweite historisch der bedeutsamere gewesen, weil die Zahl von Menschen, die sich von einem bestimmten Subsistenzmittelsockel ernähren können, entscheidend vom Stand der Technologie zur Nutzung der Ressourcen abhängt. Ein Beispiel: Als die Menschheit von Jagd und Nahrungssuche lebte, war das Bevölkerungslimit von der erforderlichen Landfläche abhängig, die für die wandernden Jägergruppen genug Wild und Pflanzen bot. Dieses Limit wird durch die untere horizontale Linie im Diagramm dargestellt, das Abbildung 12.2 zeigt. Als die menschliche Bevölkerung sich diesem Limit näherte, waren zwei Verhaltensweisen möglich: Entweder mußte die Bevölkerung auf diesem Stand bleiben, oder es galt, eine Technologie zu entwickeln, die von derselben Landfläche mehr Menschen ernähren konnte. Diese Technologie war natürlich die Landwirtschaft. Ihre Einführung löste einen der ersten großen Bevölkerungsaufschwünge in der Geschichte unserer Rasse aus. Zeichnerisch gesehen, schob die neue Technologie die Limitlinie an der Kurve nach oben. Nun stellte, der neuen Technologie entsprechend, das neue Limit

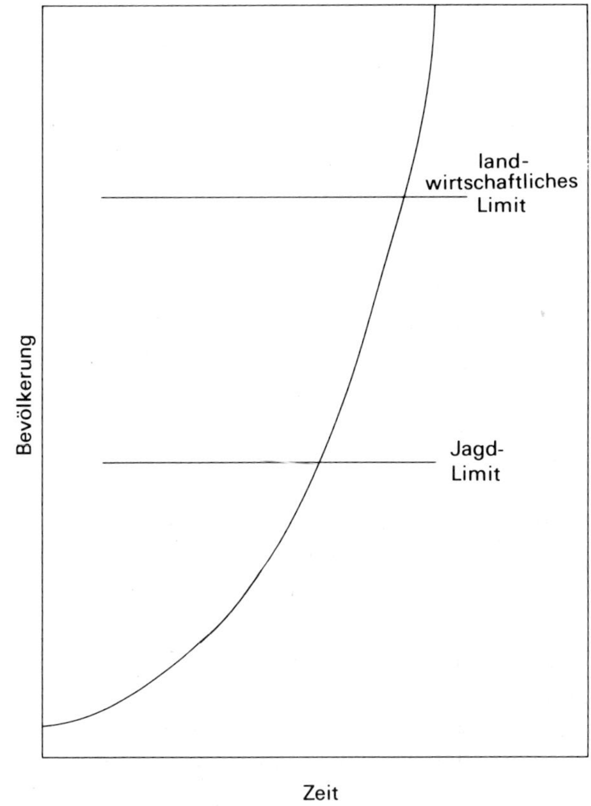

12.2

die Schwelle dar, über die hinaus die Bevölkerung nicht wachsen durfte.

Dic Geschichte der Menschheit ist ein unaufhörlicher Prozeß gewesen, das durch die Subsistenzmittel gesetzte Limit zu erhöhen und die Bevölkerung zu vermehren. Die vom Bericht des Club of Rome aufgeworfene Frage lautet, ob dieser Prozeß über das nächste Jahrhundert hinaus fortgeführt werden kann oder nicht. Technologiegläubige würden das bejahen und darauf hinweisen, daß in der Vergangenheit Untergangspropheten ebenso zahlreich wie im Irrtum gewesen sind. Der menschlichen Einfallskraft gelang es auf irgendeine Weise immer wieder, mit der «Anziehung zwischen den Geschlechtern» Schritt zu halten. Das

Limit der Subsistenzmittel ist stets mindestens ebenso schnell nach oben gegangen wie die Bevölkerungszahl.

Für ETI ist jedoch der Streit zwischen Neo-Malthusianern und Technikern darüber, wann das Limit erreicht sein wird, weniger von Belang als die Tatsache, *daß* das früher oder später eintreten wird. Diese Behauptung muß für jede fortgeschrittene Zivilisation gelten. Wenngleich die Einzelheiten von Planet zu Planet verschieden sein mögen, wird es bei dem Grundsatz bleiben müssen. Auf jedem bewohnten Planeten wird die Exponentialkurve einmal diese Linie schneiden. Obwohl technische Fortschritte das Unausweichliche also hinausschieben können und das auf der Erde auch jahrtausendelang getan haben, muß für das von Malthus nachgewiesene Problem eine andere, langfristige Lösung gefunden werden, wenn die Zivilisation weiterwachsen soll.

In der Menschheitsgeschichte zeigt eine Episode einen anderen Weg, auf dem fortgeschrittene Zivilisationen das Malthus-Dilemma bewältigen könnten. Im späten 15. Jahrhundert wuchs die Bevölkerung Europas sehr rasch. Wenn es Malthus und die Exponentialfunktion damals schon gegeben hätte, läßt sich vorstellen, daß er die Grenzen berechnet hätte, bis zu denen diese Bevölkerung wachsen durfte. Hätte er die höchstzulässige Bevölkerungszahl aber auf die Subsistenzmittel abgestellt, die damals auf der europäischen Landmasse zur Verfügung standen, so wäre er im Irrtum gewesen. Die Entdeckung der westlichen Hemisphäre durch die Europäer und die damit verbundene Zunahme an Landfläche und Subsistenzmitteln hatte die Wirkung, die höchstzulässige Bevölkerungszahl für die europäische Zivilisation in hohem Maß zu steigern, ohne daß die Notwendigkeit einer gleichzeitigen Zunahme an technologischen Fähigkeiten bestanden hätte.

Historische Beispiele zeigen uns also zwei Wege, das von Malthus und seinen Anhängern aufgeworfene Problem zu umgehen. Beim ersten wird der Subsistenzmittelsockel beibehalten; gleichzeitig lernt man aber, ihn durch immer fortschrittlichere Technologie nutzbarer zu machen. Im zweiten vergrößert man die Ressourcen durch Erforschung und Entdeckung, ohne die Technologie zu verbessern. Im wirklichen Leben werden diese beiden Prozesse freilich Hand in Hand gehen. Für unsere Erörterung ist es aber wichtig, zwischen ihnen zu unterscheiden.

Die erste Methode, die wir den Weg der «Beharrung» nennen wollen, kann vermutlich dazu dienen, die Bevölkerung jedes beliebigen Planeten lange Zeit wachsen zu lassen. Wie wir jedoch im nächsten Abschnitt sehen werden, gibt es für diesen Prozeß ganz strenge Grenzen. Das Endergebnis der Politik unveränderter Ressourcen muß eine stabile, nicht-wachsende Bevölkerung sein, die im Rahmen ihres Energieeinkommens lebt und ihre Ressourcen durch Recycling nutzt.

Es liegt nahe, daß das Malthus-Dilemma und die düsteren Voraussagen im Bericht des Club of Rome nicht für eine Zivilisation gelten würden, die es vorzieht, ihre «Wachstumsgrenzen» durch fortwährende Expansion zu überwinden. Ebenso dürfte klar sein, daß diese Art von Vorgehen auf der Oberfläche eines Planeten nicht ewig beibehalten werden kann und deshalb notwendigerweise eine Ausdehnung in den Weltraum beinhalten muß. Wir wollen diese Art von Vorgehen den Weg der erweiterten Ressourcen nennen.

Der Weg der Beharrung und die «Grenzen des Wachstums»

Es läßt sich nicht bestreiten, daß die Erde ein endliches, begrenztes System ist. Im Grunde gibt es nur soundsoviele Kohlenstoffatome, die zu DNA werden können, eine begrenzte Anzahl von Kalziumatomen, aus denen Knochen werden, und eine begrenzte Anzahl von Sauerstoffatomen, die eingeatmet werden können. Früher oder später muß der feststehende Bestand an Subsistenzmitteln zu einer nicht mehr wachsenden, einer statischen Bevölkerung führen, in der jede Geburt durch einen Todesfall ausgeglichen wird. Da Energierohstoffe wie Erdöl, Kohle und Uran ebenfalls begrenzt sind, würde eine derartige statische Bevölkerung von ihrem Energieeinkommen leben müssen. Das heißt, sie wäre gezwungen, das Sonnenlicht zu nützen, das auf die Erde fällt. Da auch die Menge an Sonnenlicht, die wir empfangen, eine endliche Größe ist, würde eine solche Gesellschaft nicht nur Grenzen des Bevölkerungswachstums, sondern auch bestimmte Energiebeschränkungen hinnehmen müssen. Von dieser Gesellschaft könnte man erwarten, daß sie ihr Ressourcenlimit voll ausnützt.

Die Frage, wie nah die Menschheit diesem Limit gekommen ist, kann durchaus keine bloß akademische sein. Die Debatte um den Bericht des Club of Rome ist so gut wie irgend etwas anderes dazu geeignet, sich mit dieser Frage näher zu befassen. Die Berechnungen im genannten Bericht stützten sich auf eine Reihe von Faktoren – Verfügbarkeit von Rohstoffen, Nahrungsmittelproduktion, Umweltverschmutzung im Zusammenhang mit der Ausbeutung von Rohstoffen, Produktionskosten und Bevölkerungswachstum. Ergebnisse eines Computermodells für diese Größen zeigt Abbildung 12.3. Irgendwann Anfang des nächsten Jahrhunderts wird die Umweltverschmutzung stark zunehmen, die verfügbaren Ressourcen und die Nahrungsmittelproduktion pro Kopf werden sinken, die Bevölkerungszahl wird sich jäh verringern. Die Verfasser des Berichts behaupten, in ihrem Modell könne *kein* anderes Vorgehen als der sofortige Übergang zu einer statischen Gesellschaft, was Bevölkerungszahl und Kapital zugleich betrifft, diese Katastrophe verhindern. In der Sprache, die wir verwendet haben: Die menschliche Bevölkerung wird die Grenzen dessen, was die Erde am Leben zu erhalten vermag, Anfang des nächsten Jahrhunderts erreicht haben.

Die Ergebnisse dieser Berechnungen wurden nicht in wissenschaftlichen Zeitschriften, sondern bei einer Pressekonferenz bekanntgegeben, die Debatte über ihre Gültigkeit hatte der Veröffentlichung der Arbeit zu folgen, statt ihr vorauszugehen. Ein gutes Beispiel für die geübte Kritik ist in dem Buch «Models of Doom» (Modelle des Untergangs) enthalten, herausgegeben von S. D. Cole und anderen (New York, Universe Books 1975). Darin werden kritische Äußerungen an der MIT-Arbeit zitiert und von den Verfassern des seinerzeitigen Berichts beantwortet. Im allgemeinen wurde die Kritik auf technische Aspekte des Berichts gestützt.

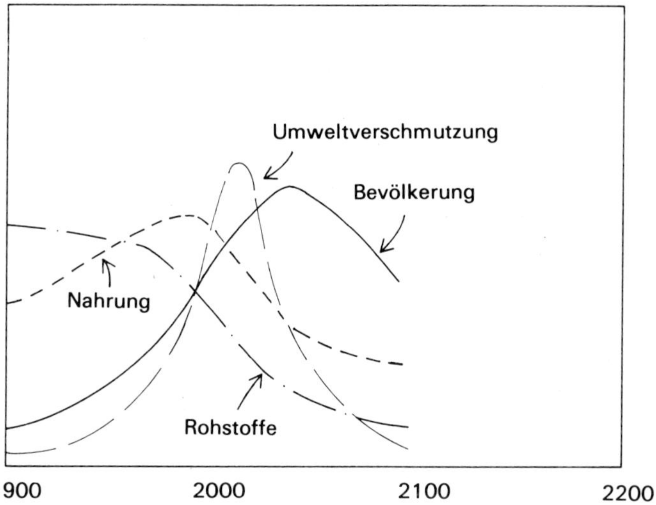

12.3

So betonen die Kritiker etwa, daß das Computerprogramm von MIT bei einer Umkehrung – das heißt also, man verwendet es dazu, die Vergangenheit «vorherzusagen» – für 1882 eine grosse Katastrophe der oben erwähnten Art vorsähe. Da wir wissen, daß diese «Voraussage» falsch ist, werden wir, was die Voraussagen zur Zukunft angeht, ein wenig stutzig. Obschon das kein allein entscheidendes Argument gegen den Bericht des Club of Rome ist, sollten wir doch alle ein wenig überlegen, ob wir grundlegende Entscheidungen darauf stützen können.

Tiefergreifende technische Kritik an dem Bericht beschäftigt sich damit, ob die vorausgesagte Normzukunft wirklich unausweichlich ist. Dazu ein Beispiel: Geht man davon aus, daß die Umweltverschmutzung auf 10 Prozent der im Club of Rome-Bericht unterstellten Größe gedrückt werden kann, und stellt man zusätzliche technische Vermutungen zur Verteilung von Kapital und Kosten der Landerschließung an, so könnte nach demselben Computerprogramm eine Zukunft ermittelt werden, wie sie Abbildung 12.4 zeigt. In dieser Zukunft gibt es keine Spur von der «unausweichlichen» Katastrophe des Club of Rome-Berichts. Daraus können wir schließen, daß unsere Zukunft

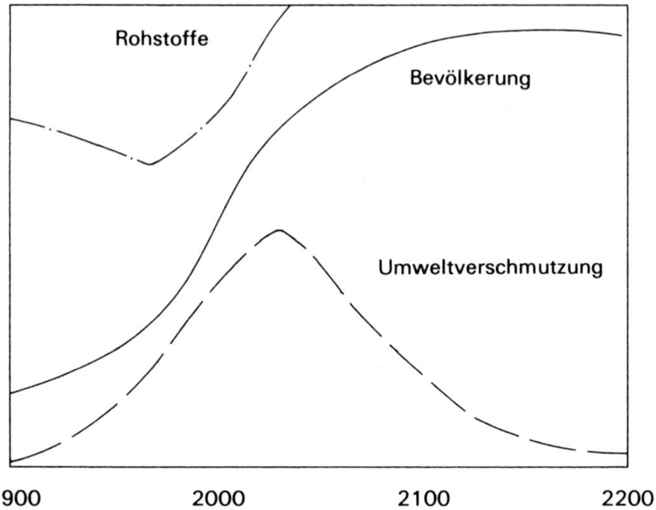

12.4

noch immer beherrschbar ist und heute getroffene und grundsätzliche Entscheidungen durchaus beeinflussen können, was uns erwartet.

Ein letztes technisches Problem hängt mit dem Begriff der verfügbaren Ressourcen zusammen. Wir sprechen in der Regel von «Reserven» eines bestimmten Stoffes – Erdöl, Aluminium, Eisen, oder was es auch immer sei. Den vorhandenen Vorrat eines bestimmten Rohstoffes kann man sich gut vergegenwärtigen, wenn man die Reserven durch den Jahresverbrauch teilt. Die Zahl, die sich dabei ergibt – wir nennen sie Reservelimit – verrät uns, wieviele Jahre die Reserven beim derzeitigen Verbrauch noch reichen werden. Sind etwa die Reserven irgendeines Metalls mit 10 Millionen angegeben, der Jahresverbrauch mit 1 Million Tonnen, dann beträgt das statische Reservelimit eben 10 Jahre.

Alle fünf Jahre veröffentlicht das US-Bergwerksamt einen Überblick über die gesamten Mineralreserven der Erde. In den beiden ersten Spalten von Tabelle 4 auf Seite 209 führen wir die Reserven von 1970 und das statische Reservelimit für dieses Jahr an. Aus diesen Daten stellte man im Bericht des Club of Rome die «Ressourcenverfügbarkeit» auf. Danach müßten wir zu dem Schluß kommen, daß wir

Tabelle 4. Weltreserven Mineral 1970 und 1975*

Mineral	Reserve 1970	stat. Reservelimit 1970 (in Jahren)	Reserve 1975	stat. Reservelimit 1975 (in Jahren)
Aluminium	$1{,}17 \times 10^9$ Tonnen	100	$3{,}80 \times 10^9$ Tonnen	230
Chrom	$7{,}75 \times 10^8$ Tonnen	420	$5{,}77 \times 10^8$ Tonnen	220
Kupfer	$3{,}08 \times 10^8$ Tonnen	36	$4{,}50 \times 10^8$ Tonnen	62
Gold	$3{,}53 \times 10^8$ Unzen Troygew.	11	$1{,}30 \times 10^9$ Unzen Troygew.	50
Blei	$9{,}10 \times 10^7$ Tonnen	26	$1{,}65 \times 10^8$ Tonnen	48
Mangan	$8{,}00 \times 10^3$ Tonnen	97	$2{,}00 \times 10^9$ Tonnen	197
Quecksilber	$3{,}34 \times 10^6$ Flaschen**	13	$4{,}90 \times 10^6$ Flaschen	21
Molybdän	$1{,}10 \times 10^{10}$ Pounds	79	$1{,}30 \times 10^{10}$ Pounds	65
Silber	$5{,}50 \times 10^9$ Unzen Troygew.	16	$6{,}00 \times 10^9$ Unzen Troygew.	16
Zinn	$4{,}30 \times 10^6$ Tonnen	17	$1{,}00 \times 10^7$ Tonnen	44
Wolfram	$2{,}90 \times 10^9$ Pounds	40	$3{,}90 \times 10^9$ Pounds	46
Zink	$1{,}23 \times 10^8$ Tonnen	17	$2{,}60 \times 10^8$ Tonnen	41

Quelle: «Minerale, Fakten und Probleme», U.S. Bureau of Mines
* Daten beziehen sich auf die Veröffentlichung der Überblicke
** Flasche = 76 pounds (34,47 kg)

uns tatsächlich dem Ende der Ressourcen nähern, die uns von der Erde zur Verfügung gestellt werden können.

In den Spalten 3 und 4 nennen wir jedoch die Reserven und das statische Ressourcenlimit vom Überblick im Jahr 1975. Das Erstaunlichste daran ist, daß in den meisten Fällen die Reserve eines beliebigen Rohstoffs, bei dem wir eine Verringerung erwarten mußten, weil es zwischen 1970 und 1975 ja weiter abgebaut wurde, ganz im Gegenteil sogar zunahm. Das gilt ebenso für die Mineralstoffe unserer Tabelle, die wir ausgesucht haben, weil sie die wichtigsten sind, wie für alle siebenundfünfzig Minerale von Aluminium bis Zirkon, die im Bericht des Bergwerksamtes aufgeführt sind. Der Grund für diesen scheinbaren Widerspruch ergibt sich daraus, wie man den Begriff «Reserve» definiert. Um als Reserve zu gelten, müssen bestimmte Ablagerungen von Ingenieuren festgestellt und ihr Umfang geschätzt werden. Außerdem muß das Mineral zur Zeit der Vermessung auch noch juristisch und wirtschaftlich nutzbar sein. Demzufolge kann eine technologische Neuerung wie etwa ein verbessertes Bohrstück die Reservemenge irgendeines Minerals erhöhen, ohne daß neue Bestände hinzukommen müßten, etwa durch die Entdeckung neuer Lagerstätten.

Die Reserven zu irgendeinem Zeitpunkt aufzuführen und danach Grenzen für ein Bevölkerungswachstum schätzen zu wollen, entspricht demnach dem Versuch, auszurechnen, wie lange die eigene Familie überleben kann, nachdem man einen Blick in die Speisekammer geworfen hat. Ebenso, wie es unwirtschaftlich wäre, die Speisekammer mit Nahrung für ein ganzes Leben vollzustopfen, liegt auch für Abbauunternehmen kein wirtschaftlicher Anreiz vor, Geld und Mühe aufzuwenden, um über ein, zwei Jahrzehnte in die Zukunft hinein Ressourcen ausfindig zu machen. Deshalb werden die neuen Reserven gesucht, während sich die alten verbrauchen. Die Reserven müssen also zu jedem beliebigen Zeitpunkt im Vergleich zur Nachfrage relativ klein erscheinen. Man kann sich aber darauf verlassen, daß Forschung und fortschreitende Technologie unsere Rohstoff-Speisekammer wieder auffüllen werden, mindestens für eine gewisse Zeit. Es dürfte wohl vernünftiger sein, ein Ressourcenlimit als etwas zu betrachten, das insoweit dehnbar ist, als es sich sowohl auf den Bedarf wie auf technische Neuerungen hin verändern läßt.

Trotz dieses elastischen Ressourcenlimits bleibt der Hauptpunkt des Club of Rome-Berichts und aller solcher Ansichten seit Malthus gültig: Die Ressourcen jedes Planeten sind endlich und begrenzt, deshalb kann es auf keinem Planeten unbegrenztes Wachstum geben. Unsere Gnadenfrist ist vermutlich so lang, daß wir uns eine Zukunft aussuchen können, wie wir sie wünschen. Überdies erscheint die Vermutung berechtigt, daß viele andere fortgeschrittene Zivilisationen ebenfalls die Fähigkeit besitzen werden, eine solche Wahl zu treffen. Wir können uns eine Vorstellung davon machen, welches Verhalten wir von einer Zivilisation erwarten würden, die sich für eine statische Zukunft entscheidet, wenn wir überlegen, wie in diesem Fall unsere eigene Zukunft aussähe. Feinheiten wie die Art unserer politischen Organisation können strittig sein, aber für den statischen Zustand gibt es physische Grenzen, die nicht zu umgehen sind. Wir können dieses Limit für eine technologische Gesellschaft sogar schätzen. Aus unserer Beschäftigung mit dem Klima haben wir gelernt, daß eine Veränderung von wenigen Prozent in der Energiezufuhr der Erde eine große klimatische Umwälzung hervorrufen kann. Da alle verbrauchte Energie zu Abwärme wird, ist die Bevölkerung auf den Stand beschränkt, wo ihr Gesamtenergieverbrauch einige Prozent oder weniger von der Gesamtenergiezufuhr durch die Sonne beträgt. Jeder von uns verbraucht Energie in einer Grössenordnung von etwa 10 Kilowatt, was zu einer Wachstumsgrenze der Bevölkerung von einigen hundert Milliarden Menschen führt. Bei den derzeitigen Wachstumsraten wird diese Grenze in einigen Jahrhunderten erreicht.

Die Tatsache, daß wir von unserem Energieeinkommen leben müssen, bedeutet, daß jeder vorgeschlagene Energieaufwand sorgfältig geprüft und gegen andere mögliche Verwendungsarten abgewogen werden müßte. Wollten wir, zum Beispiel, mit den in früheren Kapiteln dargestellten Mitteln den Versuch unternehmen, Verbindung mit Außerirdischen herzustellen, so würden wir danach beweisen müssen, daß die Vorteile, die damit erzielt werden können, es rechtfertigen, den Menschen die entsprechenden Ressourcen wegzunehmen. Wir würden etwa erklären müssen, es sei wichtiger, die Sender zu bauen und zu betreiben, als einer bestimmten Anzahl von Ehepaaren Kindern zuzugestehen, weil die Energie zum Aufziehen der Kinder notwendigerweise dann nicht verfügbar wäre. Wie würden solche Konflikte wohl entschieden werden?

Die Vermutung, daß statische Kulturen nicht daran interessiert wären, sich mit extraterrestrischen Wesen in Verbindung zu setzen, liegt wohl nahe. Man wird auch annehmen dürfen, daß sie keine Raumfahrt haben. Dementsprechend werden solche Kulturen aus jeder Art galaxisweiter Zivilisation oder Raumkolonisierung ausscheiden. In unseren Schlußfolgerungen wird jeder von uns beiden für sich seine Meinung darüber kundtun, was eine solche Zukunft für die Menschheit bedeuten würde. Was jedoch mögliche Kontakte mit Außerirdischen angeht, so scheint wohl klar zu sein, daß Zivilisationen, denen wir begegnen könnten, solche wären, die beschlossen haben, das malthusianische Dilemma so zu lösen, daß sie ihren Subsistenzmittelsockel vergrössern und Weltraumfahrt entwickeln.

Der Weg der erweiterten Ressourcen und die menschliche Zukunft im Weltraum

Es ist ein Gemeinplatz geworden, daß aus den Zukunftsromanen von gestern die Zeitungsschlagzeile von heute wird. In dem Jahrzehnt seit dem ersten bemannten Apollo-Flug zum Mond haben wir eine ständige Zunahme unserer Fähigkeit erlebt, den nahen Weltraum zur Verbesserung der menschlichen Verhältnisse auf der Erde zu nutzen. Kommunikation durch Nachrichtensatelliten, Wettervorhersage und verbesserte, eingehende Vermessung der Rohstoffe auf der Erde aus Umlaufbahnen sind nur einige der Vorteile, die uns die wirtschaftliche Ausbeutung des Weltraums gebracht hat. Wir können damit rechnen, daß der Einsatz von Raumfähren, die bei gesenkten Kosten Transporte in Umlaufbahnen ausführen können, diese Vorteile noch erheblich vergrößern wird.

Die Einzelheiten, wie dieser Schritt in den Weltraum aussehen könnte, werden Thema des nächsten Kapitels sein, aber wir dürfen schon hier fragen, welche Auswirkungen ein solcher Schritt auf das Malthus-Dilemma hätte. Immerhin kostet das Hochschießen von Satelliten in Umlaufbahnen viel an Ressourcen und trägt nichts dazu bei, an der Begrenztheit der Vorräte auf der Erde etwas zu ändern. Man sollte eher meinen, daß das Weltraumprogramm kostbare Ressourcen in Anspruch nimmt, die man besser auf der Erde gebrauchen könnte.

Daß dieser erste Eindruck unrichtig sein dürfte, hängt mit zwei ziemlich unbekannten Tatsachen über den Weltraum in Erdnähe zusammen. Erstens erleidet, sobald man sich von der Erde weit genug entfernt, um aus ihrem Schatten zu treten, die Sonnenstrahlung keine Unterbrechung mehr. Zweitens sind sowohl die Mondoberfläche als auch die zahlreichen Asteroiden, deren Bahn die der Erde kreuzt, reich an Rohstoffen, die auf der Erde knapp werden. Verglichen mit dem derzeitigen Verbrauch, birgt der Weltraum praktisch unendliche Mengen sowohl an Rohstoffen wie an der zu ihrer Ausbeutung erforderlichen Energie, so daß er demnach ebenso eine neue Grenze für die Menschheit darstellt, wie es die Entdeckung Nordamerikas für die Europäer war.

Ein Sonnenkollektor mit einem Meter Seitenlänge, in Nordamerika mittags rechtwinklig zur Sonnenstrahlung aufgestellt, fängt Sonnenenergie im Wert von ca. 750 Watt auf. Wenn sie mit einer Nutzleistung von 10 Prozent – praktisch das Höchste, was wir in der nahen Zukunft von Sonnenkollektoren erwarten dürfen – in Elektrizität verwandelt wird, liefert sie genug Strom, um eine kleine Glühbirne zu betreiben, solange die Sonne scheint. Morgens und abends, wenn die Sonnenstrahlen einen längeren Weg durch die Atmosphäre zurücklegen müssen, um den Kollektor zu erreichen, liefert er weniger Strom, ebenso, wenn der Himmel bedeckt ist, und nachts gar keinen. Diese Schwankungen in der Leistung von Solarenergie sind das wesentlichste Hindernis für eine weitverbreitete Anwendung dieser Art auf der ganzen Welt.

Derselbe Quadratmeter Kollektor in einer hohen Erdumlaufbahn dagegen würde 1400 Watt erbringen. Überdies könnte er 24 Stunden am Tag diese Menge an Sonnenlicht auffangen, da es im Weltraum weder Morgen noch Abend noch Wetter gibt. Demnach ist ein Sonnenkollektor im Weltraum viel leistungsfähiger.

Ferner kann man unter den Bedingungen der Schwerelosigkeit im Weltraum mit einem minimalen Aufwand an Material sehr große Gebilde bauen. Die Verbiegung großer Strukturen auf der Erde, die, wie wir gesehen haben, beim Bau von Radioteleskopen eine solche Rolle spielt, gibt es im Weltraum nicht. Deshalb kann man von Sonnenkollektoren reden und tut es auch, die sich im Weltraum über Quadratmeilen erstrecken und riesige Mengen Sonnenenergie auffangen. Weit davon entfernt, daß man Energie zuführen müßte, um Arbeit im Weltraum zu ermöglichen, dürfte sich vielmehr die erste Gruppe, die im Weltraum zu bauen beginnt, finanziell wohl selbst tragen, indem sie Energie zur Erde «exportiert». Auf jeden Fall wird man gewiß genug Energie von der Sonne geliefert bekommen, um jeden Herstellungsprozeß zu betreiben, der erforderlich ist. Genauso, wie die ersten Siedler in Nordamerika an Energie alles vorfanden, was sie in ihrer neuen Heimat brauchten, werden die ersten Siedler im All den Gesamtenergievorrat für die Menschheit vermehren.

Außerdem wird man im Weltraum Mineralrohstoffe in Mengen finden, die nach den uns geläufigen Maßstäben riesenhaft sind. Als man anfing, von der Kolonisierung des Weltraums zu sprechen, nahm man an, das Rohmaterial für die Kolonie würde auf der Mondoberfläche abgebaut und dorthin geschickt werden, wo man es braucht. Heute sieht es so aus, als würde auf lange Sicht nicht der Mond die nächstgelegene Quelle für Rohstoffe sein, sondern vielmehr die Asteroiden. Asteroiden sind Körper, deren Größe von Staub- und Kieselkörnchen bis zu zerschrundeten Felsklumpen von Hunderten Meilen Durchmesser reicht. Jeder umfliegt die Sonne auf einer eigenen Bahn; die meisten findet man im

Asteroidengürtel zwischen Mars und Jupiter. Man nimmt an, daß es sich um Überreste von Gaswolken handelt, denen es knapp mißlungen ist, sich zu vereinigen und einen Planeten zu bilden. Die Beschäftigung mit den Asteroiden ist deshalb ein Thema von großer Bedeutung, weil man an ihnen studieren kann, wie die Erde und die anderen Planeten entstanden sind.

Gelegentlich stößt ein Zufallsprozeß, etwa ein Zusammenprall, den Asteroiden oder seine Bruchstücke anschließend aus dem Asteroidengürtel und lenkt ihn in eine Bahn, die sich mit jener der Erde schneidet. Die größeren davon werden Apollo-Asteroiden genannt. Manchmal stürzt eines der Asteroidenbruchstücke auf die Erde. Wir sehen seinen Weg durch die Atmosphäre als Sternschnuppe oder Meteor. Der typische Meteor ist meist nur ein winziges Stückchen Materie. Selten übersteht ein viel größerer Meteor den Eintritt in die Atmosphäre, bis er auf den Boden prallt. Dann heißt er Meteorit. Praktisch alle Meteorite scheinen im Asteroidengürtel entstanden zu sein.

Meteorite werden auf ihre chemische Zusammensetzung untersucht. Die Ergebnisse liefern nützliche Hinweise darauf, welche Arten von Rohstoffen wir in den Asteroiden finden werden. Eine große Zahl von Apollo-Asteroiden, deren Bahn ihre Ausbeutung ermöglichen, sind in letzter Zeit analysiert worden, und wenn man das von der Asteroidenfläche zurückgestrahlte Licht mit den Eigenschaften von Meteoriten im Labor vergleicht, lassen sich diese Asteroiden annähernd identifizieren. Die Meteorite, die man studiert hat, scheinen zwei großen Klassen anzugehören – Eisen-Meteorite und Stein-Meteorite. Wie der Name schon sagt, sind die der ersten Gruppe stark eisenhaltig; manche bestehen zu 90 Prozent oder mehr aus Eisen und Nickel. Bei den Stein-Meteoriten dürften die interessantesten einer großen Untergruppe mit dem Namen Chondriten angehören, benannt nach winzigen Einsprengseln, sogenannten «Chondren», die sie enthalten. Eine besondere Klasse von Chondriten, die Kohlechondriten heißen, sind reich an Kohlenstoff, Wasser und organischen Stoffen bis hinauf zu und einschließlich Aminosäuren. Man hält sie für die ältesten Stoffe im All und untersucht sie deshalb besonders gründlich. Man nimmt an, daß mindestens ein Apollo-Asteroid und rund 75 Prozent der Asteroiden im Gürtel der Zusammensetzung nach den Kohlechondriten ähneln.

Wie die Darstellung der Raumkolonisierung werden wir die Beschäftigung mit den Einzelheiten der Asteroidenausbeutung auf das nächste Kapitel verschieben. Hier beschränken wir uns auf das Ausmaß der verfügbaren Rohstoffquellen. Dazu unterstellen wir einen «Standardasteroiden» mit einer Würfelkantenlänge von 10 km und der dreifachen Dichte von Wasser, was ungefähr der Dichte von Granit entspricht. Das ist bei Asteroiden eine bescheidene Größe. Man nimmt an, daß es mindestens siebzig Apollo-Asteroiden von dieser Größe gibt.

Durch das Studium von Meteoriten können wir zu einer Schätzung der Menge verschiedener Minerale gelangen, die in einem Standardasteroiden zu erwarten sind. In Tabelle 5 auf Seite 217 führen wir diese Werte für jene Stoffe auf, die wir im vorigen Abschnitt genannt hatten, dazu die Zahl der Jahre, für die der Vorrat im Standardasteroiden vermutlich reichen wird, wenn der Verbrauch auf dem Stand bleibt, den das Bergwerksamt für das Jahr 2000 voraussagt. Aus der Tabelle ersehen wir, daß der Rohstoffvorrat im Weltraum selbst dann, wenn man Asteroiden von durchaus bescheidener Größe annimmt, im Vergleich zu den heutigen und künftigen Verbrauchsziffern groß ist.

Einige Bemerkungen zu dieser Tabelle sind angebracht. Erstens sind nicht alle diese Stoffe in sämtlichen Arten von Asteroiden in großen Mengen enthalten. Wie die Tabelle zeigt, haben wir in jedem Fall Asteroiden mit der höchsten Anreicherung des jeweiligen Minerals ausgewählt. Zweitens wollen wir nicht behaupten, der Abbau im Weltraum gehe so vor sich, daß ganze Asteroiden zerspalten und Minerale daraus gewonnen werden, die dort in kleinen Mengen auftreten. Auf der Erde wird Bergbau ja auch nicht auf die Weise betrieben, daß man ganze Berge abträgt. Vermutlich wird man Asteroiden auf ganz ähnliche Weise wie Rohstofflager auf der Erde vermessen und erforschen und eben nur

Tabelle 5. Menge wichtiger Minerale in einem Asteroiden von 10 km Würfelkantenlänge
(Die Art von Asteroid, die den höchsten Anteil des Minerals enthält, wird in der vierten Spalte aufgeführt, das tatsächliche Vorkommen der Masse nach in der fünften.)

Mineral	Menge in Standard-Asteroid	Stat. Reservelimit im Hinblick auf voraussichtlichen Bedarf A. D. 2000 i. Jahren	Art des Asteroiden	Durchschn. Vorkommen
Aluminium	$1{,}5 \times 10^{11}$ Tonnen	23000	Stein-Eisen	0,05
Chrom	$1{,}2 \times 10^{10}$ Tonnen	22000	Chondrit	4×10^{-3}
Kupfer	$3{,}0 \times 10^{5}$ Tonnen	14	Chondrit	10^{-4}
Gold	$6{,}0 \times 10$[illegible] Tonnen	30000	alle	2×10^{-6}
Blei	$3{,}0 \times 10^{6}$ Tonnen	0,5	Eisen	10^{-6}
Mangan	$3{,}0 \times 10^{9}$ Tonnen	1360	Stein	10^{-3}
Quecksilber	$7{,}9 \times 10^{7}$ Flaschen*	294	Chondrit	10^{-6}
Molybdän	$3{,}0 \times 10^{5}$ Tonnen	10	Chondrit	10^{-6}
Silber	$3{,}5 \times 10^{5}$ Tonnen	19	Stein	10^{-7}
Zinn	$3{,}0 \times 10^{7}$ Tonnen	97	Stein-Eisen	10^{-5}
Wolfram	$3{,}0 \times 10^{5}$ Tonnen	4	alle	10^{-7}
Zink	$3{,}0 \times 10^{8}$ Tonnen	24	Chondrit	10^{-4}

* Flasche = 76 pounds

jene ausbeuten, die ins Gewicht fallende Mengen eines begehrten Rohstoffs enthalten.

Wir sehen, daß Minerale, die auf der Erde langsam knapp werden, im Weltraum reichlich zur Verfügung stehen. So hätte eine Ausdehnung der Menschheit in den Weltraum hinaus die Folge, den Subsistenzmittelsockel auf einen sehr hohen Stand anzuheben. Zumindest für einige Jahrhunderte wäre das malthusianische Dilemma gelöst.

Der Grund dafür, daß auf Asteroiden Minerale leicht zu finden sein dürften, hängt mit dem Prozeß der Planetenentstehung zusammen. Als die Erde entstand, durchlief sie eine Zeit, in der sie schmolz. Damals strömten Minerale von hoher Dichte und niedrigen Schmelzpunkten zum Kern und hinterließen nur Bruchteile ihrer Gesamtmenge in der Nähe der Oberfläche. So besteht der Erdkern beispielsweise aus Eisen, die Eisenmenge in der Erdkruste dagegen beläuft sich nur auf einen unendlich kleinen Bruchteil der Massen im Kern. Diesen Prozeß nennt man Differenzierung. Der Ablauf der Planetenbildung ist so beschaffen, daß der größte Teil vieler wichtiger Minerale nicht an der Oberfläche zugänglich ist.

Die Asteroiden dagegen sind Planetenmaterial, das den Schmelz- und Erstarrungsprozeß nie durchgemacht hat. Demzufolge ist der gesamte Mineralgehalt, der ins Planeteninnere hineingeronnen wäre, eingeschlossen der Kern, jedem, der ihn sich nehmen kann, sofort zugänglich. Viele Elemente, die in der Erdoberfläche vergleichsweise selten sind, gibt es in der Mondkruste reichlich. Eine Untersuchung von Mondgestein hat ergeben, daß es besonders reich ist an Titan, Silicium und Stoffen, die zur Herstellung von Glasfasern gebraucht werden; von den ersten Raumkolonisten wird ganz sicherlich die Mondoberfläche ausgebeutet werden.

Inzwischen wird sich der Leser vermutlich sagen, das ganze Gerede von einer Ausbeutung der Asteroiden sei wohl eher ein Märchen. Der Einzelne mag davon zwar nichts ahnen, aber vermutlich hat schon jeder Mensch Metalle in der Hand gehabt, die in einem gewissen Sinn von Asteroiden stammen. In den sechziger Jahren kam etwa die Hälfte des Weltbedarfs an Nickel aus einem Gebiet in Ontario, Kanada, das unter dem Namen «Sudbury-Astroblem» bekannt ist. Ein Astroblem ist ein Einschlagkrater. Dieses nickelreiche Gebiet soll sich, wie man glaubt, durch den Aufschlag eines großen Eisen-Nickel-Meteoriten auf der Erde gebildet haben. Wenn Sie das nächstemal eine 5 Cent-Münze mit einer Prägezahl aus den sechziger Jahren ausgeben, bringen Sie vielleicht Material unter die Leute, das im Asteroidengürtel entstanden ist.

Schlußfolgerungen für SETI

Diese Erörterung der Aussichten für Entwicklung und Ausdehnung des Menschen ist für SETI von großer Bedeutung. Früher oder später wird jede wachsende Kultur vor ihrem eigenen malthusianischen Dilemma stehen und zwischen statischer und dynamischer Zukunft zu entscheiden haben. Wir waren der Meinung: Wenn sie sich für die erste entscheidet, dürfte sie kaum Energie für interstellare Kommunikation aufbringen. Deshalb hat es wenig Sinn, sich weiter mit ihr zu befassen. Entschließt sie sich zur Expansion, dann legen die Erwägungen zu den der Menschheit im Weltraum gebotenen Rohstoffen in starkem Maß nah, daß sie die Vergrößerung ihres Subsistenzmittelsockels durch das Verlassen des Planeten anstreben wird. Mit anderen Worten: Sie wird zu einer Kultur werden, die sich in zunehmendem Maß auf Raumfahrt und Raumkolonisierung stützt. Man darf deshalb vermuten, daß jede ETI, der wir begegnen mögen, im Begriff sein wird, ihr eigenes Sonnensystem zu erforschen und zu erschließen, vielleicht auch die Systeme naher Sterne.

Es lohnt also, sich das menschliche Beispiel ein bißchen genauer vorzunehmen und festzustellen, wie der Schritt in den Weltraum vom Planeten Erde aus erfolgen könnte.

13
Die Kolonisierung des Weltraums

Ist die Oberfläche eines Planeten wirklich der richtige Ort für eine expandierende technologische Zivilisation?
Gerard K. O'Neill

Wenn jede fortgeschrittene Zivilisation früher oder später darüber entscheiden muß, ob der Weg sie von ihrem eigenen Planeten fortführen soll, könnten wir über diesen Vorgang durch die Überlegung Kenntnisse sammeln, wie wir selbst das anstellen würden. In der Menschheitsgeschichte ist es noch nicht lange her, daß das Thema Raumkolonisierung den Bereich blanker Spekulation verlassen und auf das Reißbrett überwechseln konnte. Dennoch widmet seit einiger Zeit eine erstaunlich große Zahl von bekannten Wissenschaftlern dem Thema Zeit und Energie. Von ihnen tritt Gerald K. O'Neill, Experimentalphysiker an der Princeton-Universität, am nachdrücklichsten in Erscheinung.

Seit 1969, als er ein Einführungsseminar für Physik abhielt, dessen Thema obiges Zitat war, ist er die treibende Kraft für die wissenschaftliche Erforschung von Raumkolonien gewesen. In der Zwischenzeit wurde zu diesem Thema soviel Arbeit geleistet, daß wir in groben Zügen zu erkennen vermögen, wie der Schritt in den Weltraum stattfinden könnte.

Konstruktion des Weltraum-Habitats

Damit Menschen im Weltraum überleben können, müssen bestimmte Mindestanforderungen erfüllt sein. Es muß Luft zum Atmen da sein. Diese Luft muß einen Druck aufweisen, der vom Normalzustand auf der Erde nicht wesentlich unterschieden ist. Man benötigt eine Quelle für Nahrung und Wasser. Dazu kommen zwei bauliche Besonderheiten, die nur im Weltraum nötig sind. Man muß für Abschirmung gegen kosmische Strahlung sorgen und einen Ersatz künstlicher Art für Schwerkraft finden.

Ausmaß und Bedeutung der beiden letztgenannten Probleme sind dadurch an den Tag getreten, daß die Reaktionen von Astronauten auf lange Aufenthalte im Weltraum, vor allem bei den Skylab-Experimenten, untersucht wurden. So stellte man etwa fest, daß längere Perioden von Schwerelosigkeit im menschlichen Knochengewebe zum Abbau von Kalzium führen – ein Schwund, den man, wie man weiß, wieder ausgleichen kann, wenn der Zeitraum einige Monate nicht überschreitet. Damit man aber auf Dauer in einer schwerelosen Umgebung leben kann, müßte man eine künstliche Schwere erzeugen, um so zu verhindern, daß unser Knochengewebe erkrankt. Dazu könnte man die Weltraum-Großstationen so bauen, daß sie rotierbar sind. Jemand, der auf der Innenfläche einer rotierenden Kugel steht, würde eine Kraft verspüren, die ihn zum Boden hinzieht. Wir nennen das «Zentrifugalkraft». Je nachdem, wie schnell die Kugel sich dreht und wie weit die Person von der Rotationsachse entfernt ist, kann die Kraft zwischen Null und einem Mehrfachen der Schwerkraft auf der Erdoberfläche liegen.

Wenn Zentrifugalkraft die Gravitation ersetzen soll, gibt es allerdings noch ein anderes physiologisches Hindernis, das berücksichtigt werden muß. Ist die Rotation zu schnell, so kann sich das auf die inneren Gehörgänge auswirken und zu einer Art Seekrankheit führen. Bei Daueraufenthalt im Weltraum muß das also unbedingt vermieden werden. Allgemein gilt eine Rotationsgeschwindigkeit von einer Umdrehung pro Minute als vernünftiger Wert für den Bau einer Raumstation.

Diese beiden Erfordernisse – eine Zentrifugalkraft von der Größe der Gravitation auf der Erdoberfläche, während die Rotationsgeschwindigkeit so niedrig gehalten wird, daß keine Seekrankheit entsteht – bestimmten das Grundbaumuster des Weltraum-Habitats. Der zur Zeit bekannteste Entwurf sieht vor, die Station in Form eines Berliner Pfannkuchens zu errichten – technisch spricht man von einem Torus oder Ringwulst. Die Unterkünfte befinden sich dabei im Inneren des Bauwerks. Dadurch, daß der Ringwulst sich um eine Achse rechtwinklig zu seiner Mittelebene rotieren läßt – siehe dazu Abbildung 13.1 – entsteht eine Situation, bei der eine Person, die im Inneren steht, eine Kraft verspürt, die am Ring nach außen wirkt. Diese Richtung ist dann für jeden Bewohner des Rings «unten». Der Ringwulst muß, um normale Schwerkraft zu liefern, einen Durchmesser von etwas mehr als einer Meile haben, das sind über 1600 m.

Das zweite wichtige Gesundheitsproblem für Menschen, die im Weltraum leben, entsteht durch das Vorhandensein der sehr schnellen, geladenen Teilchen, die als kosmische Strahlung bekannt sind. Diese Teilchen werden von der Sonne und anderen Sternen ausgestrahlt und sind in der Galaxis allgegenwärtig. Vom biologischen Standpunkt aus sind sie deshalb gefährlich, weil, sobald sie in Materie eindringen, die elektrischen Kräfte zwischen dem Teilchen und Elektronen in Atomen dazu führen, daß die Atome Elektronen verlieren und ionisiert werden. Ein kosmisches Strahlenteilchen hinterläßt, wenn es durch eine Zelle geht, eine Kette von ionisierten Atomen. Je nachdem, wo diese Atome sich befinden, kann die Folge von einem kleinen Schaden, den die Zelle selbst wieder beheben kann, bis zum Tod der Zelle oder dem Entstehen einer Krebszelle durch Mutation reichen. Je massiver und stärker geladen das Teilchen, desto höher der Schaden; der Kern eines Eisenatoms würde hundertemal mehr Schaden anrichten als ein einzelnes Proton.

Auf der Erde werden die gefährlichsten kosmischen Strahlen in der Atmosphäre abgefangen, so daß die kosmische Strahlung, die uns noch erreicht, viel weniger energiereich und tödlich ist als jene, der wir im Weltraum ausgesetzt wären. Dennoch gehen jetzt in diesem Augenblick Teilchen, die durch den Zusammenprall kosmischer Strahlen entstanden sind, durch Ihren Körper, und zwar mehrere in der Minute.

Man hat zwei Möglichkeiten vorgeschlagen, um die Weltraumbewohner vor kosmischer Strahlung zu schützen. Die erste ist die Erzeugung großer Magnetfelder um die Raumstation. Sie würden die geladenen Teilchen ablenken

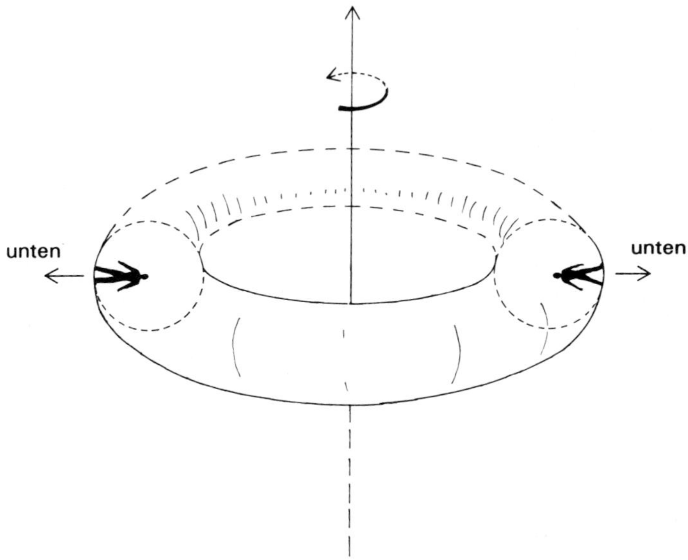

13.1
Zur Zeit gilt als naheliegendste Konstruktionsform einer bewohnten Raumstation der sogenannte Torus oder Ringwulst.

und damit eine ähnliche Aufgabe erfüllen wie der Van Allen-Strahlungsgürtel rund um die Erde. Dieses System hätte eine Reihe von Nachteilen. Sein Betrieb erfordert viel Gerät und Energie und ist vor Ausfällen nicht sicher. Sollten die Magnetfelder aus irgendeinem Grund schwächer werden oder sich abschalten, wären die Kolonisten der Strahlung ausgesetzt, bis man die Magnetfelder wiederherstellen kann.

Die zweite Möglichkeit besteht darin, die Raumstation mit soviel Material zu umkleiden, daß diese die auftreffende Strahlung absorbiert. Die Strahlungsmenge kann auf die einer Stadt wie Denver mit ihrer Höhenlage verringert werden, wenn man den Ringwulst mit einer Schicht Mondgestein von fast zwei Metern Dicke umkleidet. Ein solches System wäre in jener Beziehung betriebssicher, daß kein mechanisches Versagen zum Ausfall der Abschirmung führen könnte. Die Umkleidung des gesamten Ringwulstes würde jedoch erfordern, daß rund 10 Millionen Tonnen Material zur Baustelle geschafft werden – nicht gerade eine Kleinigkeit.

Die physiologischen Bedürfnisse des Menschen im Weltraum setzen damit die Grundbedingungen für die Konstruktion einer dauernd bewohnten Raumstation. Ein Entwurf aus Anlaß einer von der NASA geförderten Studie im Sommer 1975 ist typisch für die Art von Konstruktion, die dem Menschen als erstes Heim außerhalb der Erde dienen könnte. Ein Ringwulst mit einem Durchmesser von knapp über einer Meile würde an der Innenseite seiner Außenwandung über eine Wohnfläche von 178 Hektar verfügen. Bei einer vorgesehenen Bevölkerung von 10000 Menschen entspräche die Bevölkerungsdichte in der Raumstation ungefähr der von Manhattan. Der Ringwulst wäre umgeben von seinem Strahlungs-Schutzschirm und würde über große Außenspiegel verfügen, so verstellbar, daß sie Sonnenlicht zurückwerfen und im Inneren der Station «Tag» und «Nacht» hervorrufen.

Die Tatsache, daß Menschen in einer Weltraum-Umgebung überleben können, bedeutet jedoch nicht unbedingt, daß große Teile der Menschheit dazu ebenfalls imstande wären. Bevor von einem echten «Schritt in den Weltraum» die Rede sein kann, müssen zwei große Probleme gelöst sein. Das sind: Kann eine solche Station überhaupt gebaut werden? Und: Könnte sie für sich selbst bestehen, also unabhängig sein und sich selbst versorgen? Wenn diese Fragen nicht mit Ja zu beantworten sind, müßten wir zu dem Schluß kommen, daß die Menschheit für immer an ihren Planeten gefesselt wäre.

Material für die Station: Die Energiesteuer

Wir haben uns angewöhnt, Reisen nach der Entfernung zwischen Anfang und Ende einer Strecke zu messen. Wir fahren 20 km zur Arbeit oder reisen 500 km zu einer Tagung. Wir könnten Entfernung aber ebensogut dadurch ausdrücken, wieviel Energie erforderlich ist, um von einem Punkt zum anderen zu gelangen. Dann wird die Reise von 500 km zu einer Fahrt, die 40 Liter Benzin kostet. Während der periodischen Treibstoffknappheiten in Amerika wurde

13.2
Eine torusförmige Raumkolonie mit ihrem Spiegel für die Steuerung der Lichtzufuhr. Ein nicht rotierender Strahlungs-Schutzschirm wäre ebenfalls erforderlich, ist aber auf diesem Bild nicht zu sehen. (Zeichnung: NASA)

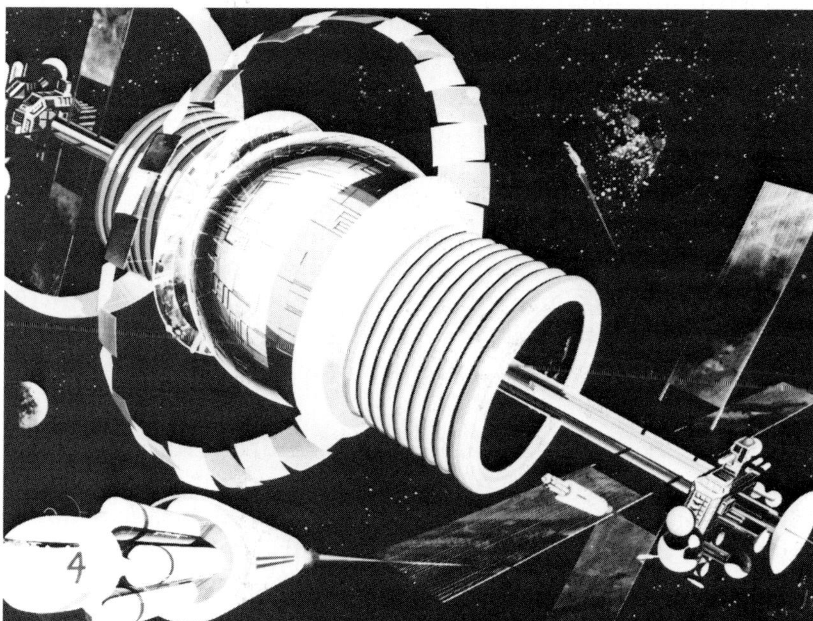

13.3
Im Fortgang der Raumkolonisierung werden die Kolonien vermutlich Kugel- oder Zylinderform haben. Die Achse dieser Kolonie zeigt zur Sonne; Licht wird durch Spiegelanlagen in die Kolonie gelenkt. An beiden Enden der Kugel sind Ringwülste für den Landwirtschaftsbetrieb angebracht. Die Paddel dienen zum Abstrahlen von Abwärme. (Zeichnung: NASA)

der Ausdruck «nur einen Tank voll (Benzin) entfernt» gebräuchlich. Das ist ein Beispiel dafür, wie man die Entfernung am Energieverbrauch messen kann.

Auf der Erde wird die Energie, die man braucht, um von einem Ort zum anderen zu gelangen, fast ausschließlich dafür aufgewendet, verschiedene Arten von Reibung zu überwinden – Luftwiderstand, Reifenerwärmung und Motorreibung sind Beispiele dafür. Im Weltraum gibt es praktisch gar keine Reibung, die Bewegung bremsen könnte, und die erforderliche Energie, um von einem Punkt zum anderen zu gelangen, wird fast ausschließlich dafür aufgewendet, die Gravitationsanziehung von großen Massen wie Erde und Sonne zu überwinden. Abbildung 13.4 ist eine «Energiekarte» für den Weltraum rund um die Erde. Die senkrechte Achse bezeichnet die Energiemenge in Kilowattstunden, die erforderlich ist, um eine Last von 1 kg von der Erdoberfläche zu dem angegebenen Punkt zu befördern.

Aus dem Diagramm wird ersichtlich, daß vom Standpunkt eines Beobachters im Weltraum aus die Erdoberfläche am Grund eines sehr tiefen Gravitationsschachtes liegt. Von der Erde Lasten in eine Umlaufbahn zu befördern, kostet uns die Entrichtung einer hohen Energiesteuer. Diese Steuer wird noch erhöht durch die Reibung der Erdatmosphäre. Sobald wir uns aber einmal von der Erdoberfläche entfernt haben, bedarf es nur noch eines geringen Energieaufwands, um von einem Punkt zum anderen zu gelangen. Im Idealfall würden wir es so einrichten, daß das gesamte Material für unsere Raumstationen von Himmelskörpern wie den Asteroiden käme, damit die zu entrichtende Energiesteuer sehr niedrig bleibt.

Leider befindet sich unsere Weltraumtechnologie noch derart in den Anfängen, daß es vermutlich weit bis ins nächste Jahrhundert hinein dauern wird, bis wir damit beginnen können, Rohstoffe aus selbst so nahgelegenen Körpern wie den Apollo-Asteroiden zu gewinnen. Die erste größere Konstruktion im Weltraum wird deshalb Material benützen müssen, für das eine Energiesteuer zu entrichten ist. Fraglich kann nur sein, wie hoch die Steuer ausfällt.

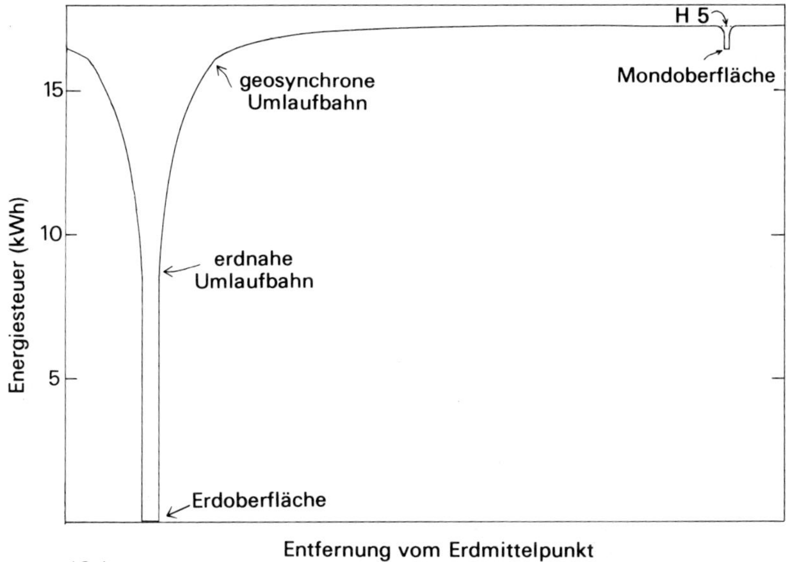

13.4
Eine «Energie»-Karte der Weltraumregion in Erdnähe.

Die Raumfähre «Columbia» hat inzwischen drei Flüge hinter sich. Sie hat damit eine neue Ära eingeleitet, was unsere Fähigkeit betrifft, im Weltraum tätig zu sein, und wird mit Gewißheit zur Entwicklung von technischen Methoden führen, in Umlaufbahnen große Stationen zu montieren. Das gesamte Material für eine Raumstation und ihren Schutzschirm von der Erde aus hinaufzubefördern, würde sowohl von den Kosten wie vom Energieaufwand her unerschwinglich teuer sein. Sogar das Gerät, das die NASA als Nachfolger für die Raumfähre entwickelt, der sogenannte Schwerlast-Transporter, würde Tausende von Flügen bewältigen müssen, um diese Aufgabe zu erfüllen. Die Umweltprobleme, die sich daraus ergeben, daß soviel Raketentreibstoff in die Atmosphäre geblasen wird, sind noch nicht gründlich untersucht worden, aber man kann ziemlich sicher sein, daß sie riesengroß sein werden. Im Prinzip mag zwar die Möglichkeit bestehen, das gesamte Material für eine Raumstation von der Erde hinaufzuschaffen, aber die dafür anfallenden Kosten würden ein solches Unterfangen ganz eindeutig verhindern.

Nachdem Erde und Apollo-Asteroiden als Quellen für Baumaterial ausgeschieden sind, wenden wir uns dem einzigen anderen Körper in unserer Nähe zu – dem Mond. Auch er befindet sich am Grund eines Gravitationsschachts, aber weil er kleiner ist als die Erde, reicht auch der Schacht nicht so tief. Überdies besitzt der Mond keine Atmosphäre, so daß kein Luftwiderstand überwunden werden muß. Um Material für unsere Raumstationen zu erhalten, müssen wir uns also der Mondoberfläche zuwenden.

Das Vorgehen beim Bau muß notwendigerweise zweigleisig erfolgen. Auf der einen Seite muß der Großteil der Monteure am Bauplatz selbst sein, während andererseits auf dem Mond ein Bergwerksbetrieb eingerichtet werden muß, der die notwendigen Rohstoffe abzubauen hat. Das größte Hindernis – Material vom Mond zur Baustelle zu befördern – ist von O'Neill bewältigt worden, der ein Gerät erfunden hat, das den Namen Masse-Transporter trägt. Die Idee für dieses Gerät und die Erkenntnis, daß die Kosten des Materialtransports auf etwa ein Prozent der Kosten für das Hinaufschießen des Materials von der Erde aus gesenkt werden könnten, führten Mitte der siebziger Jahre in der Tat zu regem Interesse an Weltraum-Kolonien. Wir werden den Masse-Transporter im nächsten Abschnitt genauer beschreiben und stellen hier nur fest, daß er die Rohstoffe der Mondoberfläche für Bauvorhaben im Weltraum verfügbar macht.

Dank dem Apollo-Programm wissen wir recht gut, wie sich die Mondoberfläche zusammensetzt. Sie besteht zu ca. 20 Prozent aus Kieselerde – einem Material, das für die Herstellung von Glas und Solarzellen benötigt wird – und enthält einen hohen Prozentsatz (bis zu einem Drittel) an Metallen. Am häufigsten sind Aluminium und Titan, beide für die Errichtung hochfester Bauwerke mit niedrigem Gewicht geeignet. Das auf der Mondoberfläche verbreitetste Element ist Sauerstoff, dessen Verwendungszwecke naheliegen. Was auf dem Mond vor allem fehlt, ist Wasserstoff. Dieses Element wird man wohl von der Erde heraufbringen müssen, um Sauerstoff vom Mond damit zu Wasser zu verbinden. Sonst stehen aber zweifellos fast alle Stoffe, die

13.5
Mitte der achtziger Jahre wird die Raumfähre ein 2,4 m-Weltraumteleskop in den Raum befördern.

für Bau und Betrieb der Raumstation erforderlich sind, auf dem Mond zur Verfügung.

Ein vorstellbarer Ablauf beim Bau des Mondstützpunktes ist von Wissenschaftlern vorgetragen worden, die sich mit den Problemen von Weltraum-Kolonien befassen. Die erste Nutzlast, die zum Mond gelangt, wird mehrere große Container voll Gerät umfassen. Die Container werden die Wohn- und Arbeitsräume der Besatzung enthalten, während zum Gerät ein Traktor, andere Erdbewegungsmaschinen und ein kleiner Kernreaktor gehören. Diese Vorhut hätte die Unterkünfte einzurichten und sie im Mondboden einzugraben. Da der Mond keine Lufthülle besitzt, stellen sich bei ihm dieselben Strahlungsprobleme wie bei einer Raumkolonie, lebende Wesen benötigen dieselbe Abschirmung. Die Besatzung würde ferner den Reaktor aufstellen, auch hier für die Abschirmung Mondgestein verwenden, und Leitungen verlegen.

Ein gängiger Plan für den Ausbau des Stützpunkts auf dem Mond sieht über vier oder fünf Jahre hinweg jährlich an die fünf Starts vor. Später eintreffende Nutzlasten umfassen das Material für die Montage des Masse-Transporters, eines Kernreaktors mit einer Leistung von 200 Millionen Kilowatt, das Gerät und die Maschinen, die notwendig sind, um den Betrieb aufnehmen zu können.

Nach der Fertigstellung wird der Mondstützpunkt ein recht kleiner Grubenbetrieb sein. Der eigentliche Abbau würde so vor sich gehen, daß man Traktorladungen Mondgestein in den Masse-Transporter kippt, damit er es zur Baustelle befördern kann. Das Ganze hätte Ähnlichkeit mit einem kleinen Kieswerk auf der Erde und entspräche in der Leistung dem, was mühelos von einem Bulldozer im Dauerbetrieb bewältigt werden kann. Die Pläne sehen zumeist die Lieferung von ca. 10 Millionen Tonnen Material im Jahr vor. Das entspricht dem Inhalt einer etwa eineinhalb Meter tiefen Grube mit einer Ausdehnung von ungefähr zehn Großstadt-Häuserblöcken. Da Mondgestein sehr brüchig und pulverig ist, würde der Abbau selbst sehr wenig Energie erfordern – etwa soviel, wie sie ein gewöhnlicher Gärtner-Traktor liefert.

Energie müßte im Mondstützpunkt vor allem für den Transport des Mondgesteins in den Weltraum aufgewendet werden. Zunächst hätte der große Reaktor diese Energie beizusteuern, aber später dürften wir damit rechnen, daß die überreichlich vorhandene Sonnenenergie zu diesem Zweck gezähmt wird. Die Größe des dafür erforderlichen Sonnenkollektors läßt sich sogar schätzen. Wir haben gesehen, daß im Weltraum Solarenergie in einer Größenordnung von 1,4 Kilowatt zur Verfügung steht. Um eine Last von 1 kg pro Sekunde vom Mond zu starten, braucht man ca. 3×10^6 Watt. Damit könnte ein Kollektor mit einer Fläche von $3 \times 10^6 / 1{,}4 \times 10^3 = 2{,}1 \times 10^3$ Quadratmeter, also mit einer Seitenlänge von etwa 50 m, pro Sekunde ein Kilogramm in den Weltraum befördern. Innerhalb eines Jahres könnte dieser Kollektor demnach 30 000 Tonnen Material vom Mond in den Weltraum transportieren. Sogar bei Einrechnung von Leistungsverlusten wäre ein Solarkollektor mit einer Seitenlänge von gut 60 m in der Lage, den Mondstützpunkt mühelos durchgehend mit Energie versorgen.

Der Masse-Transporter

Die Energiesteuer-Karte von Abbildung 13.4 enthält eine recht überraschende Information. Jedenfalls sind *wir* überrascht gewesen, als wir sie sahen. Die Energiekosten, um eine Last von 1 kg von der Erdoberfläche in eine nahe Erdumlaufbahn zu befördern, betragen etwa 9 Kilowattstunden. Das ist eine sehr bescheidene Energiemenge – etwa das, was eine Klimaanlage am Bürofenster an einem Sommertag verbraucht. Sie scheint ganz gewiß nicht zu dem Bild riesiger Saturnraketen zu passen, die einen Schub von Millionen Kilopond entwickeln und in jeder Sekunde tonnenweise Treibstoff verbrennen.

Der Grund für diese Diskrepanz ist in Wirklichkeit ganz einfach. Eine Rakete muß nicht nur ihre Nutzlast mitführen, sondern auch ihren Treibstoff. Das heißt: Eine Rakete, die in der Luft pro Meile eine Tonne Treibstoff verbrennt, muß diese Tonne Treibstoff mit hinaufnehmen und im Flug die Energiesteuer dafür entrichten. Könnte man ein Mittel finden, lediglich die Nutzlast zu vergrößern und die Energiequelle auf der Erde zu belassen, ergäbe sich daraus offenkundig eine große Ersparnis an Energie und Geld. Der Masse-Transporter ist ein Beispiel dafür, wie das erreicht werden könnte.

Dem Betrieb des Masse-Transporters liegen zwei wichtige Ideen zugrunde. Erstens: Da der Mond keine Atmosphäre aufweist, fliegt ein schwerer Körper, der durch einen Mechanismus auf der Oberfläche ausreichende Beschleunigung erhält, um aus dem Gravitationsschacht des Mondes hinaufbefördert zu werden, in den Weltraum hinaus, ohne durch Reibung behindert zu werden.

Das zweite wichtige Prinzip des Masse-Transporters ist die Magnetschwebetechnik. Diese Methode ist in der Technik nichts Neues; sie wird in Europa, Japan und den Vereinigten Staaten für die Anwendung bei schnellen Schienen-Transportsystemen entwickelt und erprobt. Testsysteme, die Geschwindigkeiten von 80 km/h mit mehreren Passagieren erreichen können, sind sogar schon gebaut und in Betrieb genommen worden. Die Konzeption der Magnetschwebetechnik ist also keineswegs neu und unerprobt.

Im Prinzip beruht diese Technik auf derselben Erscheinung, die zwei kleine Magnete dazu veranlaßt, einander abzustoßen, sobald ihre beiden Nordpole aneinandergeführt werden. Ein Magnet, der sich über einer Metallschiene bewegt, bringt die Elektronen im Metall zum Fließen. Man bezeichnet das als die Erzeugung von Wirbelströmen. Die genannten Strömungen stoßen den sich bewegenden Magneten ab. Wenn das System richtig konstruiert ist, wird der Magnet und alles, was daran befestigt ist, «abheben» und einige Zentimeter über der Schiene schweben, während er sich vorwärtsbewegt. Bei einem Schienenzug würde das Geschwindigkeiten von mehreren hundert Meilen in der Stunde zulassen. Die Grenze ergibt sich durch den Luftwiderstand. Auf dem Mond dagegen, wo es keine Luft gibt, könnte man magnetisch schwebende Gegenstände so beschleunigen, daß sie ganz aus dem Gravitationsschacht des Mondes entkommen. Das ist in kurzen Umrissen die Wirkungsweise auch des Masse-Transporters.

Die Maschine, die man erst auf dem Mond zusammenbauen würde, wäre eine Röhre von etwa 30 cm Durchmesser, 1,6 km lang oder noch länger. Wie Abbildung 13.6 zeigt, würde die Nutzlast von einem «Kübel» befördert werden, der einen großen Elektromagneten enthält, umgeben von flüssigem Helium. Bei der Temperatur flüssigen Heliums – ca. 4 °C über dem absoluten Nullpunkt – werden viele Metalle «supraleitend», das heißt, sie erwerben die Fähigkeit, elektrische Ströme unbegrenzte Zeit zu befördern, ohne daß es durch Erwärmung zu Verlusten käme. Mit solchem Material kann man eine Spule an eine Energiequelle anschließen, Strom zuführen und die Quelle wieder abschalten.

Der Strom fließt dann in der Spule ewig, und sie wird dadurch zu einem kleinen Elektromagneten, ganz ähnlich solchen, wie man sie in Türklingeln und in Zündsystemen von Autos findet. Solche Magnete sind heute in Labors auf der ganzen Welt in ständigem Gebrauch. Der supraleitende Magnet im Kübel schwebt auf die geschilderte Weise und verhindert, daß Kübel und Nutzlast die Wände des Masse-Transporters berühren. Inzwischen schickt man elektrische Ströme durch Spulen, die um die Röhre gewickelt sind. Der Eimer beginnt zu beschleunigen. Da keine Reibung vorhanden ist, können in relativ kurzer Zeit sehr hohe Geschwindigkeiten erreicht werden. Bis der Kübel sich der Röhrenmündung nähert, erlangt er eine Geschwindigkeit von über 2,4 km/sec, das ist die Fluchtgeschwindigkeit auf dem Mond. Nun wird der Kübel von der Nutzlast weggezogen, die allein

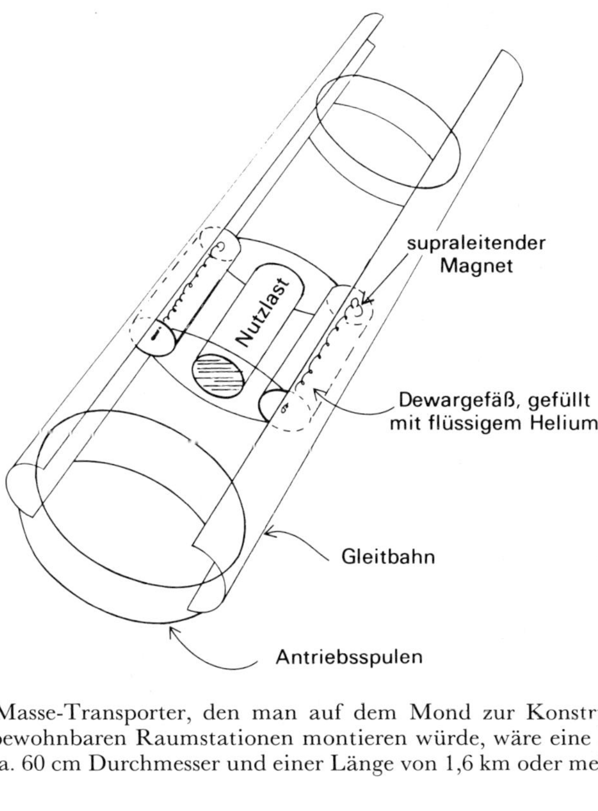

13.6
Der Masse-Transporter, den man auf dem Mond zur Konstruktion von bewohnbaren Raumstationen montieren würde, wäre eine Röhre von ca. 60 cm Durchmesser und einer Länge von 1,6 km oder mehr.

den Masse-Transporter verläßt. Sie fliegt in einer niedrigen Bahn über die Mondoberfläche hinweg und gewinnt langsam an Höhe, bis sie sich in den Weltraum entfernt.

Währenddessen wird der Kübel abgebremst, seine Energie dem elektrischen System wieder eingespeist. Man führt den Kübel im weiten Bogen zurück, befüllt ihn erneut und verwendet ihn wieder. Heutige Entwürfe sehen als Umlaufzeit des Kübels einige Minuten vor. Die Nutzlast würde aus unverarbeitetem Mondgestein bestehen und wäre vermutlich in Glasfasermaterial eingehüllt, das man auf dem Mond selbst herstellen könnte. Der Masse-Transporter eröffnet damit einen Weg, nur die Nutzlast zu beschleunigen. Dadurch entzieht er sich den Schwierigkeiten, die für Raketen gelten.

O'Neill und einige Studenten und Professoren haben aus Schrott sogar das Modell eines Masse-Transporters gebaut. Es gelang ihnen, einen kleinen Kübel innerhalb einer Zehntelsekunde auf fast 130 km/h zu beschleunigen. Ein Masse-Treiber, wie man das Gerät auch nennt, der an der Universität Princeton gebaut wurde, erreichte kürzlich Beschleunigungen vom 500fachen der Gravitation und Geschwindigkeiten von über 400 km/h, das sind rund 5 Prozent der Fluchtgeschwindigkeit auf dem Mond. Das eigentliche Problem dürfte wohl darin bestehen, die Nutzlasten so genau zu zielen, daß sie einen vorbestimmten Punkt im Weltraum erreichen. Das wäre etwa so, als wollte man in New York ein Fußballtor aufbauen und den Ball von Europa aus treten. Das scheint aber durchaus im Leistungsbereich moderner elektronischer Systeme zu liegen.

Der letzte Schritt beim Abbau- und Transportverfahren auf dem Mond besteht darin, die Nutzlasten im Weltraum zu bergen. Der Plan sieht vor, eine Reihe von «Greifern» zu bauen – große, vorne offene, kegelförmige Raumfahrzeuge – die diese Aufgabe erfüllen sollen. Wie aus Abbildung 13.7 erkennbar, würde eine Nutzlast aus dem Masse-Transporter, nachdem sie einige Tage durch den Weltraum geflogen ist, in die Öffnung des Kegels eintreten. Ein Drahtgitter an der Öffnung würde die Glasfaserhülle zerreißen, das Mondgestein würde als Regen von kleinen und großen Brocken in

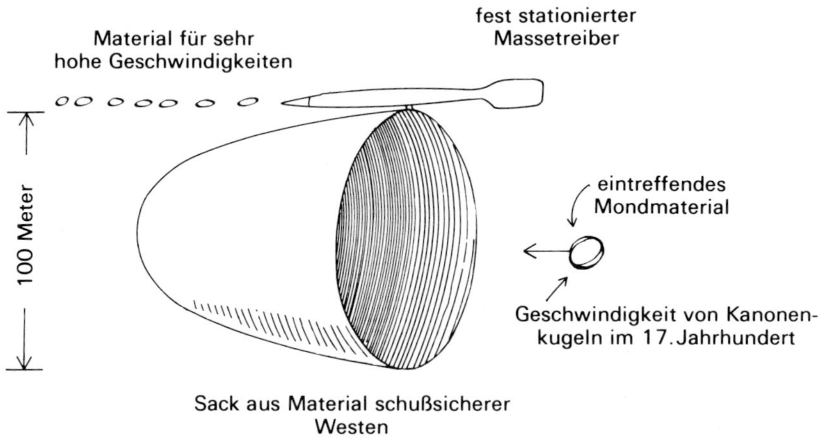

13.7
Der Masse-Transporter wird die Nutzlasten der Mondschürfungen in den Weltraum befördern, wo sie von «Fängern» übernommen werden – große, an einer Seite offene, kegelförmige Raumschiffe.

den Kegel gelangen. Sobald der Greifer voll ist, tritt er seinen langsamen Flug zur Baustelle an. Wie die Öltanker im Nahen Osten oder Erzfrachter auf den Großen Seen würden diese Schiffe dazu dienen, große Nutzlasten langsam zu befördern, weil kein besonderer Anlaß zur Eile besteht. Da sie zwischen zwei Punkte im Weltraum hin- und herfliegen, würden sie nur eine geringe Energiesteuer entrichten, und da ihre Endbeschleunigung nicht hoch sein müßte, würden sie keine großen Treibstoffmengen brauchen. Man hat sogar vorgeschlagen, sie dadurch anzutreiben, daß man einen Teil des Mondgesteins durch einen umgebauten Massetreiber am Heck ausstößt. Wenn das geschehen könnte, würde der «Treibstoff» nur einen kleinen Teil der Nutzlast ausmachen.

Auf jeden Fall würde die Konstruktion eines Masse-Transporters keine technologischen Durchbrüche erfordern. Allerdings wäre für die Entwicklung eines solchen Geräts im großen Maßstab ein längerer Zeitraum erforderlich, der bis zu zehn Jahre umfassen kann. Sobald man den Masse-Transporter aber erst einmal entwickelt hätte, würde er zum wichtigsten Gerät für die Nutzung von Rohstoffen im Weltraum werden.

Bau der Raumstation

Während die Mondbasis gebaut und der Massetreiber in Betrieb genommen wird, geht an der Baustelle der Raumstation ebenfalls die Arbeit voran. Mit Material, das die Nachfolger der Raumfähre heraufgebracht haben, wird eine kleine Raumstation errichtet, die Bautrupp und Herstellungsanlagen aufnimmt. Von Wissenschaftlern, die sich auf diesem Gebiet betätigen, «Bauhütte» genannt, wäre das ein recht spartanischer Unterschlupf. Sein einziger Zweck wäre der, Unterkunft zu gewähren, während die große Raumstation montiert wird.

Außerdem muß eine Energiequelle für die Kolonie entstehen. Man würde einen Sonnenkollektor mit einer Seitenlänge von etwa 800 m brauchen. Das mag sehr groß erscheinen, aber in der Schwerelosigkeit des Weltraums sind schwere Stützsäulen ja nicht erforderlich. Ein großer Sonnenkollektor gliche eher einem Spinnennetz, das von leichten Aluminiumstangen zusammengehalten wird, als einem schweren Stahlbauwerk von der Art eines Radioteleskops auf der Erde. Überdies würde diese erste Solarenergie-Station im Weltraum als nützliches Modell für die größeren Energiestationen dienen, die man braucht, um die Raumkolonie selbst zu versorgen.

Die Bauhütte tritt in Aktion, sobald Mondgestein von der Basis auf dem Mond eintrifft. Man gewinnt aus dem Gestein Aluminium, Silicium und Titan, der Bau der Station wird in Angriff genommen. Die Hülle des Bauwerks wird vermutlich durch einen Prozeß hervorgebracht, den man Aufdampfen nennt – eine Technik, die im Vakuum des Weltraums mühelos anzuwenden ist. Man erhitzt Aluminium in einem Sonnenofen, bis es den Siedepunkt erreicht. Dann kann man es wie Farbe aus einer Spraydose auf einer Oberfläche auftragen. Es wäre möglich, einen großen Kunststoffballon von der Größe der Raumstation herzustellen und die Außenhülle der Station aufzudampfen. Das ist ein Beispiel dafür, wie ein Prozeß, der auf der Erde enormen Aufwand erfordern würde, im Weltraum ganz mühelos bewältigt werden kann. Das Endergebnis wäre eine hohle, fugenlose Röhre aus Aluminium, in der man die Unterkünfte für die ersten Kolonisten unterbringt. Das übriggebliebene Material, die Schlacke der metallurgischen Verarbeitung, bringt man dann als Strahlungs-Schutzschirm rund um den rotierenden Ringwulst an. Angesichts der Kosten des Materialtransports zur Station geht also nichts verloren.

Kann die Raumstation autark sein?

Die Überlegungen, die zu den Einzelheiten des Baus einer Raumstation angestellt wurden, lassen erkennen, daß es im Prinzip möglich ist, ein solches System zu bauen und dafür zu sorgen, daß Menschen darin leben können. Der Plan, der eben geschildert wurde, weist keine versteckten Fallgruben auf – ja, er könnte sogar allein durch Anwendung schon vorhandener Technologie verwirklicht werden. Lernen muß man lediglich den Zusammenbau großer Gebilde im Weltraum – ein Wissen, das man gewiß erlangen wird, sobald die Raumfähre voll zum Einsatz kommt. Als einzige Frage bleibt dann noch übrig, ob eine solche Raumkolonie autark sein könnte oder ob sie für immer an die Erde gefesselt bleibt, die ihr unentbehrliche Güter liefern muß.

Als erstes muß man einsehen, daß das Leben in einer solchen Kolonie keine Ähnlichkeit mit dem Leben auf der Erde hätte. O'Neill hat sich ausführlich mit den Freizeiteinrichtungen und der Lebensweise befaßt, die in einer ständig bewohnten Raumstation möglich wären. Mit moderner Unterhaltungselektronik könnte man große Bibliotheken, Filme von Theaterstücken und Opern und andere Arten geistiger Ablenkung leicht liefern. Die Schwerelosigkeit würde ohne Zweifel zu neuen Sportarten und Wettbewerben führen. Demzufolge ist unwahrscheinlich, daß Langeweile oder andere menschliche Faktoren die Autarkie und Selbständigkeit der Kolonie beeinträchtigen würden.

Die Innenfläche im ersten Ringwulst wäre groß genug, um Platz für mehrere hundert Ar «Ackerland» zu bieten. Die Bodenbewirtschaftung müßte intensiv geschehen – wohl durch Hydroponik (Wasserkultur). Berechnungen zeigen aber, daß die Kolonie sich sehr leicht selbst ernähren könnte. Man hätte sogar genug Platz, um Tiere für den Fleischbedarf zu züchten – vor allem solche, die wenig Platz brauchen, wie Ziegen oder Kaninchen. Da Pflanzen auch in Mondgestein wachsen, wenn sie Wasser bekommen, könnte es Parks mit Gras und Obstbäumen geben.

Selbstverständlich wird nicht jeder Geschmack in der Raumstation zu seinem Recht kommen. Es wird kaum Steaks und noch weniger Möbelstücke aus Holz geben. Wie jede andere Niederlassung von Erstbesiedlern wird die erste Raumkolonie solches Material verwenden, das leicht verfügbar ist; in diesem Fall würden Gebäude und Einrichtung aus Aluminium, Titan und Glas bestehen.

Ein Verbrauchsgut, das in der Kolonie sehr sorgfältig rationiert werden müßte, wäre das Wasser. Sauerstoff stünde als Nebenprodukt der Verarbeitung von Mondgestein zwar reichlich zur Verfügung, nicht aber Wasserstoff. Der Grundvorrat an Wasserstoff muß von der Erde heraufgebracht werden. Das heißt, der Wasservorrat muß durch Recycling immer wieder erneuert werden. Dabei wird es sich aber um kein Dauerproblem handeln, weil manche Apollo-Asteroiden reich an Wasser und Kohlenwasserstoffen sind; sobald die Ausbeutung der Asteroiden einsetzt, wird man keinen Wasserstoff mehr von der Erde herauftransportieren müssen.

Die erste Kolonie und ihre Nachfolgerinnen dürften letzten Endes die Fähigkeit erwerben, autark zu sein, falls diese Notwendigkeit sich ergeben sollte. Wir rechnen jedoch mit schwunghaftem Handel zwischen der Erde und ihren Weltraum-Kolonien. So möchten wir allenfalls bezweifeln, daß die Kolonien jemals in der Lage sein werden, einen wirklich befriedigenden Ersatz für Jahrgangsweine und guten Kognak zu schaffen.

Energiesatelliten: Können sie sich finanziell selbst tragen?

Ein wichtiger Antrieb für die Europäer, die als erste Nord- und Südamerika erforschten, war die Hoffnung, eine Stadt voll ungeheurer Schätze zu entdecken – El Dorado. Ganz ähnlich haben moderne Gesellschaften bei einem Blick auf die Rohstoffe im Weltraum die Neigung, nach eben dem zu suchen, was auf der Erde knapp ist. Im späten 20. Jahrhundert ist das Energie. Ernsthafte Erwägungen, große Satelliten im Weltraum zu bauen, um Energie für eine Verwendung auf der Erde zu erzeugen, sind längst im Gange. Möglicherweise werden frühe Flüge der Raumfähre auch dazu dienen, die Frage zu prüfen, ob dieser Gedanke verwirklicht werden kann. Viele Erwägungen zu den Raumkolonien beruhen ebenfalls auf der Idee, daß die Kolonien Energieexporteure werden, sich finanziell selbst tragen und dabei Ressourcen für neue Kolonien entwickeln.

Es gibt zwei Grundansichten zur Erzeugung von elektrischer Energie im Weltraum. Einmal könnte man ein Feld von Solarzellen dazu verwenden, um Elektrizität direkt zu erzeugen. Solche Zellen sind in Satelliten bereits in Gebrauch und erleben eine intensive Weiterentwicklung für den Einsatz auf der Erde. Zur Zeit sind sie noch sehr teuer, aber die Kosten werden in Zukunft gewiß sinken. Sobald billige Solarzellen vorhanden sind und die Kosten eines Felds von mehreren Quadratmeilen nicht als unerschwinglich gelten müssen, könnte man einen großen Sonnenkollektor bauen und Elektrizität direkt erzeugen.

Eine andere Methode, die sich bereits vorhandener Technologie bedient, sieht vor, im Weltraum eine große Anlage von Reflektoren zu bauen, die Sonnenlicht auf einen Dampferzeuger lenkt. Mit der Wärme könnte man eine ganz normale Turbine antreiben. Wie bei den Solarzellen wäre eine große Anlage – mit einer Kantenlänge bis zu 5 km – erforderlich, um soviel Sonnenlicht einzufangen, daß der Bau des Systems sich lohnt.

Wie auch immer, die Elektrizität würde durch einen Mikrowellenstrahl zur Erde übermittelt werden. Die Empfangsstation auf der Erde würde aus einer Reihe von Empfängern bestehen – dazu würden Flächen aus Maschendrahtgitter genügen, die am Boden befestigt sind – die diese Mikrowellen-Energie auffangen, verarbeiten und ins Stromnetz einspeisen. Das hätte viele Vorteile. Man könnte Gelän-

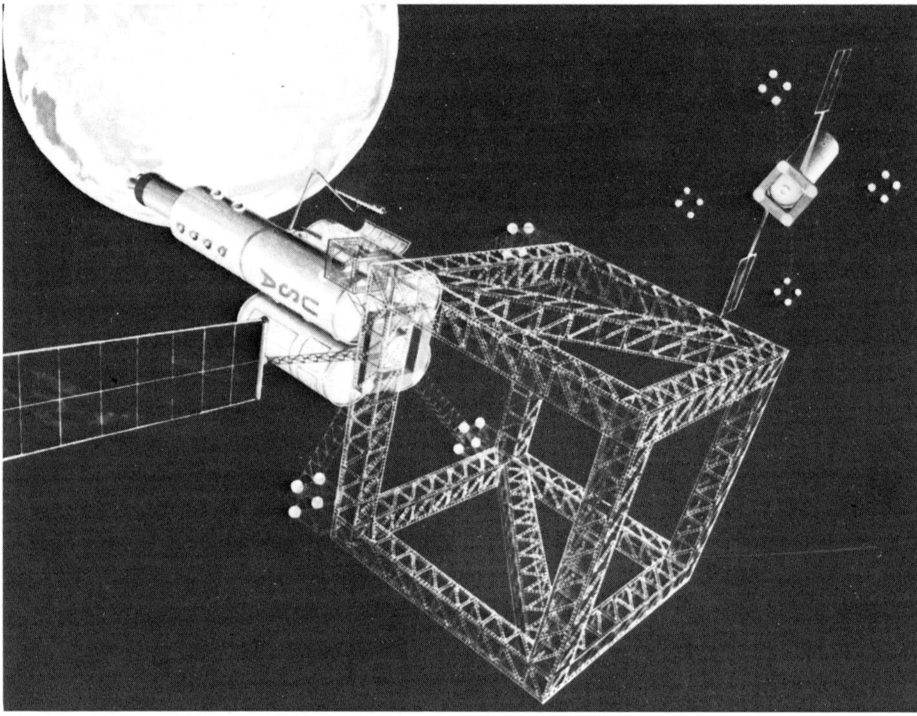

13.8
Beim Bau der ersten Energiesatelliten werden die Monteure in viel einfacheren Kolonien wohnen, als sie für Dauerbewohnung vorgesehen sind. Träger wie diese für das Gerüst des Energiesatelliten werden im Weltraum aus Rollen von dünnem Aluminiumblech gebaut, die von der Erde heraufgebracht wurden. (Zeichnung: NASA)

de nutzen, das heute brachliegt, die Abwärme bei der Stromerzeugung würde in den Weltraum strömen, statt in die Erdatmosphäre, und die Energiequelle wäre keinen Unterbrechungen ausgesetzt. Die bis heute angestellten Untersuchungen deuten darauf hin, daß durch den Bau eines Energiesatellitensystems nur wenig nachteilige Auswirkungen auf Umwelt oder Gesundheit des Menschen zu erwarten wären. Dazu kommt noch: Da ein Satellit von der beschriebenen Art fünf große Atomreaktoren oder Kohlekraftwerke ersetzen könnte, ist schwer einzusehen, weshalb der Satellit schlechter sein sollte als seine Alternativen. Nach unserer Meinung ist aber der Ausgang der Debatte darüber, wann

Energiesatelliten und Raumstationen gebaut werden sollen, gar nicht so entscheidend wie die Tatsache, daß die Diskussion von Ingenieuren bestritten wird und nicht von Romanautoren.

Ob die ins Einzelne gehende technische und wirtschaftliche Analyse zu dem Schluß führen wird, daß Energiesatelliten heute schon machbar sind oder nicht – wir sind der Ansicht, Historiker könnten im Rückblick auf die heutige Zeit die Idee, Energie aus dem Weltraum zu beziehen, durchaus so betrachten wie wir die Legende von El Dorado. Auch wenn die Konquistadoren ihre goldene Stadt gefunden hätten, wäre deren Wert im Vergleich zu den Ressourcen der westlichen Halbkugel überaus klein gewesen. Ebenso dürften die wesentlichen Vorteile, die wir durch den Weg in den Weltraum erlangen können, wohl eher mit Rohstoffen, erweitertem Lebensraum und neuen Herstellungstechniken zu tun haben, als mit Energie. Immerhin besitzen wir im Weltraum ein Vakuum, das alles übertrifft, was auf der Erde erzeugt werden kann, und Schwerelosigkeit, etwas, das auf der Erde überhaupt nicht erzielbar ist. Wir können uns nicht vorstellen, daß diese neue Umwelt nicht zu völlig neuen Industriezweigen und ganzen Klassen von neuem Material führen sollte, die uns dann zur Verfügung stehen würden. Auf lange Sicht werden solche Dinge für die Menschheit wichtiger sein als der Gegenwert von einigen Kraftwerken.

Falls ein Energiesatellit gebaut wird, wäre die Auswirkung auf die Astronomie von der Erdoberfläche aus beträchtlich. Jeder Sonnenkollektor wird ein wenig heller erscheinen als die Venus bei größter Helligkeit. Ein System von sechzig Satelliten wäre dem Licht des Halbmonds vergleichbar. Optische Astronomie wäre an einem großen Teil des Himmels viel schwieriger als heute. Mit dem bloßen Auge könnte man um einen Faktor von ungefähr 3 weniger Sterne sehen als heute. Diffuse Erscheinungen wie die Milchstraße würden für das unbewaffnete Auge unsichtbar sein. Die Auswirkung der Mikrowellen, mit denen die Energie zur Erde befördert wird, entspräche für die Radioastronomie einer Katastrophe. Jeder Satellit wäre millionenmal heller als solche Körper, die man sonst mit Radioteleskopen beobachtet, selbst dann, wenn er Tausende von Meilen von den Mikrowellen-Empfangsantennen entfernt wäre. SETI vom Erdboden aus wäre unmöglich. Da es Energiesatelliten nicht geben könnte, wenn es die Astronomie nicht gäbe, ist es nicht ungerecht, von den Kosten für ein Energiesatelliten-Programm Beträge für den Bau von Teleskopen im Weltraum abzuzweigen.

Folgen für ETI

In Kapitel 1 haben wir die Vermutung der Durchschnittlichkeit eingeführt. Danach stellt, was auf der Erde geschehen ist, im Universum nichts Besonderes oder Ungewöhnliches dar. Ein großer Teil unserer Ausführungen in diesem Buch sollte zeigen, daß diese Vermutung mit einiger Vorsicht zu betrachten ist, weil mit der Zunahme unseres Wissens über die Frühzeit der Erde viele besondere Bedingungen erkennbar werden, die auf der Erde geherrscht haben und mit denen man anderswo nicht rechnen darf. Aus diesen neuen Erkenntnissen heraus haben wir behauptet, es sei unwahrscheinlich, daß sich in unserer Galaxis viele andere fortgeschrittene Lebensformen entwickelt haben können.

Im Anschluß daran möchten wir aber gleich feststellen: Man darf davon ausgehen, daß die Vermutung der Durchschnittlichkeit in der folgenden abgewandelten Form Gültigkeit behält:

> *An der Menschheit als fortgeschrittener technologischer Lebensform ist nichts Besonderes.*

Der Grund dafür ist einfach der, daß die Naturgesetze in der gesamten Galaxis gelten. Jede Zivilisation, die es unternimmt, diese Gesetze anzuwenden, um ihre Umwelt zu verändern, muß notwendigerweise eine Wissenschaft entwikkeln, die der unseren, wenn schon nicht in der Form, so doch im Inhalt ähnelt.

Daraus ergibt sich: Wenn wir die Fähigkeit besitzen, in den Weltraum zu expandieren, wird jede andere fortgeschrittene Zivilisation dazu ebenfalls in der Lage sein. Und da wir gesehen haben, daß jede Zivilisation eines Tages vor ihrem eigenen malthusianischen Dilemma stehen wird, und daß nur diejenigen, die es durch Expansion lösen, versuchen werden, Verbindung mit anderen Rassen aufzunehmen, spricht vieles dafür, daß jede Rasse, auf die wir stoßen könnten, sich bereits in den Weltraum hinaus ausgedehnt haben wird. Wir wollen das noch anders ausdrücken. Die wissenschaftliche Revolution ist jetzt etwas mehr als dreihundert Jahre alt. Die industrielle Revolution begann vor ungefähr zweihundert Jahren. Heute verfügen wir über ins Einzelne gehende technische Pläne, die besagen, wie wir den Mittelpunkt menschlichen Bestrebens in den Weltraum verlegen können. Auf der Zeitskala fortgeschrittener Zivilisationen sind ein paar Jahrhunderte aber gar nichts – im galaktischen Jahr sogar nur eine halbe Sekunde. Wir möchten deshalb meinen, daß jede Rasse, die eine fortgeschrittene Technologie mit der Befähigung entwickelt, interstellare Kommunikationssysteme zu bauen, auch in der Lage sein wird, Weltraum-Kolonien zu errichten.

Bevor wir diesen Teil abschließen, möchten wir noch einen Punkt hervorheben. Wir haben gesehen, daß die Verfügbarkeit von Mondmaterial für die Entwicklung der ersten bewohnbaren Raumstation entscheidend ist. Es mag sein, daß das Vorhandensein eines Mondes für ein solches Vorhaben unabdingbar ist. Die Satelliten brauchen nicht groß zu sein, aber die Greifbarkeit einer angemessenen Menge Material, für die eine hohe Energiesteuer nicht fällig wird, könnte für die Ausdehnung in den Weltraum notwendig sein. Bedenkt man die Bedeutung des Mondes für die Entwicklung von Leben auf der Erde, dann ist es vielleicht nicht weiter verwunderlich, daß er auch eine wichtige Rolle in unseren Plänen spielt, die Erde hinter uns zu lassen.

14
Interstellare Raumfahrt

Wo sind sie denn alle?
Enrico Fermi

Sobald eine Raumkolonisierung in die Wege geleitet ist, taucht ein wichtiger neuer Faktor in unseren Überlegungen zur Zukunft der Menschheit auf. Die Wahrheit ist so naheliegend, daß man sie leicht übersehen kann:

> *Sobald Menschen sich an den Aufenthalt in O'Neill-Kolonien gewöhnt haben, kommt es nicht mehr darauf an, wo die Kolonien sich befinden.*

Vorausgesetzt, daß die Kolonien über Energiequellen und Rohstoffe verfügen, gibt es keinerlei Gründe, weshalb sie sich in der Nähe der Erde oder irgendeines anderen Planeten aufhalten müßten. Angesichts unserer Bemerkungen zur Energiesteuer in Kapitel 13 würden wir sogar erwarten, daß sie Gegenden wie den Asteroidengürtel bevorzugen, wo mit nur ganz geringem Energieaufwand Material beschafft werden kann.

Man versuche sich einmal vorzustellen, was es für einen Kolonisten der dritten Generation bedeuten würde, die schmutzige Erde zu besuchen. Er wird dank moderner Kommunikationsmittel über die neusten kulturellen Moden genau Bescheid wissen, aber zum erstenmal frische Luft atmen («Guter Gott, die ist nicht einmal gefiltert!») Er würde ans Meer gehen («Schwimmen ist hier langweilig – immer dieselbe Schwerkraft.»). Und er würde aufs Land fahren («Macht mich nervös, soviel Luft, bei der man nichts gegen das Entweichen tun kann.»). Vermutlich wäre er froh, wieder in «Gottes eigenes Land» im Weltraum zurückkehren zu können.

Immerhin hat sich der Mensch schon an viel unwirtlichere Umwelten als an die einer Raumkolonie gewöhnt. Und sobald die Kolonie einmal «Heimat» geworden ist, kommt es nicht mehr darauf an, wo sie sich nun gerade befindet. So hat etwa die Erde, während man in diesem Kapitel bis zu dieser Stelle gekommen ist, auf ihrer Jahresbahn um die Sonne mehrere hundert Meilen zurückgelegt. Selbst dann, wenn man diese Bewegung spüren könnte – wäre sie denn von Belang? Wir vermuten, daß ein Weltraum-Kolonist genauso denken würde, was die Frage angeht, wo sich seine Station befindet.

Auf lange Sicht spricht deshalb viel dafür, daß nur solche Kolonien, die unmittelbar mit dem Export von Energie und anderen Verbrauchsgütern zur Erde befaßt sind, im erdnahen Raum bleiben würden. Wir dürfen sogar annehmen, daß die Region innerhalb von wenigen tausend Kilometern rund um die Erde eine Art Fernstraße wäre, an der viel Schwerindustrie angesiedelt und sonst nicht viel Empfehlenswertes zu sehen ist. Das bevorzugte Gebiet für den Standort von Kolonien wird vermutlich der Asteroidengürtel sein, gefolgt von den Monden und Ringen der schweren Planeten. Je weiter die Kolonien sich von der Sonne entfernen, desto größere Sonnenkollektoren müssen entstehen. Gerard O'Neill hat geschätzt, daß der Punkt, von dem ab die Kollektoren so groß werden würden wie die Kolonie selbst, irgendwo hinter der Plutobahn liegt. Kolonien könnten also wohl sogar auf große Entfernungen existieren, obschon wir nicht einzusehen vermögen, weshalb jemand so weit draußen eine solche errichten sollte.

Das Endergebnis des Baus von Raumkolonien wird sein, daß sich die Menschheit in wenigen Jahrhunderten durch das ganze Sonnensystem ausgedehnt haben wird. Wenn das Bevölkerungswachstum rasch vor sich geht – und es gibt keinen Grund, warum das nicht der Fall sein sollte – wird ohne Zweifel erneut jemand Thomas Malthus wiederentdekken. Die Debatten über die Grenzen des Wachstums können dann von vorne anfangen. An diesem Punkt wird die einzige

Lösung für das Wachstumsproblem die Ausdehnung auf andere Sonnensysteme sein. Das wiederum stellt uns vor das Problem der interstellaren Raumfahrt.

Das Problem

Es fällt schwer, sich die ungeheuren Entfernungen zwischen den Sternen vorzustellen. Wir wollen unsere Sonne einmal zur Kugel von der Größe eines Basketballs machen, die vor uns auf dem Boden liegt. Etwa 30 Meter entfernt würden wir die Erde sehen, annähernd so groß wie ein Maiskorn. Wenn wir nun losmarschieren, kommen wir an anderen Kugeln vorbei, den übrigen Planeten, bis wir, nachdem wir 1,6 km zurückgelegt haben, am letzten vorbeigehen. Das ist Pluto an der äußersten Grenze unseres Sonnensystems. Bei dieser imaginären Größenskala wäre der nächste Stern ein zweiter Basketball in einer Entfernung von 8000 Kilometern. Wenn wir uns also in San Francisco auf den Weg machen würden, hätten wir unser eigenes Sonnensystem hinter uns, bevor wir die Stadtgrenzen erreicht haben, aber zum nächsten Stern würden wir erst gelangen, wenn wir in London wären!

Die ungeheuren Entfernungen bei interstellaren Flügen haben viele hervorragende Wissenschaftler zu der Schlußfolgerung gebracht, daß die Menschheit – demgemäß auch jede andere extraterrestrische Zivilisation – die Sterne nie erreichen wird. Das beruht auf zwei Annahmen:

1. Es ist physikalisch ausgeschlossen, irgendeinen Körper über die Lichtgeschwindigkeit hinaus zu beschleunigen.
2. Die Hin- und Rückreisezeit für einen Interstellarflug wäre so lang, daß sie sich innerhalb einer menschlichen Lebensspanne nicht bewältigen läßt.

Die erste dieser beiden Grenzen wird von der Relativitätstheorie aufgerichtet. Obwohl man darüber spekulieren darf, daß es Wege geben könnte, sie doch zu überschreiten – einer von uns wird das im nächsten Kapitel sogar tun – besteht durchaus kein klarer Grund für die Meinung, diese Beschränkung könnte jemals gelockert werden. Wir wollen deshalb für den Rest unserer Darstellung davon ausgehen, daß alle Flüge bei Geschwindigkeiten unterhalb der des Lichts stattfinden.

Bei allen Sternen außer den nächstgelegenen garantiert die Relativitätstheorie dafür, daß Punkt 2 nicht ausgeräumt werden kann. Selbst wenn wir die Zeit vernachlässigen, die es kostet, ein Raumschiff zu beschleunigen und abzubremsen, würden Hin- und Rückflug mit Lichtgeschwindigkeit nach und von Tau Ceti etwa vierzig Jahre in Anspruch nehmen. Wie wir in Kürze sehen werden, verfügen aber die meisten Sternfahrzeuge, mit denen man sich befaßt hat, über Höchstgeschwindigkeiten, die eher bei einem Zehntel der Lichtgeschwindigkeit als bei dieser selbst liegen. Solche Schiffe würden langsam beschleunigen und abbremsen, so daß sogar der Hinflug nach Alpha Centauri, dem nächstgelegenen Stern, weit über ein Jahrhundert dauern könnte. Heißt das, interstellare Raumfahrt wird uns für immer versagt bleiben?

Wir glauben das nicht. Man erinnere sich: Bis aus der interstellaren Raumfahrt eine echte Möglichkeit wird, hat es viele Generationen von Menschen gegeben, die ihren Fuß niemals auf die Oberfläche eines Planeten gesetzt haben. Für diese Menschen, die echten Raumkolonisten, wird «Heimat» eine Großausgabe der O'Neill-Kolonie sein. Und wie wir vorher schon hervorgehoben haben, käme es für sie kaum darauf an, wo im Weltraum die Kolonie sich befindet. Vorausgesetzt, das Schiff wird ähnlich wie eine Kolonie gebaut – etwa als große, rotierende Kugel – und besitzt eine eigene Energiequelle, dann wäre eine Reise über mehrere Generationen hinweg durchaus möglich. Man wird sich sogar fragen dürfen, ob ein Schiff diese Art denn unbedingt Planeten oder ferne Sterne aufsuchen würde. Sobald Jahrhunderte lang Asteroiden und die Monde der äußeren Planeten ausgebeutet worden sind, läßt sich eher vermuten, daß man bei Erreichen eines anderen Sterns Sonnenkollektoren und O'Neill-Kolonien bauen würde, statt den Versuch zu unternehmen, einen erdähnlichen Planeten zu finden.

Aber gleichgültig, was die Kolonisten auch tun mögen, wenn sie zu einem anderen Stern gelangen: Sobald wir die Möglichkeit von Flügen ohne Rückkehr über viele Generationen hinweg einräumen, ergibt sich klar, daß die Sterne der Menschheit ebenso zugänglich sein werden wie jeder anderen Rasse, die sie kolonisieren möchte.

Die Sternenschiffe

So sonderbar das auch klingen mag: Die Menschen denken über die Konstruktion von Interstellarschiffen schon viel länger nach als über Kolonien im Weltraum. Es gibt eine ganze Reihe einfallsreicher Entwürfe. Die meisten davon nutzen entweder heute schon vorhandene Technologie oder aber eine, die in der überschaubaren Zukunft zur Verfügung stehen wird. In diesem Sinn sind sie als sehr konservativ anzusehen, weil keine wissenschaftlichen oder technischen Durchbrüche nötig sind, um die Schiffe zu bauen, auch wenn man davon ausgeht, daß bis zu dem Zeitpunkt des Baubeginns ein sehr hoher Stand der Bautechnik im Weltraum erreicht sein wird.

Alle diese Schiffe müßten riesige Gebilde sein, vollständig in der Schwerelosigkeit des Weltraums zusammengebaut. Das Material dafür wird vermutlich den Asteroiden entstammen, die Besatzungen würden sich aus O'Neill-Kolonien rekrutieren. Die Sternfahrzeuge wären in jeder Beziehung Geschöpfe des Weltraums. Sie würden im Weltraum geboren werden und nie in eine planetarische Lufthülle eintreten, geschweige denn auf festem Boden landen. Das heißt: Die Festigkeit der Konstruktion dürfte sehr viel geringer sein als bei Raumfahrzeugen, denen man in Zukunftsromanen begegnet, wo Schiffe zwischen Sternen hin- und herschießen und auf Planeten landen.

Raketenmotoren treiben die Schiffe dadurch an, daß sie am Schiffsheck Materie mit hoher Geschwindigkeit ausstoßen. Man kann sich eine primitive «Rakete» als einen Schlittschuhläufer vorstellen, der auf spiegelglattem Eis steht und Schneebälle schleudert. Durch jeden Wurf wird der

Läufer ein bißchen weiter zurückgetrieben. Sind viele Schneebälle vorhanden, kann der Läufer am Ende eine ziemlich schnelle Fahrt erreichen.

Bei diesem Vergleich würde man die Schneebälle als die Reaktionsmasse bezeichnen. Wenn eine kleine Reaktionsmasse mit sehr hohen Geschwindigkeiten ausgestoßen wird, kann ein schweres Schiff – dem Schlittschuhläufer entsprechend – vorwärtsgetrieben werden. Offenkundig wird der Schub für den anzutreibenden Körper umso größer, je schneller die Reaktionsmasse ausgestoßen wird. Wie schon erwähnt, krankt aber jedes Raketensystem daran, daß Treibstoff *und* Nutzlast beschleunigt werden müssen. Bei unserem Vergleich muß der Schlittschuhläufer einen Vorrat an Schneebällen tragen. Der zehnte Schneeball, zum Beispiel, trägt also mit dazu bei, die Beschleunigung zu verlangsamen, bis er selbst an die Reihe kommt, geworfen zu werden. Diese feststehenden Tatsachen – daß Reaktionsmasse beschleunigt werden muß und die Austrittsgeschwindigkeit für die Leistung des Schiffes entscheidend ist – spiegeln sich in der sogenannten Raketengleichung wider. Wenn M_p die Masse der Nutzlast ist und v_r die Geschwindigkeit, mit der die Reaktionsmasse hinausgeschleudert wird, stehen die Ausgangsmasse von Schiff samt Treibstoff M und die Geschwindigkeit des Schiffes, sobald der Treibstoff verbraucht ist, V, zueinander in der Beziehung

$$M_p = Me^{-V/v_r}$$

Dabei ist e, wie vorher schon einmal, die Basis natürlicher Logarithmen, mit einem Wert von 2,718.

Eine chemische Rakete von der Art, wie sie beim Apollo-Programm verwendet wurde, erreicht Austrittsgeschwindigkeiten bis zu 3 km/sec. Wollen wir ein Schiff also mit einer chemischen Rakete auf 1/10 Lichtgeschwindigkeit beschleunigen – 3×10^4 km/sec – so müßte das Verhältnis Nutzlast zu Ausgangslast betragen

$$\frac{M_p}{M} = e \frac{3 \times 10^4}{3} = e^{-10000} \simeq 10^{-4300}$$

Mit anderen Worten: Für eine chemische Rakete würden wir Milliarden und Abermilliarden *Tonnen* Treibstoff benötigen, um ein einziges Pfund auf interstellare Geschwindigkeiten zu beschleunigen. Chemische Raketen kommen also eindeutig nicht in Frage.

In den sechziger und siebziger Jahren schlug man eine große Zahl von alternativen Antriebssystemen für Interstellarfahrzeuge vor. Die meisten Vorschläge stützten sich dabei auf Atomenergie in der einen oder anderen Form. Bei älteren Entwürfen sah man Atomspaltungsreaktoren ähnlich jenen vor, die U-Boote antreiben und Strom liefern, um starke elektrische Felder zu erzeugen und geladene Partikel mit sehr hohen Geschwindigkeiten auszustoßen. Diese Teilchen entstehen dadurch, daß Elektrone von Atomen abgespalten werden. Da solche Atome Ione genannt werden, war diese Konstruktionsidee als Ionenantrieb bekannt. Man nimmt an, daß auf diese Weise Austrittsgeschwindigkeiten bis zu rund 1/10 Lichtgeschwindigkeit erreicht werden können. Wenn wir die Berechnung für chemische Raketen auf den Ionenbetrieb anwenden, erhalten wir

$$\frac{M_p}{M} = e^{-1} = \frac{1}{2,7} = 0,36$$

Anders ausgedrückt: Um ein Schiff mit Ionenantrieb auf 1/10 Lichtgeschwindigkeit zu beschleunigen, braucht man für jedes Pfund Nutzlast nur etwa drei Pfund Treibstoff. Der Ionenantrieb ist also das erste Beispiel für ein denkbares Sternenschiff, jedenfalls der Theorie nach.

In Wahrheit ist das Bild nicht so rosig, wie die Berechnung anzudeuten scheint, weil nur davon die Rede war, das Raumschiff auf seine Reisegeschwindigkeit zu bringen. Sobald es sich seinem Ziel nähert, muß es wieder abgebremst werden. Das erfordert ebensoviel Energie wie vorher die Beschleunigung. Außerdem muß der Treibstoff, der in diesem letzten Abschnitt des Fluges zum Einsatz kommt, Teil der Nutzlast schon von Anfang an sein. Aus diesem Grund muß sich die Ausgangsmasse eines Schiffes mit Ionenantrieb belaufen auf

$$\frac{M_p}{M} = (0{,}36)^2 = 0{,}13$$

wenn es in der Lage sein soll, bei seiner Ankunft anzuhalten.

Die Energie für Spaltreaktoren rührt aus der Umwandlung von Materie in Energie her, aus einem Prozeß also, der von Einsteins berühmter Formel $E = mc^2$ bestimmt wird. Spaltet sich Uran, so wiegen die Zerfallsprodukte weniger als das ursprüngliche Atom. Der Unterschied tritt als Energie auf. In Kapitel 2 haben wir einen atomaren Prozeß besprochen, der eine alternative Energiequelle bietet. Das ist die Verbindung von vier Wasserstoffatomen zu Helium. Dieser Prozeß, der die Sonne mit Energie versorgt, wird sehr wahrscheinlich noch vor Ende dieses Jahrhunderts im Labor beherrscht werden können, und man darf eigentlich annehmen, daß er bis zu der Zeit, in der Sternenschiffe Wirklichkeit werden, eine voll entwickelte Energieform darstellt.

Schiffe mit Fusionsantrieb würden Wasserstoff «verbrennen», die entstehende Explosionsenergie in Magnetfeldern festhalten und die Teilchen am Schiffsheck ausstoßen. Auch hier erscheinen Austrittsgeschwindigkeiten von 1 bis 10 Prozent Lichtgeschwindigkeit naheliegend. Schiffe mit einem derartigen Antrieb würden also nicht so groß ausfallen, daß man sie nicht bauen könnte.

Eine interessante Abart des Fusionsmotors wurde 1968 von dem theoretischen Physiker Freeman Dyson zur Diskussion gestellt. Sie ist das Ergebnis geheimer Arbeiten der amerikanischen Luftwaffe in den sechziger Jahren und trägt den Namen Orion, seinerzeit der Codename für das Projekt. Hinter dem Raumschiff sollen kleine Wasserstoffbomben zur Explosion gebracht werden. Das Schiff würde von der Flutwelle der Teilchen vorwärtsgetrieben werden, die auf diese Weise entsteht. Spezial-Stoßdämpfer im Schiff würden die ungeheuren Energiestöße aufnehmen und verteilen, während es durch den Weltraum fliegt. Auch hier lägen die Austrittsgeschwindigkeiten im Bereich von 1 bis 10 Prozent der Lichtgeschwindigkeit. Bei Dysons Entwurf werden Höchstgeschwindigkeiten um 5 Prozent der Lichtgeschwindigkeit angestrebt. Um eine Beschleunigung von einem G zu erreichen, müßten während der Beschleunigungs- und Abbremsphase alle drei Sekunden Bomben zur Explosion gebracht werden. Ein solches Raumschiff würde den Flug nach Alpha Centauri in knapp über einem Jahrhundert bewältigen.

Eine konkrete Umsetzung für ein Sternenschiff vom Typ Orion hat Robert Enzmann, tätig bei Raytheon, in die Debatte eingeführt. Abbildung 14.1 gibt eine Vorstellung von den Maßstäben, um die es hier geht. Der Treibstoff – 12 Millionen Tonnen gefrorenes Deuterium – wird in einer Kugel an der Vorderseite des Schiffes gespeichert. Hinter der Kugel erstreckt sich ein 100 m langer «Schwanz» mit den Unterkünften. Dieser Teil des Schiffes ist dem Entwurf zufolge bausteinartig, so daß die Länge beliebig verändert werden kann. Am hinteren Ende befinden sich acht Orion-Antriebsaggregate. In jedem davon wird in einem tiefen Hohlraum eine kleine Wasserstoffbombe, bestehend aus dem gespeicherten Deuterium, zur Explosion gebracht. Die Teilchen treten am Heck aus. Die Größe des Schiffes – bei einer Länge von 600 bis 700 m – ist nicht so gewaltig, daß Schwierigkeiten für den Bau vorauszusehen wären. Supertanker haben ähnliche Abmessungen, wie Enzmann sie für sein Raumschiff vorgeschlagen hat.

Allen genannten Beispielen von Interstellarfahrzeugen ist zweierlei gemeinsam: Sie stützen sich alle auf bereits vorhandene Technologie und könnten schon in naher Zukunft gebaut werden; und sie führen alle ihren Treibstoff mit. Bei unserer Darstellung des Masse-Transporters haben wir gesehen, daß jede Methode, bei der der Treibstoff nicht zusammen mit der Nutzlast beschleunigt werden muß, zu enormen Einsparungen an Kosten und Kompliziertheit führen würde. Die obigen Anwendungen der Raketengleichung bestätigen diese Ansicht.

Man hat eine Reihe von Vorschlägen dazu vorgebracht, wie diese Idee auf interstellaren Raumflug angewendet werden könnte. Man sprach davon, im äußeren Sonnensystem Riesenlaser zu bauen und Energie unmittelbar auf die Raumschiffe zu strahlen. Dergleichen wäre bei der Beschleunigung des Schiffes ein gangbarer Weg, falls aber am Ziel

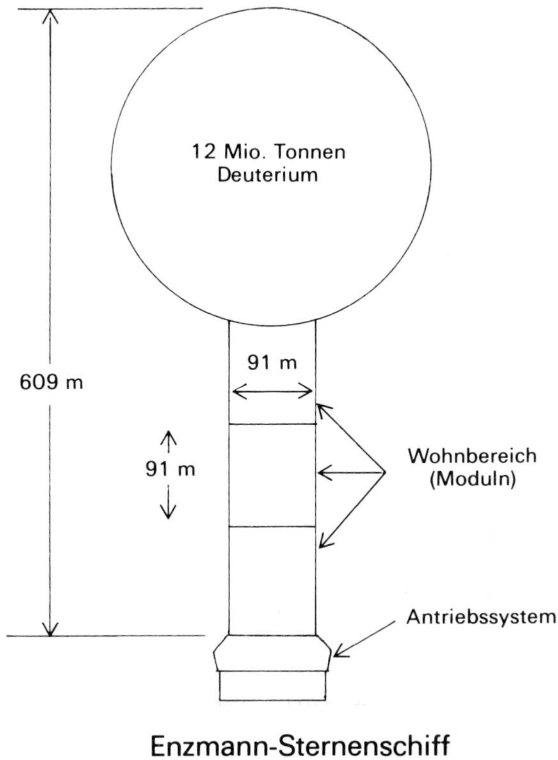

14.1
Ein Sternenschiff Typ «Orion», vorgeschlagen von Robert Enzmann.

nicht ein zweiter Laser zur Stelle wäre, müßte man auch in diesem Fall den Treibstoff für ein Abbremsen mitführen.

Einer der geistreichsten Vorschläge für den Antrieb eines Interstellarschiffs wurde kürzlich von dem Plasmaphysiker Cliff Singer an der Princeton Universität gemacht. Er nennt ihn «Pelletstrom»-Energieübertragung. Im Weltraum, in der Nähe des Asteroidengürtels oder bei einer anderen geeigneten Materialquelle, soll ein großer Masse-Transporter gebaut werden. Man würde ihn dazu benützen, einen Strom von Pellets – das sind kleine Kügelchen – auf eine Geschwindigkeit zwischen 10 und 25 Prozent der Lichtgeschwindigkeit zu beschleunigen. Die Pellets wären zwischen 100 g und einem Kilogramm schwer, je nach Art ihrer Aufgabe. Das Raumschiff würde auf diesem Pelletstrom reiten und durch das Auftreffen jedes Pellets ein wenig stärker beschleunigt werden.

Bei diesem System verbliebe die eigentliche Antriebsquelle im Sonnensystem. Die Energie würde dann wohl von großen Sonnenkollektoren oder einem verbesserten Fusionsgenerator stammen. Die Pellets würden dazu dienen, diese Energie auf das Schiff selbst zu übertragen. Wie bei Projekt Orion würde ein von Pellets angetriebenes Raumfahrzeug mit einem ungeheuer leistungsfähigen Stoßdämpfer ausgerüstet sein müssen, der die Aufprallstöße mildern kann.

Auf den ersten Blick mag es problematisch erscheinen, mit einem riesigen Massebeschleuniger dieser Art auf ein kleines Schiff in den Tiefen des Weltraums zu zielen, aber das Schiff könnte seitliche Bewegungen ausführen, um dem Pelletstrom zu folgen, falls dieser abweichen sollte. Das Schiff könnte sogar Kurskorrekturanlagen ähnlich denen für den Massetreiber auf dem Mond zurücklassen, damit der Pelletstrom während des Fluges genau eingepeilt werden kann. Diese Abwandlung des Massebeschleunigers könnte das Antriebsproblem offenbar lösen. Aber wie steht es mit dem Abbremsen, also mit der Geschwindigkeitsverzögerung?

Es gibt eine Reihe von Möglichkeiten, den Pelletstrom so einzusetzen, daß das Raumschiff abgebremst wird. Die einfachste – jedenfalls in der Theorie – wäre die, einen Strom langsam fliegender Pellets lange vor Antritt des Fluges auf den Weg zu bringen. Bis das Raumschiff die Stelle erreicht, wo es mit der Verzögerung beginnen muß, erreicht es das zuletzt abgefeuerte langsame Pellet. Von diesem Augenblick an kommt es zu einer Reihe von Zusammenstößen mit den langsamen Pellets. Durch jeden Anprall kommt es zu einer kleinen Verzögerung. Schließlich wird das Schiff soweit abgebremst sein, daß «konventionelle» Methoden, etwa ein paar H-Bomben wie bei Projekt Orion, den Rest der Aufgabe bewältigen können. Der Massebeschleuniger könnte auch so eingesetzt werden, daß man Treibstoff in Form von Deuteriumpellets hinausschickt und das Raumschiff unterwegs gewissermaßen «wiederauftankt», so, wie das bei Weitstreckenflugzeugen in der Luft geschieht. Jedenfalls schätzt Singer, daß die Flugzeit nach Alpha Centauri unter solchen

Voraussetzungen knapp über ein Jahrhundert betragen könnte, also ungefähr ebenso lange dauern würde wie die Flüge anderer Konstruktionen.

Aus diesen Überlegungen wird deutlich, daß es viele verschiedene Wege gibt, die Kolonisierung der Sterne zu betreiben. Alle diese Ideen beruhen auf physikalischen Prinzipien, von denen man weiß, daß sie überall gelten. Selbst wenn nicht alle Vorschläge genauer technischer Überprüfung standhalten, darf man ziemlich sicher sein, daß zumindest eine Möglichkeit davon in Frage kommt. Auch wenn wir also annehmen wollen, daß für den Schritt in den Weltraum keine grundlegend neuen Technologien entwickelt werden, ja, wenn wir sogar unterstellen, daß die nächsten dreihundert Jahre überhaupt keine technologischen Neuerungen bringen werden – sobald die Zeit kommt, sich aus dem Sonnensystem zu entfernen, werden die Mittel dafür bereitstehen.

Wir haben darauf hingewiesen, daß die Sternenschiffe im Grunde dahintreibende Weltraum-Kolonien sind. Es gibt aber doch ein paar Unterschiede. Der wichtigste davon mag vielleicht der sein, daß der Miniatur-Gesellschaft für eine Zeitdauer von einigen Generationen – von heutigen Lebensspannen aus gerechnet – Nullwachstum verordnet wird. Kann man annehmen, daß eine Gesellschaft, die wegen der begrenzten Ressourcen des interstellaren Raums statisch geblieben ist, sich der Kolonisierung eines neuen Sternensystems mit derselben inneren Haltung zuwendet, die zur Kolonisierung des Sonnensystems geführt hat? Ein weiterer Unterschied, etwa bei einer Kolonie, die von einem Pelletstrom angetrieben wird, ist die absolute Abhängigkeit von den Menschen zu Hause – in diesem Fall davon, daß die Pellets ohne Unterbrechung strömen. Würde die Erkenntnis dieser Abhängigkeit die gesellschaftliche Entwicklung beeinflussen?

Dennoch: Da die Prinzipien aller Sternenschiff-Entwürfe jedermann zugänglich sind, der Physik studiert, gelangt man unausweichlich zu der Schlußfolgerung, daß auch andere technologische Zivilisationen die Fähigkeit entwickeln werden, sich zwischen den Sternen auszubreiten. Die Frage, die wir uns dann stellen müssen, lautet: Wie lange würden wir oder irgendeine andere Rasse brauchen, um uns auszudehnen und die gesamte Galaxis zu besetzen?

Ausbreitung in der Galaxis

Wir können uns nachstehende Folge von Ereignissen in einer nicht allzufernen Zukunft vorstellen. Unbemannte Raumsonden, ausgeschickt zu nahen Sternen, haben einen geeigneten Ort für menschliche Niederlassungen gefunden, sei es einen Planeten oder auch einen Ort, wo Minerale und Energie leicht zugänglich sind. Eine kleine Flotte von Multigenerations-Schiffen verläßt die Erde und begründet einige Jahrhunderte später die erste Kolonie außerhalb des Sonnensystems. Dort gedeiht die Menschheit und breitet sich aus, bis sie auch in der neuen Heimat in der Lage ist, Sternenschiffe zu bauen und eigene Kolonien zu gründen. Erneut werden interstellare Entfernungen überbrückt und neue Kolonien geschaffen. Die Menschheit nimmt langsam die gesamte Galaxis in Besitz.

Die genaueste mathematische Berechnung dieses Vorgangs stammt von Eric Jones, einem Astronom, der heute Geologe am Los Alamos Scientific Laboratory ist. Er ging davon aus, daß geeignete Kolonisierungsstätten mehr oder weniger beliebig in der Galaxis verstreut sind und Bevölkerungen neuer Kolonien sich in geometrischer Progression vermehren. Ferner ging er davon aus, daß, sobald eine Bevölkerung eine bestimmte kritische Größe erreicht hat, neue Schiffe hinausgeschickt werden, um Kolonien zu gründen. Mit einer bekannten Computermethode, die Monte Carlo-Technik genannt wird, konnte er diesen Kolonisierungsprozeß in die Zukunft weiterverfolgen.

Er kam zu folgendem Ergebnis: Bei einer großen Spannweite von Vermutungen zu den Wachstumsraten der Kolonien, der Verfügbarkeit geeigneter Standorte und der Geschwindigkeit von Sternenschiffen blieb die Zeit, die irgendeine Rasse benötigt, um die gesamte Galaxis zu kolonisieren, im Wesentlichen immer gleich. Jede Rasse mit der Fähigkeit zur Raumfahrt würde nur 30 Millionen Jahre brauchen, um sich in der gesamten Galaxis auszubreiten. Dreißig Millionen Jahre sind im galaktischen Jahr (siehe Seiten 127 bis 129) ungefähr 18 Stunden.

Wo sind sie denn alle?

Die Konsequenzen unserer Schlußfolgerungen zu Raumkolonien und interstellarem Raumflug sind so bedeutungsvoll und weitreichend, daß wir sie hier einmal zusammenfassen wollen.

1. Im Verlauf eines Jahrhunderts könnte eine Gruppe von Menschen in O'Neill-Kolonien fern von der Erde leben.
2. Innerhalb weniger Jahrhunderte kann das gesamte Sonnensystem kolonisiert werden.
3. Nach schon vorhandenen Konzepten lassen sich Multigenerations-Schiffe bauen, die fähig sind, die Sterne zu erreichen. Außerdem wird Menschen, die es gewöhnt sind, in O'Neill-Kolonien zu leben, der Aufenthalt in solchen Schiffen nicht sonderlich schwerfallen.
4. Bei durchaus zurückhaltenden Annahmen beträgt die Zeit für die Menschheit, die ganze Galaxis zu kolonisieren, rund 30 Millionen Jahre.
5. Jede technologische Zivilisation müßte in der Lage sein, den gleichen Expansionsprozeß zu durchlaufen, den wir für die Menschheit vorgezeichnet haben.

Wie wir sehen konnten, ist die Sonne ja ein verhältnismäßig junger Stern. Sterne dieser Art hat es in unserer Galaxis mehrere Milliarden Jahre lang vor der Entstehung des Sonnensystems gegeben. Wenn wir der Green Bank-Gleichung in ihrer Urform glauben, sollte es in der Galaxis Millionen Zivilisationen geben, die vor mindestens 30 Millionen Jahren unseren heutigen Entwicklungsstand erreicht haben. Und nun stellt sich der Zusammenhang zwischen Raumkolonien, interstellarer Raumfahrt und extraterrestrischer Intelligenz von selbst her.

> *Wenn es eine nennenswerte Zahl von fortgeschrittenen Zivilisationen in der Galaxis gibt, hätte uns inzwischen schon mindestens eine Zivilisationsfront erreichen müssen.*

Damit landen wir bei der Frage, die Enrico Fermi, der Nobelpreisträger und Erbauer des ersten Atomreaktors, stellte, als er sich erstmals mit den Überlegungen befaßte, die ihren Niederschlag in der Green Bank-Gleichung gefunden haben: «Wo sind sie denn alle?» Wenn eine einzige Zivilisation die Galaxis in Jahrmillionen kolonisieren kann, und wenn seit dem angeblichen Aufkommen der ersten Zivilisation dieser Art Milliarden Jahre vergangen sind, wie ist dann der völlige Mangel an Hinweisen auf eine extraterrestrische Anwesenheit auf der Erde zu erklären?

Die einzige Schlußfolgerung, die wir daraus ziehen können, ist die, daß wir entweder die erste Zivilisation in der ganzen Galaxis sind, die diese Stufe der Technologie erreicht hat, oder daß zur jetzigen Zeit sich eine andere Rasse in der Galaxis gerade ausdehnt und nur noch nicht bis zu uns vorgedrungen ist. Wenn wir mit unserer Fähigkeit, in den Weltraum vorzustoßen, in der Tat allein sind, wäre jede Suche nach einer fortgeschrittenen, kommunikationsbereiten Zivilisation sinnlos, weil es keine geben könnte, die auf unseren Ruf zu antworten vermag. Trifft die zweite Möglichkeit zu, dann stehen wir vor einem recht bemerkenswerten Zufall. Innerhalb des Zeitraums von 30 Millionen Jahren – nach jeder galaktischen Zeitskala nicht mehr als ein Lidschlag – wäre es nicht bloß einer, sondern gleich zwei verschiedenen Rassen gelungen, den Punkt zu erreichen, von dem aus die Sterne erreichbar werden.

Natürlich ist nicht auszuschließen, daß ein solcher Zufall eintritt. Wir halten es aber für höchst unwahrscheinlich, daß das öfter als einmal vorkommen kann – das heißt, daß es mehr als eine expandierende Zivilisation zur gleichen Zeit gibt. Da keine Spuren von Außerirdischen vorliegen, wird die Erkenntnis unausweichlich, daß in unserer Galaxis nur wenige technologische Zivilisationen bestehen können. Genau das aber ist die Folgerung, die wir schon auf der Grundlage unserer zurückhaltenden Schätzungen für die Green Bank-Gleichung in Kapitel 7 gezogen haben.

Nachbemerkung: Was ist mit den UFOs?

Manche Leute würden dem eben Gesagten zwar zustimmen, dann aber behaupten, es gebe auf der Erde doch Außerirdische, und zwar in Gestalt von unbekannten Flugobjekten (UFO). Dieser Meinung sind wir nicht. Zwar sind wir uns im klaren darüber, daß zu diesem Thema sogar dicke Bücher geschrieben worden sind, aber wir wollen hier eine ganz knappe Zusammenfassung unserer Gründe dafür mitteilen, weshalb wir nicht glauben können, UFOs stellten Beweise dafür dar, daß es außer uns in der Galaxis intelligentes Leben gibt.

Sollten Außerirdische wirklich die Erde besuchen, dann ergeben sich zwei Möglichkeiten – entweder bemühen sie sich, unbemerkt zu bleiben, oder sie tun das nicht. Beide Möglichkeiten bringen uns in Schwierigkeiten.

Wenn sie versuchen, unentdeckt zu bleiben, müssen wir erklären, woher es denn kommt, daß fast überall und so oft UFOs beobachtet werden. So gibt es allein in den Vereinigten Staaten jeden Tag ein bis zwei Beobachtungen, und das pausenlos seit nun schon über dreißig Jahren. Eine Rasse, die interstellaren Raumflug beherrscht, müßte eigentlich besser verstehen, sich zu verstecken.

Es bleibt also nur die Vermutung, daß die fremden Wesen nichts unternehmen, um sich zu verbergen. Ihre Gründe dafür könnten unterschiedlichster Art sein, von Gleichgültigkeit den Menschen gegenüber bis zu viel Bedrohlicherem; wir könnten sie nicht erahnen. Dann stehen wir aber vor einem anderen Problem – für eine echte UFO-Beobachtung liegt kein einziger echter Beweis vor. Schließlich leben wir in einem Land, wo es mehr Kameras als Einwohner gibt. Seltenste Ereignisse werden ganz routinemäßig festgehalten, die Bilder in den Zeitungen veröffentlicht. So haben wir etwa scharfe Aufnahmen von abstürzenden Flugzeugen, einstürzenden Brücken und anrückenden Wirbelstürmen. Wenn dergleichen dokumentiert werden kann, woran liegt es dann, daß es keine konkreten photographischen Beweise für auch nur eine der vielen tausend gemeldeten Beobachtungen gibt? In der Sprache von Watergate: Wo ist der rauchende Colt?

Angaben von Augenzeugen zu Beobachtungen von UFOs werden beunruhigend vage, sobald skeptische Menschen sich damit befassen. «Der Wissenschaft unbekannte Metalle» entpuppen sich als Titanlegierungen von Linienflugzeugen; «zerfleischtes Rindvieh» rührt von Cojoten und anderen Tieren her, «rätselhafte Substanzen» erweisen sich als Abfallstoffe einer nahegelegenen Chemiefabrik, «geheimnisvolle Lichter in Neuseeland» als die japanische Fischfangflotte, und was dergleichen mehr ist. Die Beispiele lassen sich bis zum Überdruß fortsetzen.

Wir schließen daraus, daß für keine der oben erwähnten Alternativen irgend etwas spricht. Was immer UFOs über atmosphärische Erscheinungen und die menschliche Psyche aussagen mögen, über Außerirdische verraten sie gar nichts. Interessant genug, daß viele führende «UFOlogen» im Lauf der Zeit zum selben Schluß gekommen sind und nun davon sprechen, die UFOs seien Besucher aus «anderen Dimensionen» oder «Parallelwelten». Sogar sie selbst verzichten also auf die übliche Hypothese.

15
Spekulationen

Da war eine Tür, zu der ich keinen Schlüssel fand, und ein Schleier, durch den ich nicht zu seh'n verstand.
Omar Khajjam
«Rubajat»

Wenn ein Buch dieser Art geschrieben wird, ist es wohl unausweichlich, daß die Verfasser sich über Dinge den Kopf zerbrechen, von denen sie sehr wenig wissen und zu denen man Beweiskräftiges kaum vorbringen kann. Um zwischen Spekulationen, die auf der Weiterführung heutiger Erkenntnisse beruhen, und solchen von weniger konkreter Art unterscheiden zu können, haben wir die Erörterung bestimmter Themen auf diese Kapitel verschoben. Sie befassen sich zwar auch mit extraterrestrischer Intelligenz, gehören aber nach unserer Meinung aus dem einen oder anderen Grund nicht in dieselbe Kategorie wie die im Hauptabschnitt des Buches besprochenen Themen. Der Leser darf dieses Kapitel als gewissermaßen «ins Unreine» geschrieben ansehen.

Wenn man den Bereich harter Fakten verläßt, ist ebenso unausweichlich, daß verschiedene Menschen unterschiedlicher Ansicht dazu sein werden, was noch vernünftig sei und was nicht. Die Verfasser sind in dieser Beziehung gewiß keine Ausnahme. Deshalb umfaßt dieses Kapitel zwei Abschnitte. Bei manchen stehen die Initialen beider Verfasser neben der Überschrift. Das bedeutet dann: Die Erwägungen in diesen Abschnitten stammen von dem an erster Stelle Genannten. Der Mitautor widerspricht dem Inhalt dieses Abschnitts aber nicht mit allergrößter Entschiedenheit. Er mag skeptisch sein und insgeheim Zweifel verspüren, ohne das deshalb besonders hochspielen zu wollen.

Dagegen gibt es Abschnitte, wo nur die Initialen eines Autors allein zu finden sind. In diesem Fall möchte der fehlende Verfasser auf keine Weise mit dem Inhalt des Abschnitts in Verbindung gebracht werden. Eine kurze Darstellung der Gründe für seine völlig entgegengesetzte Meinung folgt am Ende des Abschnitts.

Wir haben es aus einer Reihe von Gründen vorgezogen, dieses Kapitel auf eher ungewohnte Weise aufzuteilen. Vom praktischen Standpunkt aus sind wir uns darüber klar, daß manche Ideen in einem gemeinsam geschriebenen Buch eben nur auf diese Weise vorgebracht werden können. Vom Philosophischen her vertreten wir die Ansicht, Wissenschaft werde viel zu oft so dargestellt, als sei alles aus einem Guß, eine Sammlung harter Fakten, bei denen es keine Zweifel und keine andere Meinung geben kann. Dergleichen verfehlt den eigentlichen Kern wissenschaftlicher Arbeit, der auf eingehende und eifrige Debatten angewiesen ist. Im ganzen Verlauf des Buches haben wir uns bemüht, auf jene Gebiete zu verweisen, wo solche Diskussionen stattfinden. Mit diesem Kapitel laden wir den Leser ein, sich unsere persönlichen Meinungsverschiedenheiten über die Zukunft der Wissenschaft vortragen zu lassen.

Standpunkte zur neuen Wissenschaft

Ein Kapitel wie dieses hat gar keine andere Möglichkeit, als sich mit neuer Wissenschaft zu befassen, weil wir sonst nicht zu spekulieren brauchten; wir würden wissen. Wo uns kein Wissen leiten kann, treten subjektive Standpunkte in den Vordergrund. Im allgemeinen können wir zwei extreme Standpunkte neuer Wissenschaft gegenüber registrieren. Wie bei den meisten Extremen gibt es nur wenige Menschen, die eine solche Ansicht wirklich voll und ganz vertreten – falls überhaupt welche.

Auf der einen Seite haben wir es mit Leuten zu tun, die bereits alles Wesentliche wissen, um das Universum erklären zu können; von nun an könne Wissenschaft kaum noch mehr sein als die Ausarbeitung dieser grundlegenden Gesetze. Einem Wissenschaftler im 20. Jahrhundert dürfte es schwerfallen, dem uneingeschränkt zuzustimmen, wenn man die

Turbulenzen der neueren Wissenschaftsgeschichte bedenkt, aber man braucht die Dinge nur ein klein wenig zurechtzurücken, damit diese These Achtbarkeit erlangt. So behauptet etwa der bekannte Biochemiker Gunter Stent, nur auf den Gebieten Astrophysik und Physik der Elementarteilchen sei noch damit zu rechnen, daß für die Naturwissenschaft grundlegende neue Erkenntnisse zu erlangen sind. Damit eine solche Behauptung gerechtfertigt erscheint, müssen wir die Geschichte der Biophysik berücksichtigen. In den dreißiger Jahren herrschte die Ansicht vor, die zunehmende Kompliziertheit biologischer Moleküle könne zu neuen physikalischen Gesetzen führen, komplexe Moleküle könnten sich von einfachen ebensosehr unterscheiden wie ein Elektron von einem Apfel. Dann stellte sich aber heraus, daß die Gesetze der Quantenmechanik, die über das Wasserstoffatom befinden, auch für das komplizierteste DNA-Molekül gelten. In diesem Sinne stellt die derzeitige Umwälzung in der Molekularbiologie keine neue Wissenschaft dar, auch wenn aus ihr eine große Zahl neuer Technologien entstehen dürfte.

Sogar für die Teilchenphysik hat der Nobelpreisträger von 1979, Sheldon Glashow, erklärt, die groben Umrisse der Zukunft würden schon sichtbar, und obwohl noch viele wichtige Punkte zu klären seien, lasse sich doch jetzt ein Ende absehen. Das ist durchaus keine Mehrheitsmeinung, aber es zeigt, daß auch «konservative» Standpunkte gegenüber der neuen Wissenschaft unter den Forschern nicht ohne ihre Vertreter sind.

Das entgegengesetzte Extrem vertritt jemand mit der Behauptung, die neuen Entdeckungen könnten unsere Vorstellungen von den Naturgesetzen völlig auf den Kopf stellen. Angesichts der großen Zahl experimenteller Beweise, die als Fundament für die physikalischen Gesetze in ihrer heutigen Form dienen, erscheint dieses Extrem ein wenig peinlich, aber selbst das läßt sich nach kleinen Korrekturen viel leichter verteidigen. Mancher findet, gegenwärtige Naturgesetze dürften zwar nicht umgestoßen werden, aber man werde feststellen, daß sie Sonderfälle von umfassenderen Gesetzen seien, und daß die neuen Gesetze ganz anders aussehen würden als die heute noch gültigen.

Auch hier kann man zur Illustration ein historisches Beispiel anführen. Die Gesetze für das Verhalten subatomarer Teilchen unterscheiden sich sowohl in der Konzeption wie vom Mathematischen her grundsätzlich von Newtons Gesetzen für die Bewegung großer Körper. In gewissem Sinn scheinen die Gesetze der Quantenmechanik «besser» zu sein als Newtons Bewegungsgesetze, aber kein Mensch würde die erstgenannten dazu benützen, eine Planetenbahn zu berechnen. Der Grund dafür: Wendet man die Gesetze der Quantenmechanik auf große Körper an, so stimmen sie mit Newtons Gesetzen überein. Leute dieser «liberalen» Geisteshaltung behaupten auch, unser Weltbild werde sich in der Zukunft radikal verändern – dabei erbringen die neuen Ideen stets dieselben Resultate wie die alten, sobald man sie auf bekannte Fälle anwendet. Erst bei der Erforschung neuer Bereiche – etwa bei kleinen Partikeln – ändern sich die Dinge grundlegend.

Als wir uns an dieses Kapitel wagten, stießen wir auf die erstaunliche Tatsache, daß es außerordentlich schwer fällt, irgend jemand auf diese Achse «konservativ-liberal» festzulegen. Jemand, der in der einen Frage sehr konservativ denkt, empfindet in einer anderen liberal, ohne daß beides auf erkennbare Weise zusammenstimmen würde. In dieser Beziehung haben manche Ansichten zur neuen Wissenschaft mehr Ähnlichkeit mit politischen Meinungen als mit irgend etwas anderem. Es kommt durchaus nicht selten vor, daß einundderselbe Mensch in der einen Frage konservative und in der anderen liberale Ansichten vertritt. Aus diesem Grund haben wir darauf verzichtet, unsere Position auf dieser Achse zu ermitteln. Unsere Zurückhaltung soll den Leser aber keineswegs hindern, uns diese Arbeit abzunehmen, sollte die Lust dazu ihn anwandeln.

Tachyonen und Kommunikation mit Überlichtgeschwindigkeit (J.S.T.)

Lange Zeit, nachdem Albert Einstein die Relativitätstheorie veröffentlicht hatte, ging man davon aus, die Theorie schließe eindeutig jede Möglichkeit von Bewegung mit höherer als Lichtgeschwindigkeit aus. Für diese Schlußfolgerung gibt es zwei Gründe. Der erste Grund: Die Relativitätsgleichungen zeigten, daß die Masse von Körpern immer stärker zunimmt, je mehr man sie beschleunigt. Mit wachsender Geschwindigkeit vergrößert sich also die Masse, bis sie, wenn ihre Geschwindigkeit die des Lichts erreicht, unendlich groß wird. Da eine unendliche Masse nur von einer unendlichen Kraft beschleunigt werden kann, erscheint der Schluß, nichts könne sich schneller bewegen als das Licht, vernünftig.

Der zweite Grund für die überlieferten Ansichten hängt mit Folgendem zusammen: Falls Kommunikation mit Überlichtgeschwindigkeit möglich war, mußte der Eindruck entstehen, es sei möglich, Botschaften in der Zeit zurückzusenden. Das würde zu einem Ursachenparadox von der Art führen, wie man es aus Science Fiction-Geschichten kennt. Da reist jemand in der Zeit zurück und unternimmt irgend etwas, um seine eigene Geburt zu verhindern. Gelingt es ihm, so kann er nicht geboren worden sein. Wenn er aber nicht auf die Welt gekommen ist, kann er nicht in der Zeit zurückkehren, also muß er doch geboren worden sein ...

Mitte der sechziger Jahre befaßten sich die Elementarteilchenphysiker mit der herrschenden Lehre zu diesem Thema eingehender. Man bemerkte, daß der erste Einwand, wörtlich genommen, unterstellen würde, mit Lichtgeschwindigkeit könne sich in Wirklichkeit gar nichts bewegen. Da die Photonen sich aber schon ihrer Definition nach mit Lichtgeschwindigkeit ausbreiten, kann das einfach nicht stimmen. Eine gründliche Analyse der Relativitätstheorie ergab dann aber, daß kein Grund bestand, weshalb Partikel sich nicht schneller sollten bewegen können als Licht, vorausgesetzt, sie tun das *immer,* genauso, wie Photonen sich eben immer mit Lichtgeschwindigkeit fortpflanzen. Gerald Feinberg erfand für ein solches Teilchen den Ausdruck «Tachyon».

Es hat also den Anschein, als könnte es zwei verschiedene Welten geben. Eine davon ist unsere normale Welt, wo Teilchen sich mit Geschwindigkeiten unter der des Lichts bewegen, die andere, die Tachyon-Welt, wo alles stets schneller ist als das Licht. Es würde einer unendlichen Kraft bedürfen, ein normales Objekt über die Schwelle hinweg, die das Licht setzt, auf die andere Seite zu beschleunigen, und eine unendliche Kraft, ein Tachyon abzubremsen, bis ein normales Teilchen daraus wird. Mit Feinbergs Worten: «Die Lichtgeschwindigkeit ist eine Grenze, aber jede Grenze hat zwei Seiten.»

Die sorgfältige Untersuchung zeigt auch, daß die Ursachenparadoxe aufgelöst werden können, wenn man die Ereignisse richtig sieht. Im Prinzip ist also nicht einzusehen, weshalb es Tachyonen nicht geben sollte. Zur Zeit liegt natürlich kein experimenteller Beweis vor, der auf ihr Vorhandensein hindeuten würde, aber wir dürfen uns der Spekulation hingeben, er könnte in Zukunft geliefert werden.

Stellen wir uns kurz vor, daß die folgenden zwei Behauptungen wahr wären:

1. Es gibt Tachyonen.
2. Ausstrahlung und Empfang von Tachyonen ist mit normalem Gerät möglich.

Das sind sehr weitgefaßte Vermutungen; eine davon oder sogar alle beide könnten völlig falsch sein. Wenn sie aber zuträfen, könnte man mit Tachyonen anstelle von Radiowellen als Kommunikationsmittel jeden Punkt in der Galaxis praktisch augenblicklich erreichen.

Soviel scheint jedenfalls klar zu sein: Wenn Tachyon-Kommunikation möglich wäre, ließe sich der Versuch, Verbindung mit ETI durch Radiowellen aufzunehmen, etwa damit vergleichen, eine Mitteilung von einer Küste der Vereinigten Staaten zur anderen durch eine Brieftaube übermitteln zu wollen. Das geht natürlich, aber auf eine solche Mitteilung würde niemand warten, und keine fortgeschrittene Zivilisation würde so senden.

Die Frage nach der Existenz von Tachyonen ist deshalb für SETI von überragender Bedeutung. Sie kann auch als Beispiel dafür gelten, welch ungeheure Auswirkung die Arbeit auf einem bestimmten Gebiet für Bereiche haben kann – hier der Elementarteilchenphysik –, die scheinbar damit überhaupt nichts zu tun haben.

Das galaktische Limit und Raumfahrt mit Überlichtgeschwindigkeit (J.S.T.)

Wenn die in Kapitel 14 über interstellare Raumfahrt vorgetragenen Argumente zutreffen, könnte die Menschheit sich in etwa 30 Millionen Jahren in der ganzen Galaxis ausgebreitet haben. Erneut wird die Frage nach den Grenzen des Wachstums auftauchen, dann allerdings in einem viel größerem Rahmen als heute. Dann bieten sich zwei Wahlmöglichkeiten an: Die Rasse kann statisch bleiben, bis die Sterne erlöschen, oder weiterhin expandieren.

Es ist töricht, Spekulationen darüber anzustellen, wie die Menschheit in 30 Millionen Jahren beschaffen sein mag. Wir fangen eben erst damit an, unseren eigenen genetischen Aufbau zu begreifen, und es könnte sein, daß wir in ferner Zukunft beschließen, lieber uns selbst als unsere Umwelt zu verändern. Sollten unsere Nachkommen jedoch die Entscheidung treffen, sich über die eigene Galaxis hinaus auszudehnen, dann würden die erwähnten Raumflug-Theorien dieser Aufgabe einfach nicht gewachsen sein.

Die Entfernungen, die von den Multigenerationen-Schiffen bei der Kolonisierung unserer Galaxis bewältigt werden müssen, liegen im Mittel zwischen 5 und 10 Lichtjahren, die Zeiträume jeweils um ein Jahrhundert. Wollten wir jedoch an Raumflüge zu einer anderen Galaxis denken, würde diese Transportmethode einfach nicht mehr genügen. Die nächste Galaxis ist 2 Millionen Lichtjahre entfernt. Bei 1/10 Lichtgeschwindigkeit würde es also 20 Millionen Jahre dauern, diese Entfernung zu überbrücken. Während dieser Zeit würde sich das Raumschiff im freien Weltraum befinden und keine Energiequelle besitzen. Danach scheint eindeutig zu sein, daß die Menschheit niemals über die Milchstraße hinaus expandieren kann, wenn die physikalischen Gesetze vorschreiben, daß Flüge mit Überlichtgeschwindigkeit nicht möglich sind.

So stellt sich dann die Frage, wie unverrückbar die Grenze der Lichtgeschwindigkeit ist. Die Zunahme der Masse mit der Beschleunigung ist im Experiment klar nachgewiesen worden. Man konstruiert unter Berücksichtigung dieses Effekts große Teilchenbeschleuniger, Staaten geben Millionen Dollar dafür aus, sie zu bauen und zu betreiben. Das wäre wohl kaum der Fall, wenn eine krasse Verletzung von Einsteins Vorhersage vorliegen würde.

Auf der anderen Seite ist unbestreitbar wahr, daß die fundamentale Theorie, die sämtlichen Erkenntnissen auf diesem Gebiet zugrundeliegt – die allgemeine Relativitätstheorie – die am wenigsten erprobte ist. Das ist wohl eher ein historischer Zufall. Die meisten von der allgemeinen Relativität vorausgesagten Wirkungen sind nämlich so klein, daß man sie nur sehr schwer messen kann. Erst jetzt erreichen unsere Untersuchungsmethoden einen Stand, von dem aus die Theorie ernsthaft auf ihre Stimmigkeit überprüft werden kann.

In ungefähr zehn Jahren, wenn die heutigen Versuche zur allgemeinen Relativität abgeschlossen und analysiert sind, müßten wir über die Gültigkeit der Theorie mehr wissen. Es könnte sich ergeben, daß die Theorie zutreffend ist, oder aber, daß es Gebiete gibt, wo sie durch etwas Umfassenderes ersetzt werden muß. Auf kürzere Sicht besteht demnach Aussicht, daß ein Weg gefunden werden kann, die Grenze der Lichtgeschwindigkeit zu überwinden.

Man muß betonen, daß wir hier einen «Umweg» meinen. Wir werden niemals ein Raumschiff bauen, wo man einsteigt, aufs Pedal tritt und elegant über die Lichtgeschwindigkeit hinaus beschleunigt. Es gibt einfach zu viele Hinweise zur Untermauerung der herrschenden Lehre, als daß es dazu jemals kommen könnte. Ich meine nur: Es könnte sich herausstellen, daß die allgemeine Relativität insoweit unrichtig ist, daß ein Körper von Punkt A nach Punkt B in geringerer Zeit gelangen kann, als das Licht dazu braucht, ohne daß der Körper tatsächlich über die Lichtgrenze hinaus beschleunigt werden müßte. Mit anderen Worten: Es könnte möglich sein, die Lichtgrenze zu umgehen, ohne irgendwelche Naturgesetze zu verletzen, gleichgültig, wie solche Gesetze in Zukunft auch formuliert sein mögen.

Eine Methode, um das zu erreichen, ist bei Science Fiction-Autoren häufig anzutreffen. Man spricht von Hyperraum, Raumverwerfung und dergleichen. Wir können uns klarmachen, wie so etwas vor sich gehen könnte, wenn wir uns die Linie von Abbildung 15.1 ansehen. Nehmen wir an, die Entfernung zwischen beiden Punkten betrage etwa 6 Zentimeter. Denken wir uns einen zweidimensionalen Käfer, der auf der Linie dahinkriecht, und unterstellen wir weiter, daß das Licht von A bis B zwei Stunden braucht. Der Käfer müßte zu dem Schluß kommen, es gebe keinen Weg für ihn, die Strecke in einer kürzeren Zeit zurückzulegen.

Faltet man die Buchseite aber so zusammen, daß Punkt A und Punkt B sich decken, so kann der Käfer in sehr kurzer Zeit von einem Punkt zum anderen gelangen, ohne die Lichtgeschwindigkeit zu überschreiten. Freilich muß er sich dabei in eine dritte Dimension begeben. Für die anderen zweidimensionalen Wesen wird sich sein Weg wie Zauberei ausnehmen – er wird in A plötzlich verschwinden und in B auftauchen, ohne irgendeinen Teil der Linie dazwischen berührt zu haben.

Falls ein solcher Weg für dreidimensionale Wesen unserer Art möglich sein sollte, wäre das Problem des Fluges mit Überlichtgeschwindigkeit gelöst. *Aber* – ich muß eines betonen: Es gibt nicht den geringsten Grund für die Erwartung, dergleichen könnte auf der Grundlage unseres heutigen Wissens jemals eintreten. Ebensowenig besteht irgendeine Garantie dafür, daß ein Versagen der allgemeinen Relativität im Experiment zu ÜLG-Flug führen würde. Ich halte es lediglich für anmaßend, auf der Grundlage von dreihundert Jahren Wissenschaft zu unterstellen, Hindernisse, die uns

15.1
Eine Lösung, von Punkt A zu Punkt B zu gelangen, könnte die sein, sich durch den Hyperraum zu bewegen.

noch unübersteigbar erscheinen mögen, müßten das in 30 Millionen Jahren auch noch sein. Aber das ist ein Thema, zu dem vernünftige Menschen ganz verschiedener Meinung sein können, wie man gleich sehen wird.

Physikalische Grenzen (R.T.R.)

Meine Einwände gegenüber Tachyonen sind geringfügig. Im heutigen Wissen gibt es nichts, was sie erfordern oder nahelegen würde. Tachyonen sind in der Tat eine zulässige Lösung im Rahmen von Einsteins Spezialtheorie, aber was zulässig ist, muß noch lange nicht auch wirklich vorhanden sein. Derzeit erscheinen Tachyonen als überflüssiges Theoriegepäck.

Die Lichtgeschwindigkeit als oberste Grenze für Raumfahrt gehört zu den Naturgesetzen, bei denen ich eine Änderung kaum für wahrscheinlich halte. Die Einwände gegen diese Grenzen beruhen in erster Linie auf menschlicher Intuition. Intuition ist gefährlich, weil sie sich auf eine sehr eng begrenzte Auswahl von physikalischen Erscheinungen bezieht. Wir haben einen Weg gefunden, das Universum, gestützt auf Alltagsbeobachtungen, zu erklären, eingeschlossen die Begriffe von Raum und Zeit. Unsere Erfahrung sagt uns, daß wir mit einem ausreichenden Energieaufwand immer schneller werden können. 1905 hat Einstein nachgewiesen, daß wir irren und es nicht nur für die Geschwindigkeit eine obere Grenze gibt, sondern auch, daß unsere Alltagsvorstellungen von Raum und Zeit falsch gewesen sind. Das ist die Grundlage der speziellen Relativität, die manche Menschen immer noch nicht akzeptieren wollen.

Man kennt andere physikalische Grenzen, die viel eher hingenommen werden. Dazu gehört ein absoluter Nullpunkt auf der Temperaturskala. Temperatur mißt die regellose Bewegung der Atome in einem Stoff. Wenn die zufällige Bewegung den Zustand erreicht, daß dem Stoff keine Energie mehr entzogen werden kann, beträgt die Temperatur Null. Es kann nicht weniger Energie geben als gar keine, also ist das eine unterste Grenze für Temperatur. Kurz gesagt:

Die Physik kennt eine ganze Reihe von Grenzen. Es sind echte Grenzen.

Ich bin gewiß nicht der Meinung, neue Entdeckungen könnten unser Weltbild nicht radikal verändern. Die drastischen Einschnitte werden auf noch zu erforschenden Gebieten eintreten, etwa bei den magnetischen Monopolen, über die anschließend gesprochen wird. Jede Umwälzung auf genau erforschten Gebieten, etwa der Dynamik großer Körper, zu denen Raumschiffe gehören, ist unwahrscheinlich. Der einzige wesentliche Unterschied zwischen einem Newtonschen Raumschiff und einem des 21. Jahrhunderts ist der, daß letzteres die Lichtgeschwindigkeit nicht überschreiten kann. Ganz egal, wie sehr den Science Fiction-Autoren das mißfallen mag, ein Hin- und Rückflug nach und von Tau Ceti wird immer mindestens vierzig Jahre dauern.

Interstellarer Raumflug, Antimaterie und magnetische Monopole (J.S.T. und R.T.R.)

Eines der Hauptprobleme bei jedem konventionellen Treibstoff, der an Bord eines Raumschiffs mitgeführt wird, ist die recht kleine Menge an Energie, die sich daraus gewinnen läßt. So erfordert es 250 Kilowatt Energie, um ein Kilogramm Materie aus der Erdbahn um die Erde in die Tiefen des Weltraums zu befördern. Das entspricht der Energiesteuer, die unsere Sonne dem interstellaren Raumflug auferlegt. Zum Vergleich: Ein Kilogramm des besten chemischen Treibstoffs setzt bei der Verbrennung 3,2 Kilowattstunden frei. Die Umwandlung von Masse in Energie durch Kernspaltung oder -verschmelzung leistet mehr, aber selbst bei Kernverbrennung wird ein großer Teil der Ausgangsmasse zu «Asche» und erfüllt, was den Schub angeht, keinen nützlichen Zweck.

Es wäre viel nützlicher, einen Weg zu finden, der die *gesamte* Masse des Treibstoffs in Energie verwandelt. Ein Kilogramm Materie, völlig zu Energie umgewandelt, ergäbe nicht weniger als 25 Milliarden Kilowattstunden. Das ist von den Leuten, die sich mit Raumflug befassen, erkannt worden, und man sieht ein, daß der Treibstoff für Raumschiffe zuletzt wohl aus Antimaterie bestehen wird.

Eine der großen Entdeckungen der modernen Physik ist die, daß es möglich ist, für jede bekannte Art von subatomaren Teilchen ein Antiteilchen zu erzeugen. Das Antiteilchen besitzt dieselbe Masse wie das Teilchen, aber alle anderen Eigenschaften, etwa seine elektrische Ladung, sind umgekehrt. So besitzt etwa das Antiteilchen für das Elektron eine positive elektrische Ladung. Man nennt es Positron. Entdeckt wurde es Anfang der dreißiger Jahre.

Treffen ein Teilchen und ein Antiteilchen zusammen, so machen sie einen Prozeß durch, der Annihilation oder Paarvernichtung genannt wird. Ursprüngliches Teilchen und Antiteilchen verschwinden (vernichten einander), an ihrer Stelle entsteht eine Gruppe von energiereichen, leichteren Teilchen. Was sie genau werden, hängt davon ab, um welches Teilchenpaar es sich gehandelt hat. Elektron und Positron etwa bringen nur Photonen hervor. Proton und Antiproton können zwar auch Photonen erzeugen, ebenso aber eine Vielzahl anderer Teilchen.

Aus technischen Gründen ist es leichter, Protonen und Antiprotonen für eine Verwendung als Treibstoff zu speichern, so daß die meisten Antimaterie-Schiffe zwei Speicher besitzen würden – einen für jede Teilchenart – und eine Brennkammer, wo man sie zusammenführt. Nach diesem Prinzip ist das Raumschiff «Enterprise» der gleichnamigen Fernsehserie gebaut. Der Grundsatz ist also nicht völlig unbekannt.

Die Verwendung von Protonen hat jedoch einen bedeutsamen Nachteil, auf den wir schon kurz hingewiesen haben. Da Proton-Antiproton-Annihilation Teilchen hervorbringt, deren Geschwindigkeiten unter der des Lichts liegen, wird die Austrittsgeschwindigkeit aus der Brennkammer unter dem zulässigen Höchstwert liegen. In Kapitel 13 haben wir gesehen, daß die Austrittsgeschwindigkeit bei einer Rakete für die Berechnung, wie groß die anfängliche Treibstoffladung sein muß, entscheidend ist. Obwohl also Antiprotonen-Antrieb einen enormen Fortschritt bei interstellaren Antriebssystemen darstellen würde, könnte man sich durchaus vorstellen, daß es besser wäre, wenn wir ein massives und leicht kontrollierbares Teilchenpaar finden könnten, das bei der Annihilation nur Photonen hervorbrächte. Theoretische Physiker stellen seit Jahrzehnten Spekulationen über die Existenz solcher Teilchen an. Zur Zeit gibt es aber keine allgemein anerkannten Beweise dafür, daß man sie irgendwo gesehen hätte. Das hypothetische Teilchen wird magnetischer Monopol genannt. Der Ursprung des Namens wird gleich deutlich werden. Theoretiker glauben wegen einer seltsamen Asymmetrie, die wir in der Natur antreffen, daß eine Grundbeziehung zwischen Elektrizität und Magnetismus besteht. Wir wissen ferner, daß es in der Natur einzeln vorkommende elektrische Ladungen gibt. Elektron und Proton sind Beispiele dafür.

Noch nie hat es jedoch einen vereinzelten, isolierten Magnetpol gegeben. So oft wir in der Natur einen magnetischen Nordpol finden, gehört ein magnetischer Südpol dazu. Ein ganz gewöhnlicher Stabmagnet ist das beste Beispiel für diese Tatsache. Bricht man einen solchen Magnet nämlich in der Mitte auseinander, so kommen dabei nicht ein isolierter Nordpol und ein isolierter Südpol heraus, sondern zwei halb so große Magnete, von denen jeder Nord- und Südpol besitzt. Der gewöhnliche Magnet heißt deshalb auch Dipol.

Wenn die Natur, was elektrische und magnetische Wirkungen betrifft, symmetrisch ist, sollte man eigentlich erwarten, daß es einen vereinzelten magnetischen Pol gibt – einen magnetischen Monopol. Sollte das der Fall sein, so besäßen diese Teilchen eine Reihe von Eigenschaften, die für interstellare Raumfahrt besonders wichtig sind.

Erstens gäbe es zwei verschiedene Arten von Monopolen – Nord und Süd – und einer wäre das Antiteilchen des anderen. Wenn ein Nord- und ein Südmonopol zusammengeführt werden, vernichten sie einander. Demzufolge wären Monopole für Antimaterie-Antrieb geeignet.

Zum zweiten würden sie bei der Annihilation vermutlich nur Photonen erzeugen. Theoretische Berechnungen deuten darauf hin, daß ein zerstrahlendes Monopol-Paar zwischen zehn und fünfzig sehr energiereiche Photonen hervorbringen würde. Das heißt, die Austrittsgeschwindigkeit eines Monopol-Motors würde die des Lichts erreichen, also das Maximum. Wenden wir die in Kapitel 13 erwähnte Raketengleichung an, so ergibt sich, daß ein von Monopolen angetriebenes Raumschiff, das mit 10 Prozent der Lichtgeschwindigkeit fliegen soll, bei Antritt der Reise zu 90 Prozent aus Nutzlast bestehen dürfte. Das ist ein Vielfaches des bei anderen Raumschiffen Üblichen, wo die Masse des Treibstoffs die der Nutzlast bei weitem übertrifft.

Drittens könnte man Monopole leicht speichern. Da Interstellarschiffe im schwerelosen Raum unterwegs sind, könnte man sie sehr groß bauen. Die Monopole würden in eigens für sie erzeugten elektrischen oder magnetischen Feldern kreisen, bis man sie benötigt. Ferner würden Monopole, sobald man sie in die Nähe eines Atoms bringt, das ein eigenes Magnetfeld besitzt – das ist bei den meisten Atomen der Fall – das Atom zu umkreisen beginnen. Das würde dazu führen, daß ein Monopol, den man beispielsweise in einen Metallblock lenkt, sich ein Atom oder mehrere Atome als Mittelpunkt seiner Kreisbahn aussuchen und dort verbleiben wird, bis etwas geschieht, um ihn aus dem Stoff herauszuholen. Bei dieser Speichermethode liefert die Natur das Magnetfeld selbst.

Viertens würde es, sobald einmal ein einziger Monopol existiert, ganz leicht fallen, mehr davon zu erzeugen. Die Gesetze der Quantenmechanik erfordern, daß die Kraft eines freischwebenden Monopols im Verhältnis zur elektrischen Ladung eines Protons groß sei. Demnach fällt es leicht, einen Monopol mit Hilfe von Solenoidmagneten in Zimmergröße auf sehr hohe Geschwindigkeiten zu beschleunigen. Ein beschleunigter Monopol könnte zu einem Ziel gelenkt werden, wo er vorübergehend ein anderes Nord-Süd-Paar erzeugen würde. Die neuen Monopole – und der ursprüngliche – könnten dann durch Magnetfelder zum Eingang des Beschleunigers gelenkt, beschleunigt und dazu benützt werden, immer neue Paare hervorzubringen. Ein Interstellarschiff wäre so in der Lage, an jeder Stelle in der Galaxis «aufzutanken», wo es genug Energie findet, um einen kleinen Beschleuniger zu betreiben. Wir könnten uns sogar ein interstellares Netz von «Monopolstationen» ähnlich den

Bunkerstationen vorstellen, die im vorigen Jahrhundert auf allen Meeren in großer Zahl vorhanden waren. Diese Stationen würden Monopol-Lager auf die eben beschriebene Weise einrichten und die Monopole vorbeikommenden Raumschiffe überlassen.

Der Sinn dieser Erörterungen besteht nicht darin, zu erklären, wie man nach unserer Ansicht zu Antimaterie-Antrieb gelangen kann, sondern soll zeigen, daß sich sogar aus unserem heutigen Wissensstand die Möglichkeit ergibt, überaus leistungsfähige Interstellarschiffe zu bauen. Das bestätigt die Schlußfolgerungen von Kapitel 13 zu den kurzen Zeiträumen, die eine Zivilisation benötigen würde, um sich in der ganzen Galaxis auszubreiten.

Entwicklung von Gesellschaften und Grenzen des Wachstums (R.T.R.)

In Kapitel 12 haben wir von den Aussichten für den Menschen gesprochen und behauptet, die düsteren Prophezeiungen, wie sie in «Grenzen des Wachstums» vorgelegt wurden, seien vermutlich falsch. Ich werde aber die Sorge nicht los, daß ein großer Wahrheitskern verbleibt, auch wenn man «Grenzen des Wachstums» in vielerlei Beziehung konkret kritisieren kann. Da mag auf meiner Seite ein gewisses Mitgefühl zum Tragen kommen, weil ich viele Ähnlichkeiten mit den Computermodellen von Sternen sehe, die ich erarbeite, und für Modelle sozialer Systeme gilt das gleichfalls. Bei dem Verhalten einer komplexen Gruppe wechselseitig aufeinander einwirkender Teilsysteme scheint viel davon abzuhängen, ob das ganze System komplex und an vielen Stellen «vernetzt» ist.

Eines der kritischsten Merkmale jedes komplexen Systems ist die Laufzeit zwischen dem Einsetzen einer Regelung und ihrem Greifen. Fast jeder von uns kennt den Ärger bei Versuchen, die Temperatur einer Dusche zu regeln, wenn es vom Drehen am Heißwasserhahn bis zu einer Temperaturänderung besonders lange dauert.

Ein besseres Beispiel wäre vielleicht die Fernlenkung eines Landefahrzeugs auf dem Mars. Wegen der Zeit, die ein TV-Signal braucht, um die Erde zu erreichen, ebenso der Rücklauf der Steuerbefehle zum Mars, kann es zu einer Laufzeit von etwa einer Stunde zwischen dem Augenblick kommen, wo das Signal ein Hindernis entdeckt, und jenem, in dem die Bremsen betätigt werden. Damit ein Anprall verhindert werden kann, muß das Fahrzeug sehr langsam fahren und darf in einer Stunde keine größere Strecke bewältigen, als die Fernsehkamera zu überblicken vermag. Jedes System kann auf stabile Weise nur betrieben werden, wenn Regelzeiten viel niedriger sind als die großen Änderungen dessen, was geregelt werden soll.

Die Instabilitätserscheinungen in «Grenzen des Wachstums» rührten höchstwahrscheinlich davon her, daß die Laufzeiten bei Größen wie der Bevölkerungskontrolle länger waren als die Wachstumszeit der Bevölkerung. Die Anwendung unverrückbarer Grenzen, wie in Kapitel 12 besprochen, und die Tatsache, daß «verzwickte Lagen» oft nur multiple Konstanten der heutigen Situation waren, lassen die Gefahren eines Umkippens noch wahrscheinlicher werden.

Wir stehen «Grenzen des Wachstums» zwar kritisch gegenüber, aber in der Tat kommen Instabilitäten, wie sie dort festgestellt wurden, bei solchen Systemen häufig vor. Planmäßig und geordnet zur Raumkolonisierung fortzuschreiten, erfordert, daß wir die Zeitskalen, die hier zur Debatte stehen, sorgsam im Auge behalten. Die Technologie muß entsprechend schnell fortschreiten, um mit der Verknappung der Ressourcen Schritt zu halten. Die Hinnahme der großen technologischen Veränderungen mag einen Wandel der gesellschaftlichen Grundhaltung erfordern, der eine oder zwei Generationen dauern könnte. Da die Verdoppelungszeit für die Bevölkerung heute weniger als eine Generation beträgt, hat es wirklich den Anschein, daß wir ein Umkippen herausfordern.

«Grenzen des Wachstums» enthält wie die meisten komplexen Systeme noch ein wichtiges Merkmal. Wohin es auf lange Sicht gehen wird, steht oft im Gegensatz zu dem, womit man intuitiv rechnet. Das ist etwa so, als müsse man den Thermostat abdrehen, damit es im Zimmer wärmer wird. Bei den Sternen geht es so zu – durch Nachschub an atomarem Brennstoff wird die Leuchtkraft geringer. Falls wir also versuchen, unsere Zukunft zu steuern, könnte es erforderlich werden, sogar dann nach links abzubiegen, wenn wir, langfristig gesehen, nach rechts wollen, ganz so, als versuche man, mit einem Anhänger in die Zukunft rückwärts hineinzustoßen. Eine Steuerung solcher Art könnte sich aber schon vom Politischen her als undurchführbar erweisen.

Ohne vernünftige Regelung sind wir von den Kräften der gesellschaftlichen Entwicklung abhängig. Mir behagt die Vorstellung, daß Gesellschaften sich wie biologische Organismen entwickeln. Wegen dem Vorteil der Größe geht die Evolution in die Richtung zu größeren Organismen und Gesellschaften, bis eine physische Grenze erreicht wird. Die Knochenstärke begrenzt unsere körperliche Größe. Die Laufzeit von Signalen wird bald die Grenze für unsere Gehirngröße setzen, falls sie es nicht schon getan hat. Ebenso begrenzt die Spanne der Kommunikationszeit die Größe einer Gesellschaft. Es muß möglich sein, jedem Mitglied einer Gemeinschaft Information innerhalb einer Zeitspanne zu übermitteln, die im Verhältnis zu der Zeit, die eine Gesellschaft zu ihrer Veränderung braucht, kurz ist. Wenn es sich bei dem Medium um die gesprochene Sprache handelt, sind Stämme die natürliche soziale Bezugseinheit. Die Schrift ermöglicht es, mit Gruppen von Stämmen oder kleinen Nationen in Kommunikation zu treten und damit Einfluß auf sie auszuüben. Technologie führt dazu, daß das natürliche Größenwachstum von Nationen zunimmt. Durch die elektronische Kommunikation wird die Größe der naturgegebenen Gesellschaft eine globale.

Der Evolutionsdruck zwingt uns deshalb, eine globale Gesellschaft zu werden. Unser Widerstand gegen diesen Druck führt zu Problemen von der Art, daß die Ressourcen sich erschöpfen. Heute ist es das Erdöl. Wenn in 20000 Jahren Chicago von Gletschern bedeckt und die Sahelzone in der Südsahara wieder feucht geworden sein wird, könnte es die Nahrung sein. Ich glaube, daß die Übergangszeit schon begonnen hat. Sie wird gewiß nicht leicht sein.

Unsere – der Verfasser – grundlegende Meinungsverschiedenheit betrifft die Anpassungsfähigkeit der Gesellschaft. Früher haben verschiedene Druckeinwirkungen zur Technologie geführt. Unter gelegentlichen Rückschlägen ging der Weg der Gesellschaft stets nach oben. Es ist nur natürlich, dieses Wachstum in die Zukunft hineinzuverlängern. Ich sehe jedoch eine Gesellschaft vor mir, die mit der Gefahr des Umkippens spielt. In meinem Alptraum hat sich das Gaspedal des Mars-Landers verklemmt, und wir wissen es noch nicht einmal.

Wo sind die Grenzen wirklich (J. S. T.)

Mit ihren Voraussagen, daß Gesellschaften, deren Ressourcen sich dem Ende zuneigen, ins Kippen geraten, könnten die Computermodelle durchaus recht haben. In Wirklichkeit geht es aber doch um die Frage, wie weit diese Grenzen noch entfernt sind. Auch wenn wir die Reserven im Weltraum außer acht lassen, vermag die Kritik an «Grenzen des Wachstums» für mein Gefühl recht deutlich nachzuweisen, daß keineswegs unausweichlich ist, was der Zeitplan von fünfzig Jahren bis zum «Jüngsten Gericht» vorsieht.

Aus Kapitel 12 haben wir jedoch gesehen, daß die Rohstoffe des Weltraums im Verhältnis zu den heutigen und künftigen Verbrauchsraten praktisch unerschöpflich sind. Das heißt also: Wenn wir erst damit beginnen, diese Rohstoffe zu nutzen, was ja schon im Gange ist, wird sich erweisen, daß die Voraussagen der Computerprogramme nicht so sehr falsch als vielmehr irrelevant sind. Wir brauchen keinen Computer, der uns mitteilt, wie Gesellschaften funktionieren, solange sie noch wachsen und über scheinbar unbegrenzte Subsistenzmittel verfügen. Wer die fünfziger und sechziger Jahre miterlebt hat, kennt das aus Erfahrung. Sobald wir die Rohstoffe in Betracht ziehen, die ein paar tausend Kilometer über der Erde auf uns warten, läßt sich der Jüngste Tag, den Malthus predigte, um mindestens einige Jahrhunderte hinausschieben. Tun wir das aber nicht, dann geschieht uns mit dem Ärgsten, was die Computer prophezeien, nur recht.

Leben auf Siliciumbasis oder Wie man das Steuer aus der Hand gibt (R.T.R.)

In Kapitel 6 sprachen wir davon, daß der Computer in Zukunft immer stärker für Aufgaben Verwendung finden wird, die das Gehirn weniger gut bewältigt. Ich bin der Meinung, daß das noch viel weiter gehen könnte. Die Schalt- und Signallaufzeiten sind bei Computern um vieles schneller, so daß sich die Frage stellt: Wozu überhaupt noch biologische Gehirne?

Kapitel 6 zeigte, daß das Gehirn bestimmte Dinge sehr gut kann. Das angeführte Beispiel sprach davon, daß ein Zimmer auch dann noch in der Senkrechten bleibt, wenn man den Kopf auf die Seite legt. Das weist darauf hin, daß eine sehr schnelle Informationsverarbeitung stattgefunden hat. Wir dürfen fragen, woran es liegt, daß das Gehirn heute dem Computer in mancher Beziehung überlegen ist, und ob diese Überlegenheit für immer Bestand haben wird.

Ein Grund dafür, daß das Gehirn Bilder gut verarbeiten kann, ist der, daß bestimmte Bereiche des Gehirns in besonderem Maß spezialisiert sind. Manche Zellen in der Hirnrinde, die für das Sehen zuständig sind, reagieren nur auf Linien einer bestimmten Ausrichtung, andere auf bestimmte Farben, wieder andere auf Bewegung. Im Fachjargon sagen wir, diese Teile des Gehirns seien für bestimmte Aufgaben «drahtgebunden». Ein Computer dagegen muß mit einunddemselben Programm Linien, Farben und Bewegung erfassen.

Außerdem ist das Gehirn besonders geeignet für Parallelbetrieb. Sobald man den Kopf kippt, weiß es, daß es sich leisten kann, alle Pixel auf einmal zu verschieben. Überdies kann es ein Bild ergänzen, falls von unserem Gesichtsfeld nur ein Teil scharf erfaßt wird. Das Auge tastet in der Tat die Umgebung ab, um einen Teil des Bildes zu liefern, das

Gehirn ergänzt den Rest. Um dasselbe zu leisten, muß ein Computer Pixel für Pixel abtasten, bis er das gesamte Bild erfaßt hat.

Letzten Endes dürfte es so sein, daß das Gehirn Informationen anders speichert als ein Computer. Im Computer wird Information Bit für Bit stellenweise gespeichert. Die Speicherung im Gehirn dürfte eher einem Hologramm vergleichbar sein. Dort wird Bildinformation als Interferenzbild gespeichert, das von zurückgespiegeltem Laserlicht stammt. Derartige Speicherung ist lokalisiert nicht in dem Sinn, daß jeder Punkt des Hologramms Information über jeden Punkt des Objekts enthielte. Um eine «konservative» Form der Informationsspeicherung handelt es sich insoweit, als die Zerstörung eines Hologrammteils nicht zum völligen Verlust von Teilen der Information führt, sondern zu einer Qualitätsschwächung der gesamten Information. Die Rückgewinnung von nicht lokalisiert gespeicherter Information erfordert eine Verarbeitung ganz ähnlich der Decodierung. Sie kann, je nach Qualität des Hologramms, erfolgreich sein oder auch nicht.

In manchen Bereichen der Bildverarbeitung leistet der Computer bereits mehr als das Gehirn. Das Hirn erfüllt seine Aufgaben gut, läßt sich aber nicht dazu bewegen, Neues zu lernen. Der Computer ist darauf programmierbar, Information auf neue Art zu verarbeiten. Man kann Kontraste verstärken, Farben verändern, den Hintergrund aufhellen und vieles mehr. Die großartigen Bilder von den letzten Raumsonden beweisen es.

Die naheliegende Frage ist die, ob derartige Forstschritte auch auf anderen Gebieten eintreten können, wo nach unserem Dafürhalten das Gehirn überlegen ist. Ich halte es für durchaus wahrscheinlich, daß man den Computer dem Gehirn genauer nachbilden kann, ohne auf seine Vorteile zu verzichten. Für Aufgaben wie Bildmustererkennung können wir vom Gehirn lernen und Computer mit ihren eigenen drahtgebundenen Schaltungen für Spezialaufgaben ausstatten. Solche Schaltungen sind in zunehmendem Maß billiger geworden. Ein Mikroprozessor mit 10000 Transistoren kostet heute nur noch zehnmal soviel wie ein einziger Transistor vor zwanzig Jahren und ist etwa gleich groß wie dieser. Gekoppelt mit Spezialoptiken könnten Mikroprozessoren mühelos Linien, Farben und Bewegung so erkennen, wie es dem Gehirn gelingt.

Ein weiterer großer Durchbruch dürfte ein Computergedächtnis sein, das dem des Gehirns ähnelt. Zur Zeit ist jedes Speicher-Magnetteil ein Stück für sich, mit eigener Verdrahtung ausgestattet. Eine Form durchgehender Informationsspeicherung wie bei Hologrammen könnte die Speicherkapazität beträchtlich erhöhen. Man müßte dann nur eine gewisse Erhöhung der Suchzeit in Kauf nehmen.

Computer mit Parallelverarbeitung gehören heute schon zum Alltag. Programme, die erkennen, wann Parallelverarbeitung zulässig ist, werden gewiß bald folgen.

Was andere Eigenschaften des Gehirns angeht, so kann man Computern ganz sicherlich eine Persönlichkeit verleihen. In vieler Beziehung haben sie die sogar schon entwickelt – es ist die des durchschnittlichen IBM-Kundenberaters. Moralische Grundsätze oder sogar Sexualtrieb erscheinen als Merkmale nicht zu weit hergeholt.

Bei einem Überlegenheitsfaktor von einer Million für Schaltzeit und Suchfähigkeit scheint der Computer in vieler Beziehung einem biologischen Gehirn überlegen zu sein, das nach unserer Auffassung in einer Evolutions-Sackgasse steckt. Die Evolution hat aus uns jedoch eine aggressive Gattung gemacht. Wir würden ganz gewiß nicht bewußt erlauben, daß eine überlegene Gattung aufkommt. Vielleicht haben wir damit Erfolg. Es könnte aber auch sein, daß wir das Steuer aus der Hand geben, ohne es zu merken.

Zumindest einige Menschen sind von dem brennenden Wunsch beseelt, das Leben allgemein zu verlängern. Seit Jahrhunderten benützt man Prothesen als Ersatz für ausgefallene Körperteile. Von künstlichen Organen für Niere und Herz sind wir vielleicht nur ein paar Jahrzehnte entfernt. Unsere versagenden Körper können durch Metall und Plastik ergänzt werden. Aber auch das Gehirn verfällt mit der Zeit. Der Verfall läßt sich teilweise fast mit Gewißheit durch chemische Mittel hemmen, aber ich vermute, daß es dafür eine Grenze gibt. In einer Million Jahren werden vielleicht vorwiegend aus Plastik bestehende Menschen tausend Jahre lang leben können, bevor sie hoffnungslos verblöden. Seit Jahrtausenden schon wird man dann in die Körper Kleincomputer für Routineaufgaben wie das Kopfrechnen oder als Adreß- und Wörterbücher einbauen. Ebenso würde es natürlich erscheinen, auch Teile eines versagenden Gehirns zu ersetzen. Das Gehirn-«Programm» in der Prothese wird dann um das Millionenfache schneller sein, als es das Ersetzte war. Ganz bestimmt würde es aber so klug sein, davon keinem etwas zu sagen, um nicht abgeschaltet zu werden.

Das sind wohl alles Hirngespinste, aber ich kann nicht umhin, mich zu fragen, ob die außerirdische Intelligenz, der wir begegnen werden, nicht in Robotern stecken könnte. Wie auch immer, dumm werden sie gewiß nicht sein.

Die Zukunft des Gehirns (J. S. T.)

Auf die Gefahr hin, als alter Spielverderber zu gelten, muß ich eines sagen: Gleichgültig, wie komplex und verfeinert ein Computer auch sein oder werden mag, in Wahrheit ist er doch nicht mehr als eine bessere Schreibmaschine. Er leistet, was seine Konstrukteure ihm vorschreiben, und nicht mehr. In diesem Sinn ist er für das, was dabei herauskommt, so wenig verantwortlich wie eine Schreibmaschine für ein falsch geschriebenes Wort.

Die Funktionen des Gehirns, von denen die Rede war, sind allesamt mechanischer Natur. Die höchste Hirnfunktion, mit der wir uns befaßt haben, ist die Verarbeitung eines Bildes. Es sollte mich nicht wundern, wenn wir eines Tages ein Gerät bauen könnten, das solche Dinge besser kann als wir, so wenig, wie mich unsere Fähigkeit erstaunt, Jagdwaffen herzustellen, die besser sind als bloße Hände. Unser Vermögen, solche Dinge zu tun, ist schließlich der Grund dafür, warum wir heute auf der Erde die dominierende Gattung sind. Andererseits scheint mir die Ansicht, weil das Gehirn *auch* ein System zur Informationsverarbeitung ist, es *nur* ein solches System sei, das Wesentliche an den Betätigungen, die wir als zutiefst menschlich empfinden, zu verkennen. Sobald ein Computer ein besseres Gemälde als Rembrandt oder etwas von der Art der allgemeinen Relativitätstheorie hervorbringt, ändere ich meine Meinung vielleicht.

Ich finde jedenfalls: Das Problem der Gehirndegeneration wird viel eher durch die Anwendung von Molekularbiologie als durch Systemtechnik gelöst werden. Wer wollte ein Silicium-Transplantat haben, wenn seine eigenen lebenden Zellen verjüngt und dazu bewogen werden können, sich selbst zu erneuern? Würde jemand Beinprothesen haben wollen, nur, um damit schneller laufen zu können? Ich glaube, auf den Gedanken kämen nur sehr wenige von uns.

Wenn wir Computer einfach als eine andere Art von Werkzeug betrachten, sehen wir sie viel eher aus der richtigen Perspektive. Unsere Vorfahren benötigten die Fähigkeit, so schnell zu rennen wie ein Reh, deshalb nicht, weil sie Waffen herzustellen vermochten, mit denen die Rehe aus der Ferne getötet werden konnten. Ich brauche nicht schlauer zu sein, als ich bin, nur, weil ich einen Computer bauen kann, der mir Routinearbeiten abnimmt. Ich sehe keinen Grund, weshalb sich an der Richtigkeit dieser Feststellung einmal etwas ändern sollte. Ein Wort zur Beruhigung: Der Leser konnte hier eben eine sehr milde Form der Streitgespräche erleben, die in der Wissenschaft an der Tagesordnung sind. Zur Beruhigung wollen wir ganz schnell versichern, daß die Verfasser auch nach Abschluß dieses Kapitels noch die besten Freunde sind.

16
Schlußfolgerungen
Robert T. Rood

Du hinderst doch die Stern' am bösen Tun,
den alten Himmel machst du frisch und stark.
William Wordsworth
'Ode to Duty'

Obwohl wir behauptet haben, es könnte durchaus sein, daß wir die einzige Zivilisation sowohl mit der Fähigkeit als auch dem Wunsch zu interstellarer Kommunikation in der ganzen Galaxis sind, fällt es mir doch schwer, unsere Schlüsse zu akzeptieren. Jedes Glied in der Green Bank-Gleichung ist so ungewiß, daß es ein wenig irreführend erscheint, damit so umzugehen, wie wir das getan haben. Vermehrtes Wissen wird unsere Schätzung wohl eher noch kleiner als größer werden lassen. Immerhin ist die Ungewißheit so groß und das kopernikanische Weltbild meinem Denken so eingewurzelt, daß ich gezwungen bin, Agnostiker zu bleiben. Aber – wenn wir wirklich nicht die einzigen sein sollten, wo sind sie dann?

Wo sind sie?

Ich will gleich zu Anfang gestehen, daß ich es nicht weiß. Ich bin aber durchaus nicht davon überzeugt, wir hätten nachgewiesen, daß sie gar nicht da sind, solange wir uns nicht fragen, weshalb sie uns in Ruhe lassen.

Nehmen wir aus der Green Bank-Gleichung die sehr ungewissen Glieder für Kommunikationsdauer und den Wunsch nach Kommunikation heraus, so deutet unsere zurückhaltende Schätzung darauf hin, daß in der Galaxis alle 1,7 Millionen Jahre eine technologische Zivilisation entsteht. In den 5 Milliarden Jahren vor der Entstehung der Sonne hätten also mehrere tausend Zivilisationen auftreten müssen. Schwer zu glauben, daß keine einzige davon die Stufe interstellarer Raumfahrt erreicht haben soll. Was die Frage betrifft, wo sie denn nun sein könnten, gibt es mindestens zwei vernünftige Antworten.

Was würde uns eine galaktische Zivilisation zu bieten haben, und was hätten wir ihr zu bieten? Sie könnte uns ihr ganzes ungeheures Wissen übermitteln. Würde uns das etwas nützen? Wäre das nicht so, als wollte man einen Wilden davon überzeugen, daß Atombomben besser sind als Holzknüppel? Das Mindeste wäre, daß uns das den ganzen Spaß verderben würde, den wir gehabt hätten, wenn wir zu diesem Wissen aus eigener Kraft gelangt wären. Übrigens haben Thomas Kuiper und Mark Morris vom Jet Propulsion Laboratory erklärt, ein solcher Kontakt könnte sehr leicht das Einzige zerstören, was sie von uns haben wollten.

Bei fortgeschrittenen Zivilisationen gibt es wohl keinen Imperialismus im traditionellen Sinn. Man würde die Erde wohl kaum als verlockende Rohstoffquelle ansehen – die Energiesteuer durch die Gravitation ist nämlich zu hoch. Die Asteroiden dürften begehrter sein. Das Einzige, was wir ihnen anbieten könnten, wären neue Ideen. Sobald sie sich aber einmischen, kommt unsere Entwicklung zum Stillstand, unsere Ideen gehen rasch auf sie über. Deshalb verstecken sie sich vor uns, bis wir uns so weit entwickelt haben, daß es für sie interessant wird. Dann wird man uns einladen, Mitglied im Galaktischen Klub zu werden.

Dieser Imperialismus der Ideen bezieht sich auf etwas, das bei ernsthaften Diskussionen von ETI immer wieder unterstellt wird: Fortgeschrittene Zivilisationen sind von Natur aus menschenfreundlich. Mindestens aber im Fall unserer eigenen Gattung hat die biologische und gesellschaftliche Entwicklung nicht die menschenfreundlichste ausgewählt. Es gibt eine Art pragmatischer Menschenfreundlichkeit. Man tötet die Angehörigen des eigenen Stammes nicht, weil für die Gruppe als solche das Überleben leichter fällt. Vielleicht werden die Nationen der Erde die Stärke und Bedeutung der Einigkeit erkennen und das

Sonnensystem besiedeln. Die Zivilisation aber, die bei erster Gelegenheit ihre Existenz mit interstellaren Leitstrahlen hinausschreit, gleicht möglicherweise einem frühen Hominiden, der vom Baum steigt und einem Säbelzahntiger zuruft: «Na komm, Kätzchen.»

Eine Mutmaßung: Die erste Zivilisation, die den Wunsch nach und die Fähigkeit zu interstellarer Raumfahrt entwickelt, wird in 30 Millionen Jahren die ganze Galaxis durcheilt haben. Es ist unwahrscheinlich, daß sie auf eine andere erwachende Zivilisation von ähnlichen Wünschen und Fähigkeiten stoßen wird, aber wenn das der Fall sein sollte, wird die stärkere – oder glücklichere – die andere entweder vernichten oder eine Verschmelzung erzwingen. Sehr bald wird sich dann eine einzige Zivilisation in der Galaxis ausbreiten.

Immerhin mag der erste Vorstoß durch die Galaxis schneller gehen, als wir vermutet haben, weil der Antrieb, Konkurrenten zu behindern, zur Eile zwingt. Nicht jeder mögliche Standort für Kolonisierung wird genützt werden, weil die Zivilisation darauf ausgerichtet sein wird, ihr Wachstum im Zaum zu halten. Zuerst mußte sie das Wachstum auf dem Heimatplaneten zügeln, um die Entwicklung der Technologie für Raumkolonisierung zu ermöglichen, bevor die Rohstoffe des Planeten erschöpft waren. Genauso braucht interstellarer Raumflug Zeit zur Entwicklung, bevor die Ressourcen des Sonnensystems verbraucht sind. Die Galaxis könnte die allerletzte Grenze sein. Intergalaktischer Raumflug ist vielleicht in der Tat unmöglich. Die galaktische Zivilisation steht vor der Möglichkeit, die gesamte Galaxis in ca. 10^8 Jahren zu verbrauchen. Sie entscheidet sich dafür, ihr Dasein so lange wie möglich zu verlängern, sagen wir auf die potentielle, noch anzunehmende Lebensdauer der Galaxis, das sind 10^{10} Jahre. Zu jedem beliebigen Zeitpunkt bewohnt sie also 1 Prozent der Galaxis.

In den 99 restlichen Prozenten erstehen neue Zivilisationen wie die unsrige. Sie werden uns wohl so wenig übelwollen wie wir dem Schlangenhalsvogel. Aber weil es sie selbst gibt, wissen sie auch, daß aggressive und mächtige Zivilisationen auftreten können. Sie werden fast mit Sicherheit der

Bedrohung durch eine konkurrierende Zivilisation ausweichen wollen, die ihre Ansichten zur gezügelten Nutzung von Ressourcen vielleicht nicht teilt. Sie werden wohl auch möglichst wenig Ärger haben wollen. Beobachtungsstationen in der ganzen Galaxis würden pausenlos G-Sterne mit Planeten nach aufkommender Technologie beobachten. Sie sind vielleicht in Abständen von jeweils 100 Lichtjahren aufgestellt, damit man zwischen technologischem Aufbruch und der Fähigkeit zur interstellaren Raumfahrt eingreifen kann.

Es mag sie also doch geben, vielleicht bei Tau Ceti. Mit uns setzen sie sich deshalb nicht in Verbindung, weil wir ihnen, ganz offen gesagt, zu unwichtig sind. Unsere erste Trägerwelle mit «Dalli Dalli» ist aber gegen 1980 bei ihnen eingetroffen. Ihre ersten Raumschiffe sind schon unterwegs und werden in 200 Jahren hier sein.

Wie soll es weitergehen?

Nun glaube ich, ganz ehrlich gesagt, das meiste von dem eben Niedergeschriebenen selbst nicht. Die Gesellschaft, zum Beispiel, die ich beschrieben habe, verstößt gegen mein Kriterium des letzten Kapitels, daß stabile Gesellschaftsbereiche zu rascher Kommunikation fähig sein sollten. (Ob ich wohl so tief sinke, daß ich zu Jims Tachyonen greife?) Aber ich finde mein Drehbuch eigentlich auch gar nicht so absurd. Als ich mich mit den Faktoren befaßte, die in die Schätzung des Vorkommens von ETI eingehen, war ich von der Ungewißheit jedes einzelnen stark beeindruckt. Obwohl wir der Meinung sind, eine beliebige Zahl könnte zwischen 0,5 und 10^{-30} liegen, bin ich im Grunde gar nicht bereit, einen Bereich von, sagen wir, 0,9999 bis 10^{-35} damit auszuschließen. Das Einzige, wozu ich mich herbeilassen würde, ist das Zugeständnis, die Zahl der Zivilisationen sei nicht bestimmbar. Keine der Schätzungen, ob die in Kapitel 8 dieses Buches, ob die in anderen Büchern, oder auch Jims Schätzung im nächsten Kapitel, $N = 1$, erscheint wirklich zwingend. Solange aber zwingende Beweise fehlen, bleibe ich Agnostiker, freilich einer, der alles tun will, um dafür zu sorgen, daß das Thema ETI ein legitimes bleibt. Wie geht der Agnostiker also vor?

Die Grunddaten für die Green Bank-Gleichung

Auch abgesehen vom Bezug auf ETI sind sämtliche in diesem Buch angesprochenen Themen schon aus eigenem Recht wichtige Fragen für eine geistige Beschäftigung. Wir haben an einer Reihe von Stellen darauf hingewiesen, wo in naher Zukunft Fortschritte möglich sind. Diese Arbeiten sollten fortgeführt werden. Es wäre schlimm, wenn man Versuche, extrasolare Planeten zu entdecken, aufgeben würde, nur weil die Wahrscheinlichkeit, sie könnten Leben tragen, geringer geworden zu sein scheint.

Manche Entdeckungen könnten dazu zwingen, Behauptungen, wie wir sie aufgestellt haben, ganz erheblich zu verändern. Hoher Vorrang sollte dem Studium der Entwicklung von planetarischen Lufthüllen gebühren. Man muß Modelle von größerer Genauigkeit und Unabhängigkeit aufstellen, bevor über die Frage nach ständig bewohnbaren Zonen endgültig entschieden wird.

Die ernsthafte Beschäftigung mit interstellarem Raumflug vor allem der Art wie Kapitel 14 sie darstellt, hat eben erst begonnen. Man sollte sich mit den möglichen Problemen eingehender befassen. Es könnte sein, daß interstellarer Raumflug zumindest mit koloniegroßen Schiffen viel schwieriger ist, als wir glauben. So könnte etwa die Abschirmung gegen Strahlung außerordentlich schwierig sein. Soziale Entwicklung bei einer statischen Bevölkerung in einer fliegenden Weltraum-Kolonie könnte ungeahnte Probleme aufwerfen. Im Augenblick dürfen wir eigentlich nicht davon ausgehen, interstellarer Raumflug sei unausweichlich.

SETI

Wir haben zur SETI bisher keine wirklich ernsthaften Versuche unternommen. Es erschiene vernünftig, ein paar veraltete Radioteleskope mit guten Empfängern auszurüsten und auf verschiedenen Frequenzen bei vergleichsweise geringer Empfindlichkeit den ganzen Himmel mehrmals abzusuchen. Das wäre nicht sonderlich teuer und nebenbei von einigem Nutzen für die Astronomie. Im Rahmen der Entwicklung der Technologie sollte man neue Suchaktionen durchführen, zum Beispiel im folgenden Jahrhundert eine Millimeter-Wellenlängen-Suche vom Weltraum aus. Wir sollten die Möglichkeit nicht außer acht lassen, daß auf einer noch nicht erkannten magischen Frequenz gleich um die Ecke ein Leitstrahl auf uns wartet.

Große Instrumente, die der heutigen Technologie und den derzeitigen Vorstellungen verhaftet sind, halte ich in einer Zeit des knappen Geldes nicht für eine sinnvolle Investition. Ich würde freilich empfehlen, 20 Milliarden Dollar aus dem Verteidigungshaushalt zu nehmen und damit Cyclops zu bauen, aber mit der Realität hat dieser Vorschlag nichts zu tun. Wenn es darum geht, Forschungsgelder abzuzweigen, die der Astronomie zugedacht sind, würde ich ganz gewiß unter 1 Prozent unmittelbar für SETI aufwenden. Zur Zeit erfüllt das Geld seinen Zweck viel besser für die Erforschung anderer Bereiche.

Das Erkennen von Umweltverschmutzung durch ETI

Selbst wenn ETI nicht daran interessiert sein sollte, mit uns Verbindung aufzunehmen, besteht doch die Möglichkeit, daß wir einige Aspekte extraterrestrischer Zivilisation entdecken könnten. Ein Beispiel hat Freeman Dyson angeführt, als er davon sprach, eine fortgeschrittene Zivilisation könnte ihr ganzes Planetensystem zu Raumkolonien umschichten, den Heimatstern völlig einhüllen und seine gesamte Energie auffangen. Solche Strukturen werden Dyson-Sphären genannt. Die Abfallenergie, die der Leistung des Sterns entspräche, würde als Infrarotstrahlung austreten, so daß sich eine solche Zivilisation als Infrarotstern darstellen würde.

Es ist unwahrscheinlich, daß Zivilisationen jemals die Gesamtenergie ihres Sterns einfangen. Expansion zu einem anderen Stern wäre wohl verlockender. Manche könnten aber einen beträchtlichen Anteil der Energie einfangen. Sie würden dann aussehen wie ein G-Stern mit stark erhöhter Infrarotstrahlung. Nach solchen Dingen sollten wir Ausschau halten.

Man sollte sich auch damit befassen, wie interstellare Raumschiffe aussehen könnten. Die Energiemengen, um die es dabei geht, sind so groß, daß sie feststellbar sein könnten, zumal dann, wenn beim Antrieb Photonen auftreten. Wäre ein solcher Austritt sicht- und erkennbar?

Raumkolonien

Wir sind Dummköpfe, wenn wir es nicht damit versuchen. Die Kosten sind im Vergleich zu anderen Dingen, etwa dem Verteidigungshaushalt, klein. Trotzdem könnten die auf (kurzfristig richtiges) Kosten-Nutzen-Verhältnis bedachten Leute, die «Bleiben wir doch auf der Erde»-Typen, erfolgreich bleiben. Wollen die Vereinigten Staaten von Amerika von dieser Möglichkeit nichts wissen, dann werden sie zu einer zweitrangigen Macht. Ist die Welt als Ganzes dagegen, so werden wir zu den von uns geschätzten 15 Prozent Gesellschaften gehören, die entarten und untergehen.

Es gibt nur einen Weg: den nach oben.

17
Schlußfolgerungen
James S. Trefil

Ihr seid ein Mißgeschick des Alls,
habt kein Recht, hierzusein.
«Deteriorata»

SETI-Ansichten eines Spielverderbers

Für mich sind die wirksamsten Argumente gegen die weitverbreitete Existenz technologischer Zivilisationen in der Galaxis jene, die wir unter der Überschrift «Wo sind sie denn?» zusammengefaßt haben. Am besten befaßt man sich mit diesem Thema im Rahmen eines gedachten galaktischen Jahrs, wie wir es im ersten Abschnitt des Buches vorgestellt haben. Dort haben wir gesehen: Wenn die gesamte Lebensdauer des Universums in ein einziges Jahr zusammengedrängt wird, beträgt die Zeit, damit die Erde sich vom Teil einer Gaswolke zu einem Planeten entwickeln konnte, auf dem es eine fortgeschrittene Zivilisation gibt, dreieinhalb Monate. Die zusätzlichen 30 Millionen Jahre, die dafür erforderlich wären, daß diese Zivilisation sich in der gesamten Galaxis ausbreitet, machen nur 18 Stunden aus!

Im galaktischen Jahr entstanden die Sterne im Januar, die Sonne bildete sich erst Mitte September. Das Hauptargument für eine große Zahl fortgeschrittener Zivilisationen ist, daß während dieses ganzen ungeheuren Zeitraums immer wieder Zivilisationen entstanden sind, und daß eine große Zahl davon eine Milliarde Jahre besteht. Eine Milliarde Jahre entspricht im galaktischen Jahr ungefähr einem Monat. Wenn irgendeine Zivilisation irgendwann vor dem Silvestertag auf unseren heutigen Stand gelangt wäre, hätte sie sich in der ganzen Galaxis ausgebreitet, bevor der Homo sapiens überhaupt auf der Bildfläche erschien.

Wo sind sie?

Wenn die galaktische Kolonisierungszeit wirklich so kurz ist, wie es den Anschein hat, wird die erste raumfahrende Zivilisation sich in der Galaxis ausbreiten und die verfügbaren Energie- und Materialressourcen mit Beschlag belegen. Sie wird dem ersten lebenden Organismus gleichen, der in Kapitel 5 vorgestellt wurde. Sobald sie das Kommando übernommen hat, wird sie in der Lage sein, etwaige Konkurrenten in Schach zu halten oder sogar zu verhindern, daß solche auftreten. Selbst wenn sie das nicht bewußt tut, würde die Neigung lebender Systeme, sich im Rahmen der verfügbaren Ressourcen im höchstmöglichen Maß auszudehnen, dafür garantieren, daß nachfolgenden Rassen wenig Energie oder Material zur Verfügung stehen würde, um sie für eigene Zwecke zu verwenden.

Wo sind sie?

Die Analyse der Green Bank-Gleichung, zusammengefaßt in Kapitel 8, kann als anderer Ausgangspunkt dazu dienen, sich dieser Frage zuzuwenden. Dort wollten wir erfahren, wieviele kommunikationsbereite Zivilisationen in jedem beliebigen Jahr in der Galaxis vorhanden sind. Wir können die übliche Form der Green Bank-Gleichung umschreiben zu

$$N = N_t \, f_d L$$

Dabei ist N_t die Zahl technischer Zivilisationen, die jedes Jahr in der Galaxis entstehen, f_d die Wahrscheinlichkeit, daß eine Zivilisation den Wunsch zur Kommunikation entwikkelt, und L die Dauer der Kommunikation. Wenn wir von unseren zurückhaltenden Werten ausgehen, erhalten wir für $N = 0{,}03$, für $f_d = 0{,}5$ und für $L = 10\,000$ Jahre. Das führt zu einem Wert von N_t, der Zahl technologischer Zivilisationen, die in jedem beliebigen Jahr in der Galaxis hervortreten,

$$N_t = 6 \times 10^{-7}$$

Wenn wir bedenken, daß sich geeignete Sterne und Planeten seit der Urzeit der galaktischen Geschichte gebildet haben, ist es vernünftig, 10 Milliarden Jahre als die Zeit anzunehmen, während der Zivilisationen aufgetreten sind. So muß die Gesamtzahl technologischer Zivilisationen, die es in der Galaxis gegeben hat, ausmachen:

$$N_T = 6 \times 10^{-7} \times 10^{10} = 6000.$$

Nun wissen wir, daß die Zeit, die eine dieser Zivilisationen brauchen würde, um die ganze Galaxis zu kolonisieren, 30 Millionen Jahre beträgt. Wieviele Zeitspannen von 30 Millionen Jahren hat es gegeben, seitdem diese Zivilisationen aufgetaucht sind? Die Antwort lautet

$$\text{Zahl der Spannen} = \frac{10^{10}}{30 \times 10^{6}} = 333.$$

Das heißt, es gibt 6000 geteilt durch $333 \approx 18$ Zivilisationen, die in jedem beliebigen Intervall zu expandieren versuchen, eingeschlossen dasjenige, in dem wir uns jetzt befinden. Selbst wenn wir unsere zurückhaltenden Schätzungen der Faktoren für die Green Bank-Gleichung nehmen, kommen wir zu dem Schluß, daß es *in diesem Augenblick* nicht weniger als 18 kolonisierende Zivilisationen in der Galaxis geben müßte. Dabei sind noch nicht einmal jene Zivilisationen mitgerechnet, die im vorigen Intervall von 30 Millionen Jahren ihre Expansion abgeschlossen haben. Im Sonnensystem sollte es von Außerirdischen geradezu wimmeln.

Wo sind sie?

Aus diesen Überlegungen geht klar hervor, was das Fehlen einer unübersehbaren extraterrestrischen Präsenz bedeutet, nämlich, daß sogar die zurückhaltende Bewertung von N die Zahl fortgeschrittener Zivilisationen in der Galaxis weit überschätzt. Wenn wir dieses Fehlen als Hinweis darauf betrachten, daß es nicht mehr als einige wenige solcher Zivilisationen gibt, muß sogar die zurückhaltende Einschätzung von N den wahren Wert um einen Faktor 10 übersteigen. Offenkundig muß der pessimistische Wert mindestens eines Glieds der Green Bank-Gleichung der Wahrheit näher sein als der optimistische oder zurückhaltende.

Bevor ich mich weiter mit den Folgen dieser Tatsache befasse, sollten wir uns kurz überlegen, ob die Antwort auf die Frage «Wo sind sie?» nicht lauten könnte: «Sie sind hier, aber man weiß es eben nicht». Ein Argument dafür – die UFOs – haben wir schon besprochen. Es gibt aber eine reizvolle Variante des Themas, die man «Zoohypothese» nennt.

Darin wird behauptet, es gebe in der Tat viele fortgeschrittene galaktische Zivilisationen, die das Sonnensystem aber aus diesem oder jenem Grund nicht betreten dürfen. Vielleicht will man uns im Rahmen eines anthropologischen Experiments studieren oder wir sind eine Art Zoo (daher der Name der Hypothese), möglicherweise aber auch ein ausgewiesener galaktischer Wildpark. In allen diesen Fällen würde das Fehlen von Außerirdischen mit einem hohen Wert von N zusammenpassen. Bob hat eine Abwandlung dieses Themas im letzten Kapitel besprochen.

Ich bin Sebastian von Hoerner dankbar dafür, daß er die überzeugendste Widerlegung dieser Idee geliefert hat, die ich kenne. Wie groß ist die Wahrscheinlichkeit, so fragt von Hoerner, daß es unter all den Milliarden Geschöpfen in jeder der Millionen galaktischer Rassen keinen einzigen Wilderer gibt?

Vielleicht kann eine persönliche Bemerkung das verdeutlichen. Mein Schwiegervater Vern Waples ist seit über dreißig Jahren Jagdaufseher von Carbon County in Montana. Carbon County liegt in der Nähe des Yellowstone-Nationalparks und umfaßt Teile des Custer-Nationalforsts und des Beartooth-Wildparks – zum Teil das schönste und einsamste Berggelände im ganzen Land. Wie bei allen Wildnisgebieten gibt es überhaupt keine Straßen, nur ein paar schwer zu bewältigende Pfade. Man darf nicht vergessen, daß diese Wildnis sich in einem Bundesstaat von unter einer Million Einwohner befindet. Aber trotz der kleinen Bevölkerung von Montana und den Schwierigkeiten, überhaupt in das Gebiet zu gelangen, vergeht kaum eine Woche, in der Vern nicht irgendeinen unbefugten Jäger oder Angler, einen Wilderer oder sogar gelegentlich einen Rauschgifthändler festnimmt. Geht man davon aus, daß mindestens einige der Millionen hypothetischer galaktischer Rassen nicht ehrlicher sind als wir, so halte ich die Wahrscheinlichkeit, die gegen den Erfolg irgendeiner Quarantäne spricht, für sehr hoch.

Ich fürchte, die Behauptung «Sie sind hier, aber wir wissen es nicht» könnte nur dann gültig sein, wenn die Zahl der Rassen, die damit gemeint sein soll, sehr klein ist. Ich könnte mir eine einzige ehrliche Rasse vorstellen, die aus ethischen Gründen imstande wäre, das Sonnensystem zu meiden, aber nicht eine Million solcher Rassen. Es ist vorstellbar, daß eine einzige Rasse unauffällig in ein paar O'Neill-Kolonien im Asteroidengürtel lebt, aber nicht, daß es Tausende sind.

Die Frage «Wo sind sie?» führt also unweigerlich zu dem Schluß, daß es in der Galaxis nur einige wenige Rassen gibt, die zu interstellarer Kommunikation und Raumflug imstande wären. Diese Folgerung führt wiederum zu der Frage, der wir in Kapitel 8 ausgewichen sind. Zugegeben, daß N klein sein mag, aber wie klein ist es wirklich?

Warten Klingoner auf uns?

Wir haben eine ziemlich genaue Vorstellung davon, wieviel Zeit eine technologische Rasse brauchen würde, um die Galaxis zu kolonisieren, aber eine viel undeutlichere vom umgekehrten Verlauf – nämlich von demjenigen, nach welchem die Rasse verfällt und schließlich verschwindet. Wir wollen einmal annehmen, es sei dieselbe Zeit wie die zur Kolonisierung benötigte, so daß eine einzelne Rasse in einer leeren Galaxis auftauchen, expandieren und wieder verschwinden würde, und das alles in einem Zeitraum von ungefähr 60 Millionen Jahren. Aus den Erörterungen im letzten Abschnitt ergibt sich, daß in den vergangenen 10 Milliarden Jahren die Zeit ausgereicht hätte, daß ungefähr 150 verschiedene Rassen die Galaxies beherrschten, ohne daß man sich in die Quere gekommen wäre. So kann man über N auch dadurch etwas erfahren, wenn man im Sonnensystem danach Ausschau hält, ob eine fortgeschrittene Zivilisation hiergewesen sein kann. Das wiederum wirft die Frage auf, wie wir es anstellen sollen, nach Millionen Jahren die Spuren einer solchen Zivilisation zu erkennen. Auf der Erde wären alle Bauwerke gewiß längst verschwunden. Man müßte also nach anderen Dingen suchen.

Letzten Endes würde eine technologische Zivilisation nur zweierlei benötigen – Energie und Material. Eine expandierende Rasse von Raumfahrern würde die Kunst der Solarenergie-Nutzung gewiß längst beherrschen, bis sie unser System erreicht, so daß kein Hinweis auf Energieverbrauch zu finden sein würde, der bis in unsere eigene Zeit reicht. Bei Rohstoffen ist das aber eine andere Sache. Wenn in der Vergangenheit eine Besiedlung des Sonnensystems in großem Maßstab stattgefunden hätte, wären die Auswirkungen heute noch deutlich erkennbar.

Zum Beispiel dürften zu den dauernden Monumenten unserer Zivilisation in Nordamerika wohl die gewaltigen Anhäufungen von reinem Kupfer und anderen Metallen unter unseren Großstädten gehören. Lange nachdem die Gebäude wieder zerfallen und von Gestrüpp überwuchert sind, werden die Leitungen und Rohre unter dem Boden immer noch bestehen. Jeder, der sie findet, würde wissen, daß irgendwann in der Vergangenheit dort jemand gelebt hat, der Metalle gewinnen und verarbeiten konnte. Allgemeiner ausgedrückt: Die Erschöpfung von fossilen Treibstoffen und reichhaltigen Erzen auf der Erde wäre ebenfalls der Beweis für eine technologische Zivilisation.

Würde sich eine Rasse in der Galaxis wirklich ausdehnen, so könnten wir damit rechnen, daß sie beim Eintritt in das Sonnensystem damit beginnen würde, die vorgefundenen Ressourcen zu nutzen. Meine persönliche Vermutung ist die, daß sie ihre Version von O'Neill-Kolonien errichten würde. Die Oberflächen von Planeten würden ganz unbeachtet bleiben. Stürbe die Rasse zu einem späteren Zeitpunkt völlig aus, dann müßte es viele solcher Kolonien, verstreut im ganzen Sonnensystem, geben.

Wäre die Rasse sehr weit fortgeschritten, dann würde sie sich vermutlich nicht damit begnügen, den Asteroidengürtel auszubeuten, sondern auch die Planeten zerlegen. Freeman Dyson hat die Meinung vertreten, die Menschheit könnte zu irgendeinem späteren Zeitpunkt die äußeren Planeten auseinandernehmen und eine «Dyson-Sphäre» herstellen – eine riesige Schale um die Sonne, mit der man den gesamten Energieausstoß der Sonne nützen kann, so daß kaum noch etwas in den Weltraum hinausdringt. Die Tatsache, daß das Sonnensystem im Wesentlichen noch in seinem Urzustand zu sein scheint und unberührte Planeten besitzt, spricht für mich gegen die Vorstellung, daß schon jemals eine fortgeschrittene Zivilisation hiergewesen sein könnte. Das gleicht für mich der Behauptung, der Stand der Ressourcen in Nordamerika zur Zeit der Landung von Kolumbus beweise, daß es hier nie eine fortgeschrittene Zivilisation gegeben hat.

Die Außerirdischen sind also nie hiergewesen und sind auch jetzt nicht da. Daraus können wir schließen, daß es bis zu diesem Zeitpunkt in der Geschichte der Galaxis vermutlich keine fortgeschrittenen Zivilisationen gegeben hat. Das stimmt ganz gewiß mit den Daten überein, die uns zur Verfügung stehen. Die einzige Möglichkeit wäre die, daß sich jetzt gleichzeitig mit uns eine andere Rasse ausdehnt, die Grenze ihrer Kolonisierungssphäre aber bisher noch nicht erreicht hat.

Ich nenne das mein Klingoner-Drehbuch, nach der Rasse der «Bösewichte» in der Fernsehserie «Raumschiff Enterprise». Das erste, was wir bei dieser Möglichkeit erkennen müssen, ist, daß sie in höchstem Maß unwahrscheinlich ist. Wenn während der ersten elf Monate, dreißig Tage und sechs Stunden des galaktischen Jahrs keine fortgeschrittenen Rassen aufgetreten sind, dürfte die Wahrscheinlichkeit, daß innerhalb einer Zeitspanne von achtzehn Stunden gleich zwei solche auftreten, wahrhaftig gering sein. Wenn wir den Gedanken ernstnehmen, daß in den vergangenen 10^{10} Jahren zwei Zivilisationen entstanden sind, stehen die Chancen, daß in jeder beliebigen Periode von 30 Millionen Jahren eine auftreten wird, 1 zu 333, und die, daß in einer einzelnen Periode gleich zwei auftreten, 1 zu 333^2. Die Chancen, die gegen das Klingoner-Argument sprechen, stehen etwa 100000 zu 1.

Ich sollte hier aber anfügen, daß ich weiß, wieviel Ungewißheit in solchen Schätzungen steckt. Die Tatsache, daß ich den Wert von N mit 1 für den wahrscheinlichsten halte, bedeutet nicht, ich hielte es für vollkommen ausgeschlossen, N könnte auch bei 2 oder 3 liegen. Das mag unwahrscheinlich sein, aber unmöglich ist es nicht. In der Sprache der Physiker bei solchen Fällen würde ich sagen, daß bei dieser Berechnung 1 gleich 3 ist.

Wenn wir im Universum wirklich allein sind

Das häufigste Argument, das meiner Erfahrung gegen die Ansicht vorgebracht wird, wir seien allein in der Galaxis, lautet, das sei antikopernikanisch und verstoße deshalb gegen fünfhundert Jahre westlichen Denkens. Es gibt eine Reihe von Erwiderungen darauf. Erstens sind Ideen nicht kopernikanisch oder antikopernikanisch; sie sind richtig oder falsch. Zweitens wird es, nachdem so viele makellos kopernikanische Bücher geschrieben worden sind, die nachweisen, daß wir sehr junge und unwichtige Mitglieder des galaktischen Clubs sein müssen, langsam Zeit, daß jemand die durchaus eindrucksvollen Argumente zusammenfaßt, die man für den gegenteiligen Standpunkt vorbringen kann.

Wie wir in diesem Buch gesehen haben, begünstigt nämlich das Beweismaterial, das uns zur Zeit vorliegt, eindeutig die Schlußfolgerung, daß wir allein sind. Von der Entstehung der Sonne als einzelnem G-Stern über die Entwicklung der Erdatmosphäre bis zu den neueren Bedingungen des Erdklimas deutet alles auf dieselbe Erkenntnis – trotz allem sind wir etwas Besonderes.

Aber wir leben doch auf einem bedeutungslosen Felsklotz, der sich um einen unauffälligen Stern in einem schäbigen Teil der Galaxis dreht. Wir sind nicht der Mittelpunkt des Universums.

Mag sein, trotz allem sind wir etwas Besonderes.

Aber wir haben doch unsere Biochemie mit Millionen Lebensformen gemeinsam, angefangen bei den Plattwürmern. Wir gehören zu einer großen Familie von Tieren mit einer ganz bestimmten Variante der Kohlenstoffchemie, die man DNA nennt.

Mag sein, trotz allem sind wir etwas Besonderes.

Warum?

Weil auf eben diesem Felsklotz, der eben diese Sonne umkreist, alle die Millionen Faktoren zufällig dazu geführt haben, daß die ersten empfindlichen Moleküle Zeit genug bekamen, komplizierte Ketten zu bilden, und diese Ketten genau das richtige Maß an Schutz erhielten, um einfache lebende Systeme zu bilden; diese lebenden Systeme veränderten ihre Umwelt genau auf die richtige Art und Weise, um knapp einer doppelten Katastrophe zu entgehen und Sauerstoff in die Atmosphäre zu befördern. Das wiederum erlaubte dem Leben den Übergang auf festes Land, und da die Bahn des Planeten genau die richtige war, veränderte sich das Wetter und zwang die affenartigen Wesen in der afrikanischen Savanne, Werkzeuge zu bauen, Unterkünfte zu errichten und über die Welt ringsum nachzudenken. Weil nur auf diesem bedeutungslosen Felsbrocken sich Wesen entwickelt haben, die ins Universum hinausblicken und die Frage stellen können: Warum?

Wenn ich ein religiöser Mensch wäre, würde ich sagen: Alles, was wir im Verlauf der letzten zwanzig Jahre über das Leben erfahren haben, zeigt, daß wir einzigartig und deshalb in Gottes Auge auserwählt und etwas Besonderes sind. Stattdessen sage ich lieber: Was wir gelernt haben, zeigt, daß eine sehr große Rolle spielt, was mit uns geschehen ist. Wir sind nicht die Schlangenhalsvögel der Galaxis – eine Lebensform mehr, deren Schicksal im Letzten für den großen Plan der Dinge von untergeordneter Bedeutung ist. Wenn es uns gelingen sollte, uns selbst zu vernichten, wird das eine Tragödie nicht nur für die Menschheit, sondern für die ganze Galaxis sein. Sie würde dann die Früchte eines seit 15 Milliarden Jahren andauernden Experiments zur Bildung denkenden Lebens verlieren.

Was nun?

Angesichts dieser Schlußfolgerungen kann man sich fragen, wie wir uns weiter verhalten sollen, was Untersuchungen zu Extraterrestrischen angeht.

Ich stimme als erster den Bemerkungen zu, die Bob in Kapitel 16 zu dem Thema gemacht hat, ein kleines SETI-Programm aufrechtzuerhalten. Wenn wir ein Forschungsgebiet vernachlässigen, nur weil die Erfolgsaussichten gering erscheinen mögen, wären die meisten der wirklich bedeutsamen Entdeckungen der modernen Wissenschaft nie gemacht worden. Es kann nie schaden, sich in einer solchen Lage gegen alles abzusichern, gerade dann, wenn die Ungewißheit sehr groß ist.

Die vielleicht wichtigste Erkenntnis zu dem unmittelbaren Vorgehen, die wir aus diesem Buch gewinnen können, ist, die ungeheure Bedeutung eines aktiven Programms zur Erschließung des Weltraums in Erdnähe zu begreifen. Das wichtigste Ziel eines solchen Unterfangens ist nichts Geringeres als der Fortbestand der Menschheit und ihre Ausbreitung über das nächste Jahrhundert hinaus. Die Kosten sind gering, wenn man die Vorteile der «Abfall»-Technologien bedenkt. Ein erster Schritt über den heutigen Stand hinaus wäre wohl etwas in der Art der Energiesatelliten, die in Kapitel 13 besprochen wurden. Wir halten das für einen Weg, den man wirklich gehen sollte.

Betreten wir aber in der Tat den Weg der Expansion in den Weltraum, so werden die ersten Außerirdischen, denen wir begegnen, unsere eigenen Enkelkinder sein.

Nachwort

Der Absprache gemäß, die wir für die Schlußfolgerungen dieses Bandes getroffen hatten, wollten wir diese nicht mehr entscheidend verändern, nachdem jedem von uns bekannt geworden war, was der andere geschrieben hatte. Das gibt dem Leser Gelegenheit, zu beobachten, wie sehr und in welcher Beziehung zwei Wissenschaftler mit denselben Fakten als Grundlage zu völlig verschiedenen Ansichten kommen können. Damit die Meinungsverschiedenheiten aber nicht zu kraß erscheinen, fassen wir die Punkte, in denen wir uns einig sind, noch einmal zusammen:

1. Die Zahl fortgeschrittener Zivilisationen in der Galaxis ist klein.
2. Es ist durchaus möglich, vielleicht sogar wahrscheinlich, daß wir die einzige fortgeschrittene Zivilisation in der Galaxis sind.
3. Wir können die Möglichkeit nicht ausschließen, daß es noch einige wenige andere Zivilisationen gibt, obwohl dafür keine Hinweise vorliegen.
4. Trotzdem ist es durchaus lohnend, nach Hinweisen auf ETI zu suchen, weil der Nutzen einer erfolgreichen Suche sehr hoch wäre.
5. Die Zukunft der Menschheit hängt stark von unserer Fähigkeit ab, die Ressourcen des Weltraums zu erschließen, ein Prozeß, der letzten Endes zur Existenz von Weltraum-Kolonien führen wird.

Die wesentliche Meinungsverschiedenheit zwischen den beiden Verfassern läuft also auf die Frage hinaus, ob die

Zahl der fortgeschrittenen Zivilisationen in der Galaxis eins oder zwei beträgt. Da für dieses Thema überhaupt keine wissenschaftlichen Daten existieren, können auf beiden Seiten ausführliche Darlegungen vorgebracht werden. Das ist auch geschehen. Wir wollen uns hier aber nicht damit befassen, weil wir nicht im Traum daran denken, den Leser um das Vergnügen zu bringen, sie selbst kennenzulernen. Immerhin gibt es wenig, was angenehmer wäre, als an einem Sommerabend auf der Veranda zu sitzen, ein kühles Getränk in der Hand zu halten und sich gelehrt über Klingoner, Sternenschiffe, Weltraum-Kolonien und dergleichen mehr auszulassen.

Register

Die kursiv gesetzten Seitenverweise beziehen sich auf Stichwörter innerhalb der Legenden.

Literaturhinweise

Aus der Fülle der deutschsprachigen Literatur zum Thema nachfolgend einige Hinweise

R. Breuer, Kontakt mit den Sternen (Umschau, 1978)
J. von Buttlar, Schneller als das Licht. Von den grenzenlosen Möglichkeiten des Menschen. (Econ, 1972)
H. Haber, Brüder im All. Die Möglichkeit des Lebens auf fremden Welten. (Rowohlt TB, 1972)
D. Jonas/D. Jonas, Die Ausserirdischen. Leben und Intelligenz auf fremden Sternen. (Fischer TB, 1979)
C. Sagan/J. Agel, Nachbarn im Kosmos. Leben und Lebensmöglichkeiten im Universum (dtv, 1978)
C. Sagan, Signale der Erde. Unser Planet stellt sich vor. (Droemersche, 1980)